简明易懂、有趣味性的
Python
游戏开发教程

PYTHON GAME DESIGN CASE
IN ACTION

Python
游戏设计案例实战

夏敏捷 尚展垒 著

人民邮电出版社
北京

图书在版编目（CIP）数据

Python游戏设计案例实战 / 夏敏捷，尚展垒著. --北京：人民邮电出版社，2019.11（2020.3重印）
ISBN 978-7-115-50319-0

Ⅰ. ①P… Ⅱ. ①夏… ②尚… Ⅲ. ①软件工具－游戏程序－程序设计 Ⅳ. ①TP311.561

中国版本图书馆CIP数据核字(2018)第275759号

内 容 提 要

本书以 Python 3.5 为编程环境，从基本的程序设计思想入手，逐步开展 Python 语言教学，是一本面向广大编程学习者的程序设计类教材。全书分为基础篇、实战篇和提高篇。基础篇包括第 1 章～第 8 章，主要讲解 Python 的基础语法知识、控制语句、函数、文件、面向对象编程基础、Tkinter 图形界面设计、数据库应用、网络编程和多线程等内容，并以小游戏案例作为各章的阶段性任务；实战篇包括第 9 章～第 18 章，综合应用前面各章中介绍的技术，重现几个经典游戏的开发过程；提高篇包括第 19 章～第 20 章，主要介绍跨平台的 Python 模块——Pygame，并应用 Pygame 模块重现了几个经典游戏的开发过程。

本书以游戏开发案例为导向，内容通俗易懂，图文并茂，适合作为高等院校计算机相关专业的教材，还可作为 Python 语言学习者、程序设计人员和游戏编程爱好者的参考书。

◆ 著　　夏敏捷　尚展垒
　责任编辑　邹文波
　责任印制　陈　犇

◆ 人民邮电出版社出版发行　北京市丰台区成寿寺路11号
　邮编　100164　电子邮件　315@ptpress.com.cn
　网址　http://www.ptpress.com.cn
　涿州市京南印刷厂印刷

◆ 开本：787×1092　1/16
　印张：21　　　2019 年 11 月第 1 版
　字数：500 千字　2020 年 3 月河北第 2 次印刷

定价：59.80 元

读者服务热线：(010)81055256　印装质量热线：(010)81055316
反盗版热线：(010)81055315
广告经营许可证：京东工商广登字 20170147 号

前言

　　Python是新兴程序设计语言，是一种解释型、面向对象、动态数据类型的高级程序设计语言。自20世纪90年代初Python语言诞生至今，它逐渐被广泛应用于处理系统管理任务和科学计算，成为最受欢迎的程序设计语言之一。由于Python语言的简洁、易读以及可扩展性，十分适合用于游戏开发，因此，笔者编写了本书。

　　本书内容如下：基础篇包括第1章～第8章，主要讲解Python的基础知识和面向对象编程基础、Tkinter图形界面设计、网络编程和多线程、Python数据库应用、图像处理等知识，每章最后都有应用本章知识点的游戏案例；实战篇包括第9章～第18章，综合应用前8章介绍的技术，重现如连连看、推箱子、中国象棋、两人麻将、扫雷游戏、华容道等经典游戏的开发过程；提高篇包括第19章和第20章，讲解了基于Pygame的游戏设计基本知识，并应用Pygame开发贪吃蛇和飞机大战游戏案例，以及一款有趣的数学休闲益智游戏——2048。

　　本书主要特点如下：

　　（1）Python程序设计涉及的范围非常广泛，本书内容编排不求全、求深，而是考虑零基础读者的接受能力，语言语法介绍以应用为原则，尽量选取Python中必备、实用的知识进行讲解，着力强化程序思维能力的培养；

　　（2）游戏案例选取贴近生活，有助于提高读者的学习兴趣；

　　（3）编者为开发实战篇中的每款游戏案例均提供了详细的设计思路、关键技术分析以及具体的解决步骤，以帮助读者提高学习效率。

　　本书以游戏开发案例为导向，编者不仅在书中列出了完整的源代码，同时还对所有的源代码进行了非常详细的解释，力求引导读者更轻松地学习相关知识。

　　本书受到中原工学院资助，由夏敏捷（中原工学院）和尚展垒（郑州轻工业大学）编写。其中，尚展垒编写第4章、第9章和第19章，其余章节由夏敏捷编写。在本书的编写过程中，为确保内容的正确性，编者参阅了很多资料，并且得到了中原工学院计算机学院郑秋生教授和众多资深Web程序员的支持，在此谨向他们表示衷心的感谢。

　　由于编者水平有限，书中难免存在不足之处，敬请广大读者批评指正。若读者有问题需要与编者沟通，可通过电子邮件（xmj@zut.edu.cn）与编者联系。

夏敏捷
2019年2月

目录

基础篇

第 1 章　Python 基础知识　2

1.1　Python 语言概述　2
　1.1.1　Python 语言简介　2
　1.1.2　安装 Python　3
　1.1.3　Python 开发环境 IDLE 的启动　5
　1.1.4　利用 IDLE 创建 Python 程序　5
　1.1.5　在 IDLE 中运行和调试 Python 程序　6
　1.1.6　Python 基本输入　8
　1.1.7　Python 基本输出　9
　1.1.8　Python 代码规范　9
　1.1.9　Python 帮助　11
1.2　Python 语法基础　12
　1.2.1　Python 数据类型　12
　1.2.2　序列数据结构　13
　1.2.3　Python 控制语句　21
　1.2.4　Python 函数与模块　26
1.3　Python 文件的使用　30
　1.3.1　打开（建立）文件　30
　1.3.2　读取文本文件　32
　1.3.3　写文本文件　33
　1.3.4　文件内移动　35
　1.3.5　文件的关闭　36
　1.3.6　文件应用案例——游戏地图存储　36
1.4　Python 的第三方库　38
思考题　39

第 2 章　序列应用——猜单词游戏　40

2.1　游戏介绍　40
2.2　程序设计的思路　40
2.3　random 模块　41
2.4　程序设计的步骤　43
思考题　45

第 3 章　面向对象设计应用——发牌游戏　46

3.1　游戏介绍　46
3.2　Python 面向对象设计　46
　3.2.1　定义和使用类　47
　3.2.2　构造函数 __init__　48
　3.2.3　析构函数　48
　3.2.4　实例属性和类属性　49
　3.2.5　私有成员与公有成员　50
　3.2.6　方法　51
　3.2.7　类的继承　52
　3.2.8　多态　54
3.3　程序设计的步骤　56
　3.3.1　设计类　56
　3.3.2　主程序　59
思考题　59

第 4 章　Python 图形界面设计——猜数字游戏　60

- 4.1　游戏介绍　60
- 4.2　Python 图形界面设计　60
  - 4.2.1　创建 Windows 窗口　61
  - 4.2.2　几何布局管理器　61
  - 4.2.3　Tkinter 组件　65
  - 4.2.4　Tkinter 字体　76
  - 4.2.5　Python 事件处理　78
- 4.3　程序设计的步骤　83
- 思考题　85

第 5 章　Tkinter 图形绘制——图形版发牌程序　86

- 5.1　程序功能介绍　86
- 5.2　程序设计的思路　86
- 5.3　Canvas 图形绘制技术　87
  - 5.3.1　Canvas 画布组件　87
  - 5.3.2　Canvas 上的图形对象　88
- 5.4　程序设计的步骤　97
- 思考题　99

第 6 章　数据库应用——智力问答游戏　100

- 6.1　游戏介绍　100
- 6.2　程序设计的思路　100
- 6.3　数据库访问技术　101
  - 6.3.1　访问数据库的步骤　101
  - 6.3.2　创建数据库和表　102
  - 6.3.3　数据库的插入、更新和删除操作　103
  - 6.3.4　数据库表的查询操作　104
  - 6.3.5　数据库使用实例——学生通信录　104
- 6.4　程序设计的步骤　107
  - 6.4.1　生成试题库　107
  - 6.4.2　读取试题信息　108
  - 6.4.3　界面和逻辑设计　109
- 思考题　110

第 7 章　网络编程和多线程——网络五子棋游戏　111

- 7.1　游戏介绍　111
- 7.2　网络编程基础　112
  - 7.2.1　互联网 TCP/IP　112
  - 7.2.2　IP　113
  - 7.2.3　TCP 和 UDP　113
  - 7.2.4　端口　113
  - 7.2.5　socket　114
- 7.3　TCP 编程　117
  - 7.3.1　TCP 客户端编程　117
  - 7.3.2　TCP 服务器端编程　119
- 7.4　UDP 编程　122
- 7.5　多线程编程　124
  - 7.5.1　进程和线程　124
  - 7.5.2　创建线程　125
  - 7.5.3　线程同步　129
  - 7.5.4　定时器　131
- 7.6　程序设计的步骤　131
  - 7.6.1　数据通信协议设计和判断输赢的算法　131
  - 7.6.2　服务器端程序设计　135
  - 7.6.3　客户端程序设计　140
- 思考题　144

第 8 章　Python 图像处理——人物拼图游戏　145

- 8.1　游戏介绍　145
- 8.2　程序设计的思路　145
- 8.3　Python 图像处理　146
  - 8.3.1　Python 图像处理类库　146
  - 8.3.2　复制和粘贴图像区域　148
  - 8.3.3　调整尺寸和旋转　149

  8.3.4 转换成灰度图像 149
  8.3.5 对像素进行操作 150
 8.4 程序设计的步骤 150
  8.4.1 Python 处理图片切割 150
  8.4.2 游戏逻辑的实现 152
 思考题 155

实战篇

第 9 章　人机对战井字棋游戏　157
 9.1 游戏介绍 157
 9.2 程序设计的思路 158
 9.3 程序设计的步骤 158
 9.4 窗体版游戏 162

第 10 章　连连看游戏　168
 10.1 游戏介绍 168
 10.2 程序设计的思路 169
 10.3 程序设计的步骤 179

第 11 章　推箱子游戏　184
 11.1 游戏介绍 184
 11.2 程序设计的思路 185
 11.3 关键技术 187
 11.4 程序设计的步骤 188

第 12 章　两人麻将游戏　193
 12.1 游戏介绍 193
 12.2 程序设计的思路 194
  12.2.1 素材图片 194
  12.2.2 游戏逻辑的实现 195
  12.2.3 碰牌、吃牌判断 195
  12.2.4 和牌算法 196
  12.2.5 实现电脑机器人智能出牌 200
 12.3 关键技术 202
  12.3.1 声音播放 202
  12.3.2 返回对应位置的组件 202
  12.3.3 对保存麻将牌的列表排序 203
 12.4 程序设计的步骤 204
  12.4.1 麻将牌类设计 204
  12.4.2 设计游戏主程序 206

第 13 章　贪吃蛇游戏　217
 13.1 游戏介绍 217
 13.2 程序设计的思路 217
 13.3 程序设计的步骤 218
  13.3.1 Grid 类（场地类） 218
  13.3.2 Food 类（豆类） 219
  13.3.3 Snake 类（蛇类） 219
  13.3.4 SnakeGame（游戏逻辑）类 220

第 14 章　人机对战黑白棋游戏　223
 14.1 游戏介绍 223
 14.2 程序设计的思路 224
 14.3 程序设计的步骤 224

第 15 章　扫雷游戏　232
 15.1 游戏介绍 232
 15.2 程序设计的思路 233
 15.3 关键技术 233
 15.4 程序设计的步骤 235

第 16 章　中国象棋游戏　241
 16.1 游戏介绍 241
 16.2 关键技术 242
 16.3 程序设计的思路 244
 16.4 程序设计的步骤 247

第 17 章　21 点扑克牌游戏　257
 17.1 游戏介绍 257
 17.2 关键技术 257
 17.3 程序设计的步骤 259

第 18 章 华容道游戏   265

18.1 游戏介绍   265
18.2 程序设计的思路   265
18.3 程序设计的步骤   266

提高篇

第 19 章 基于 Pygame 游戏设计   275

19.1 Pygame 基础知识   275
   19.1.1 安装 Pygame 库   275
   19.1.2 Pygame 的模块   275
19.2 Pygame 的使用   278
   19.2.1 Pygame 开发游戏的主要流程   278
   19.2.2 Pygame 的图像图形绘制   280
   19.2.3 Pygame 的键盘和鼠标事件的处理   284
   19.2.4 Pygame 的字体使用   288
   19.2.5 Pygame 的声音播放   289
   19.2.6 Pygame 的精灵使用   291
19.3 基于 Pygame 设计贪吃蛇游戏   296
19.4 基于 Pygame 设计飞机大战游戏   303
   19.4.1 游戏角色   303
   19.4.2 游戏界面显示   306
   19.4.3 游戏逻辑的实现   308
19.5 基于 Pygame 设计黑白棋游戏   313

第 20 章 2048 游戏   320

20.1 游戏介绍   320
20.2 程序设计的思路   320
20.3 程序设计的步骤   322

参考文献   328

基础篇

第 1 章

Python 基础知识

Python 是一门跨平台、开源、免费的解释型高级动态编程语言。Python 作为动态语言十分适合初学编程者。Python 可以让初学者把精力集中在编程对象和思维方法上，而不用过多地关注语法、类型等外在因素。Python 易于学习，拥有大量的库，可以高效地开发各种应用程序。本章介绍 Python 语言的特点、Python 的安装、Python 开发环境 IDLE 的使用，以及进行 Python 程序设计需要学习的基础内容。

1.1 Python 语言概述

1.1.1 Python 语言简介

Python 于 1989 年年底由吉多范罗·苏姆（Guido van Rossum）开发，被广泛应用于处理系统管理任务和科学计算，是最受欢迎的程序设计语言之一。2011 年 1 月，它被 TIOBE 编程语言排行榜评为 2010 年度语言。自 2004 年以后，Python 的使用率呈线性增长，在 TIOBE 公布的 2017 年编程语言指数排行榜中，Python 的排名处于第四位（前 3 位是 Java、C 和 C++）。2018 年 8 月，根据 IEEE Spectrum 发布的研究报告显示，Python 在 2017 年已经成为世界上最受欢迎的语言。

Python 支持命令式编程、函数式编程，完全支持面向对象程序设计，语法简洁清晰，并且拥有大量的扩展库，几乎支持所有领域的编程开发。

Python 为我们提供了非常完善的基础代码库，覆盖了网络、文件、GUI、数据库、文本等大量内容。使用 Python 进行开发，许多功能不必从零编写，直接使用现成的即可。除了内置的库外，Python 还有大量的第三方库，也就是其他开发者开发的，可供开发者直接使用。Python 就像"胶水"一样，可以把多种不同语言编写的程序融合到一起实现无缝拼接，更好地发挥不同语言和工具的优势，满足不同应用领域的需求。因此，Python 程序看上去总是简单易懂，初学者学 Python，不但入门容易，而且将来深入学习下去，也可以编写更加复杂的程序。

Python 同时也支持伪编译将 Python 源程序转换为字节码来优化程序和提高运行速度，还可以在没有安装 Python 解释器和相关依赖包的平台上运行。

Python 语言的应用领域主要包括如下几种。

（1）Web 开发。Python 语言支持网站开发，比较流行的开发框架有 web2py、Django 等。许多大型网站就是用 Python 开发的，如 YouTube、Instagram 等。很多大公司，如

Google、Yahoo 等，甚至 NASA（美国航空航天局）都大量地使用 Python 进行开发。

（2）网络编程。Python 语言提供了 socket 模块，对 socket 接口进行了两次封装，支持对 socket 接口的访问；还提供了 urllib、httplib、scrapy 等大量模块，用于对网页内容进行读取和处理，并结合多线程编程以及其他相关模块可以快速开发网页爬虫等应用程序。

（3）科学计算与数据可视化。Python 中用于科学计算与数据可视化的模块很多，如 NumPy、SciPy、Matplotlib、Traits、TVTK、Mayavi、VPython、OpenCV 等，涉及的应用领域包括数值计算、符号计算、二维图表、三维数据可视化、三维动画演示、图像处理以及界面设计等。

（4）数据库应用。Python 数据库模块有很多，例如，可以通过内置的 sqlite3 模块访问 SQLite 数据库，使用 pywin32 模块访问 Access 数据库，使用 pymysql 模块访问 MySQL 数据库，使用 pywin32 和 pymssql 模块访问 SQL Sever 数据库。

（5）多媒体开发。PyMedia 模块可以对 WAV、MP3、AVI 等多媒体格式文件进行编码、解码和播放；PyOpenGL 模块封装了 OpenGL 应用程序编程接口，通过该模块可在 Python 程序中集成二维或三维图形；Python 图形库（Python Imaging Library，PIL）为 Python 提供了强大的图像处理功能，并提供广泛的图像文件格式支持。

（6）电子游戏应用。Pygame 就是用来开发电子游戏软件的 Python 模块。使用 Pygame 模块，可以在 Python 程序中创建功能丰富的游戏和多媒体程序。

Python 有大量的第三方库，很多功能都能通过相应的 Python 库便捷地实现。

目前，Python 有两个版本，一个是 2.x 版，另一个是 3.x 版，这两个版本是不兼容的。由于 3.x 版越来越普及，本书将以最新的 Python 3.5 版本为基础进行讲解。

1.1.2 安装 Python

1. 在 Mac 上安装 Python

如果使用的 Mac 系统是 OS X 10.8～10.10，那么系统自带的 Python 版本是 2.7。要安装最新的 Python 3.5，有如下两个方法。

方法一，从 Python 官网上下载 Python 3.5 的安装程序，双击运行并安装；

方法二，如果安装了 Homebrew，直接通过命令 brew install python3 安装即可。

2. 在 Linux 上安装 Python

如果使用的是 Linux 系统（需要用户具有 Linux 系统管理经验），那么先下载 Python-3.5.0b4.tgz，再使用解压命令 tar -zxvf Python-3.5.0b4.tgz，然后切换到解压的安装目录，执行：

```
[root@www python]#cd Python-3.5.0
[root@www Python-3.5.0]#./configure
[root@www Python-3.5.0]#make
[root@www Python-3.5.0]#makeinstall
```

至此，安装完成。

输入 python，如果出现下面的提示：

```
Python 3.5.0 (#1, Aug 06 2015, 14:04:52)
[GCC 4.1.1 20061130 (Red Hat 4.1.1-43)] on linux2
Type "help", "copyright", "credits" or "license" for more information.
```

出现此提示说明安装成功了。不同 Linux 系统下，显示的第二行有可能不同。

3. 在 Windows 上安装 Python

首先，根据你的 Windows 版本（64 位还是 32 位）从 Python 的官方网站下载 Python 3.5 对应的 64 位安装程序或 32 位安装程序，然后，运行下载的 EXE 安装包，安装界面如图 1-1 所示。

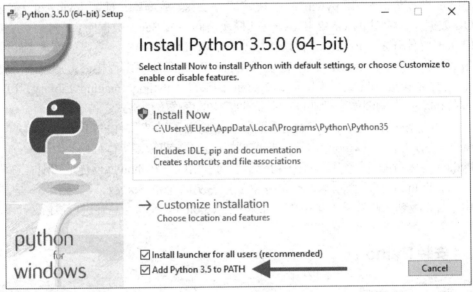

图 1-1 在 Windows 上安装 Python 3.5 的界面

特别要注意在图 1-1 中勾选 "Add Python 3.5 to PATH"，然后单击 "Install Now" 即可完成安装。

安装成功后，使用 cmd 打开命令提示符窗口，输入 python 后，会出现图 1-2 所示的命令提示符窗口。若在窗口中看到 Python 的版本信息，就说明 Python 安装成功。

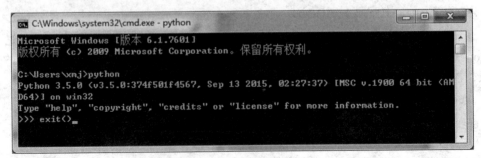

图 1-2 命令提示符窗口

提示符"＞＞＞"表示我们已经在 Python 交互式环境中了，可以输入任何 Python 代码，按回车键后会立刻得到执行结果。现在，输入 exit() 并按回车键，就可以退出 Python 交互式环境（或者也可以直接关掉命令行窗口）。

1.1.3　Python 开发环境 IDLE 的启动

安装 Python 后，我们可以从"开始"菜单→"所有程序"→"Python 3.5"→"IDLE（Python 3.5）"来启动 IDLE。IDLE 启动后的初始窗口如图 1-3 所示。

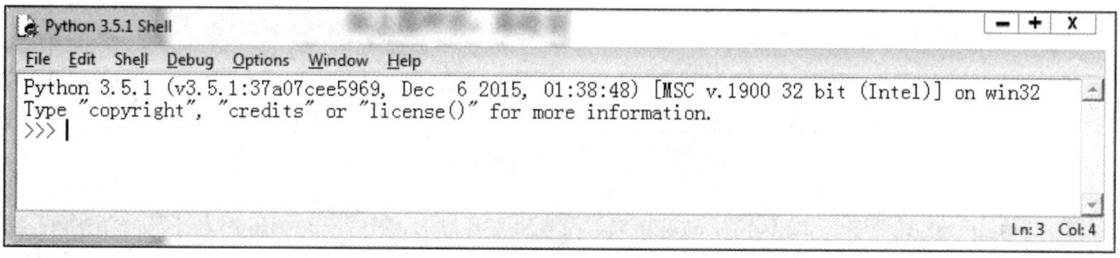

图 1-3　IDLE 的交互式编程模式（Python shell）

如图 1-3 所示，启动 IDLE 后首先映入我们眼帘的是 Python Shell，我们通过它可以在 IDLE 内部使用交互式编程模式来执行 Python 命令。

如果使用交互式编程模式，那么直接在 IDLE 提示符"＞＞＞"后面输入相应的命令并按回车键执行即可；如果执行成功的话，马上就可以看到执行结果，否则会抛出异常。

例如，查看已安装版本的方法（在所启动的 IDLE 界面标题栏也可以直接看到）：

```
>>> import sys
>>> sys.version
```
结果：'3.5.1 (v3.5.1:37a07cee5969, Dec 6 2015, 01:38:48) [MSC v.1900 32 bit (Intel)]'
```
>>>3+4
```
结果：7
```
>>>5/0
Traceback (most recent call last):
  File "<pyshell#3>", line 1, in <module>
    5/0
ZeroDivisionError: division by zero
```

除此之外，IDLE 含有一个编辑器，可用来编辑 Python 程序（或者脚本）文件；还含有一个调试器来调试 Python 脚本。下面我们从 IDLE 的编辑器开始介绍。

可在 IDLE 界面中使用菜单"File"→"New File"命令启动编辑器（见图 1-4），来创建一个程序文件，输入代码并保存为文件（务必要保证扩展名为".py"）。

1.1.4　利用 IDLE 创建 Python 程序

IDLE 为开发人员提供了许多有用的特性，如自动缩进、语法高亮显示、单词自动完成以及命令历史等，这些功能能够有效地提高我们的开发效率。下面我们通过一个实例来对这些特性分别加以介绍。示例程序的源代码如下所示。

```
#示例一
p = input("Please input your password:\n")
if p!="123":
    print("password error! ")
```

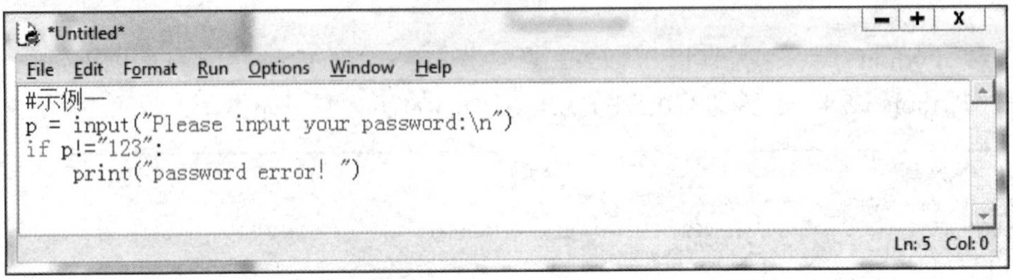

图 1-4 IDLE 的编辑器

由图 1-4 可见，不同部分颜色不同，这就是语法高亮显示，即对代码不同的元素使用不同的颜色进行显示。使用默认设置时，关键字显示为橘红色，注释显示为红色，字符串为绿色，解释器的输出显示为蓝色。在键入代码时，会自动应用这些颜色并突出显示。语法高亮显示的好处是，可以更容易区分不同的语法元素，从而提高可读性；与此同时，语法高亮显示还降低了出错的可能性。比如，如果输入的变量名显示为橘红色，那么，开发人员就需要注意了，这说明该名称与预留的关键字冲突，所以必须对变量更换名称。

单词自动完成是指，当用户输入单词的一部分后，从"Edit"菜单选择"Expand word"项，或者直接按【Alt+/】组合键自动完成该单词。

当用户在 if 关键字所在行的冒号后面按回车键之后，IDLE 将自动进行缩进。在一般情况下，IDLE 将代码缩进一级，即四个空格。如果想改变这个默认的缩进量的话，可以从"Format"菜单选择"New indent width"项来进行修改。初学者需要注意的是，尽管自动缩进功能非常方便，但是不能完全依赖它，因为有时候自动缩进未必完全满足实际需求，所以还需要仔细检查一下。

创建好程序之后，从"File"菜单中选择"Save"保存程序。如果是新文件，则会弹出"Save as"对话框，可以在该对话框中指定文件名和保存位置。保存后，文件名会自动显示在屏幕顶部的蓝色标题栏中。如果文件中存在尚未存盘的内容，则标题栏的文件名前后会有星号出现。

1.1.5 在 IDLE 中运行和调试 Python 程序

1. 运行 Python 程序

要使用 IDLE 执行程序的话，可以从"Run"菜单中选择"Run Module"菜单项（或按【F5】键），该菜单项的功能是执行当前文件。对于示例一的程序，执行情况如图 1-5 所示。

用户输入的密码是"777"，由于密码错误，会出现输出"password error！"。

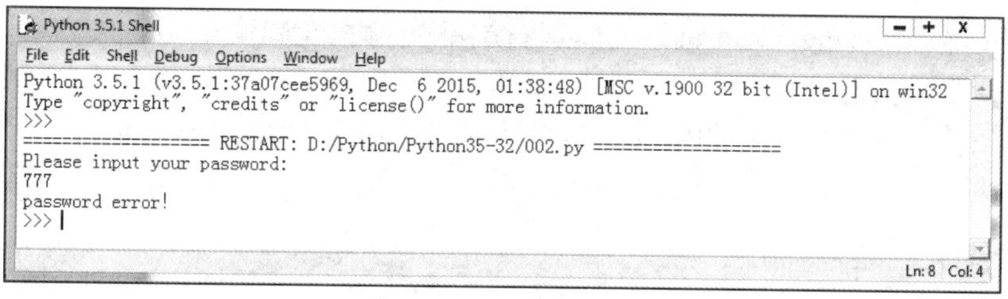

图 1-5 运行界面

2. 使用 IDLE 的调试器

在软件开发的过程中，总免不了出现这样或那样的错误，其中有语法方面的，也有逻辑方面的。对于语法错误，Python 解释器能很容易地检测出来，这时它会停止程序的运行并给出错误提示。对于逻辑错误，解释器就无能为力了，这时程序会一直执行下去，但是得到的运行结果往往却是错误的。因此，我们常常需要对程序进行调试。

最简单的调试方法是直接显示程序数据，例如，可以在某些关键位置用 print 语句显示出变量的值，从而确定有没有出错。但是这个办法比较麻烦，因为开发人员必须在所有可疑的地方都插入打印语句。在程序调试完后，还必须将这些打印语句全部清除。

除此之外，用户还可以使用调试器来进行调试。利用调试器，用户可以分析被调试程序的数据，并监视程序的执行流程。调试器的功能包括暂停程序执行、检查和修改变量、调用方法而无须更改程序代码等。IDLE 也提供了一个调试器，帮助开发人员来查找逻辑错误。

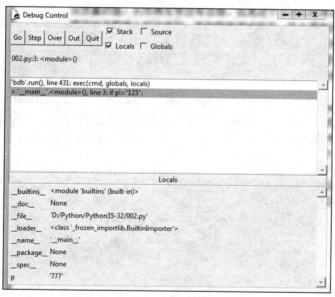

图 1-6 "Debug Control" 调试窗口

下面简单介绍 IDLE 的调试器的使用方法。在 "Python Shell" 窗口中单击 "Debug" 菜单中的 "Debugger" 菜单项，就可以启动 IDLE 的交互式调试器。这时，IDLE 会打开图 1-6 所示的 "Debug Control" 窗口，并在 "Python Shell" 窗口中输出 "[DEBUG ON]" 与 ">>>"。

我们可以在"Debug Control"窗口查看局部变量和全局变量等有关内容。如果要退出调试器，则可以再次单击"Debug"菜单中的"Debugger"菜单项，IDLE 会关闭"Debug Control"窗口，并在"Python Shell"窗口中输出"[DEBUG OFF]"。

1.1.6 Python 基本输入

用 Python 进行程序设计，输入是通过 input( )函数来实现的，input( )函数的一般格式为：

```
x=input('提示: ')
```

该函数返回输入的对象。可输入数字、字符串和其他任意类型对象。

尽管 Python 2.7 和 Python 3.5 形式一样，但 Python 2.x 和 Python 3.x 对该函数的解释略有不同。在 Python 2.7 中，该函数返回结果的类型由输入值时所使用的界定符来决定，如下面的 Python 2.7 代码：

```
>>> x = input("Please input:")
Please input:3                          #没有界定符，整数
>>> print type(x)
<type 'int'>
>>> x = input("Please input:")
Please input:'3'                        #单引号，字符串
>>> print type(x)
<type 'str'>
```

在 Python 2.7 中，还有另外一个内置函数 raw_input()也可以用来接收用户输入的值。与 input()函数不同的是，无论用户使用什么界定符，raw_input()函数返回结果的类型一律为字符串。

在 Python 3.5 中，不存在 raw_input()函数，只提供了 input()函数用来接收用户的键盘输入。在 Python 3.5 中，不论用户输入数据时使用什么界定符，input()函数的返回结果都是字符串，需要将其转换为相应的类型再进行处理（相当于 Python 2.7 中的 raw_input()函数）。如下面的 Python 3.5 代码：

```
>>> x = input('Please input:')
Please input:3
>>> print(type(x))
<class 'str'>
>>> x = input('Please input:')
Please input:'1'
>>> print(type(x))
<class 'str'>
>>> x = input('Please input:')
Please input:[1,2,3]
>>> print(type(x))
<class 'str'>
```

1.1.7 Python 基本输出

Python 2.7 和 Python 3.5 的输出方法也不完全一致。在 Python 2.7 中，使用 print 语句进行输出，而 Python 3.5 中使用 print()函数进行输出。

另外一个重要的不同之处是，对 Python 2.7 而言，在 print 语句之后加上逗号","，则表示输出内容之后不换行，例如：

```
for i in range(10):
    print i,
```
结果：0 1 2 3 4 5 6 7 8 9

在 Python 3.x 中，为了实现上述功能则需要使用下面的方法：

```
for i in range(10,20):
    print(i, end=' ')     #不换行，输出结束时输出空格
```
结果：10 11 12 13 14 15 16 17 18 19

print()函数基本格式如下：

```
print(value, ..., sep=' ', end='\n', file=sys.stdout, flush=False)
```

print()函数输出时，由 sep 参数将多个输出对象 value 分隔，输出结束时输出 end 参数。sep 的默认值是一个空格，end 默认值是换行，file 的默认值是标准输出流，flush 的默认值是非。如果想要自定义 sep、end 和 file，就必须对这几个关键词进行赋值。

```
>>> print(123,'abc',45,'book',sep='#') #指定用'#'作为输出分隔符
123#abc#45#book
>>> print('price');print(100)
#默认以回车换行符作为输出结束符号，即在输出最后会换行
price
100
>>> print('price', end='=');print(100)
#指定用'='作为输出结束符号，所以输出在一行
price=100
```

1.1.8 Python 代码规范

1. 缩进

Python 程序是依靠代码块的缩进来体现代码之间的逻辑关系的，缩进结束就表示一个代码块结束了。类定义、函数定义、选择结构、循环结构，行尾的冒号表示缩进的开始。同一个级别的代码块的缩进量必须相同。

例如：

```
for i in range(10):           #循环输出数字 0～9
    print (i, end=' ')
```

一般而言，以 4 个空格为基本缩进单位，可以在 IDLE 开发环境中通过以下的操作实现代码块的缩进和反缩进，无须使用制表符【Tab】：

Fortmat 菜单→"Indent Region"/"Dedent Region"命令。

2. 注释

一个用户友好的、可读性强的程序一般包含 20%以上的注释。常用的注释方式主要有以下两种。

（1）方法一：以#开始，表示本行#之后的内容为注释。

```
#循环输出数字 0～9
for i in range(10):
    print (i, end=' ')
```

（2）方法二：包含在一对三引号'''…'''或"""…"""之间且不属于任何语句的内容将被解释器认为是注释。

```
'''循环输出 0～9 的整数，可以多行文字'''
for i in range(10):
    print (i, end=' ')
```

在 IDLE 开发环境中，可以通过下面的操作快速注释/解除注释大段内容：
Format 菜单→"Comment Out Region"/"Uncomment Region" 命令。

3. 导入

使用 import 可导入模块。建议一次只导入一个模块，而不要一次导入多个模块。

```
>>>import math              #导入 math 数学模块
>>>math.sin(0.5)            #求 0.5 的正弦
>>>import random            #导入 random 随机模块
>>>x=random.random( )       #获得[0,1) 内的随机小数
>>>y=random.random( )
>>>n=random.randint(1,100)  #获得[1,100]上的随机整数
```

import math, random 语句可一次导入多个模块，但不提倡使用。

import 的次序是，先 import Python 内置模块，再 import 第三方模块，最后 import 自己开发的项目中的其他模块。

不要使用 from module import *，除非是 import 常量定义模块，或其他确保不会出现命名空间冲突的模块。

4. 换行

如果一行语句太长，可以在行尾加上反斜杠"\"来换行，将语句分成多行，但是更建议使用括号来包含多行内容。

```
x = '这是一个非常长非常长非常长非常长 \
    非常长非常长非常长非常长非常长的字符串'          #用 "\" 来换行
x = ('这是一个非常长非常长非常长非常长 '
    '非常长非常长非常长非常长非常长的字符串')      #圆括号中的行会连接起来
```

又如：

```
    if (width == 0 and height == 0 and
```

```
                    color == 'red' and emphasis == 'strong'):  #圆括号中的行会连接起来
           y='正确'
       else:
           y= '错误'
```

5. 必要的空格与空行

运算符两侧、函数参数之间、逗号两侧建议使用空格分开。不同功能的代码块之间、不同的函数定义之间建议增加一个空行以增加可读性。

6. 常量名

常量名的所有字母大写，用下画线连接各个单词，类名首字母大写。如：

```
WHITE = 0XFFFFFF
THIS_IS_A_CONSTANT = 1
```

1.1.9 Python 帮助

使用 Python 的帮助对学习和开发都是很重要的。在 Python 中可以使用 help() 方法来获取帮助信息。使用格式如下：

```
help(对象)
```

1. 查看内置函数和类型的帮助信息

```
>>> help(max)          #可以获取内置函数 max 的帮助信息
>>> help(list)         #可以获取 list 列表类型的成员方法
>>> help(tuple)        #可以获取 tuple 元组类型的成员方法
```

2. 查看模块中的成员函数信息

```
>>> import os
>>> help(os.fdopen)
```

上例查看 os 模块中的 fdopen 成员函数信息，得到如下提示：

```
Help on function fdopen in module os:
fdopen(fd, *args, **kwargs)
    #Supply os.fdopen()
```

3. 查看整个模块的信息

使用 help（模块名）能查看整个模块的帮助信息。注意先使用 import 导入该模块。例如，查看 math 模块方法：

```
>>> import math
>>> help(math)
```

查看 Python 中所有的 modules：

```
>>> help("modules")
```

1.2 Python 语法基础

1.2.1 Python 数据类型

计算机程序不仅可以处理各种数值，还可以处理文本、图形、音频、视频、网页等各种各样的数据。对于不同类型的数据，需要定义不同的数据类型进行处理。

1. 数值类型

Python 数值类型用于存储数值。Python 支持以下几种数值类型。
- 整型（int）：通常被称为是整型或整数，是正或负整数，不带小数点。在 Python3 里，只有一种整数类型 int，没有 Python 2.x 中的 Long。
- 浮点型（float）：浮点型数值由整数部分与小数部分组成，浮点型数值也可以使用科学计数法表示（2.78e2 就是 $2.78 \times 10^2 = 278$）。
- 复数（complex）：复数由实数部分和虚数部分构成，可以用 a+bj 或者 complex(a,b)表示，复数的虚部以字母 j 或 J 结尾，例如，2+3j。

数据类型是不允许改变的，这就意味着如果改变数值数据类型的值，将重新分配内存空间。

2. 字符串

字符串是 Python 中最常用的数据类型。我们可以使用引号来创建字符串。Python 不支持字符类型，单字符在 Python 也是作为一个字符串使用。Python 使用单引号和双引号来表示字符串，效果是一样的。

3. 布尔类型

Python 支持布尔类型的数据，布尔类型只有 True 和 False 两种值，但是布尔类型有以下几种运算。

（1）and（与）运算：只有两个布尔值都为 True 时，计算结果才为 True。

```
True and True        #结果是 True
True and False       #结果是 False
False and True       #结果是 False
False and False      #结果是 False
```

（2）or（或）运算：只要有一个布尔值为 True，计算结果就为 True。

```
True or True         #结果是 True
True or False        #结果是 True
False or True        #结果是 True
False or False       #结果是 False
```

（3）not（非）运算：把 True 变为 False，或者把 False 变为 True：

```
not True                #结果是 False
not False               #结果是 True
```

布尔运算在计算机中用来做条件判断，根据计算结果为 True 或者 False，计算机可以自动执行不同的后续代码。

在 Python 中，布尔类型还可以与其他数据类型做 and、or 和 not 运算，这时下面的几种情况会被认为是 False：为 0 的数字，包括 0 和 0.0；空字符串' '和""；表示空值的 None；空集合，包括空元组()、空序列[]和空字典{}；其他的值都为 True。例如：

```
a = 'python'
print (a and True)    #结果是 True
b = ''
print (b or False)    #结果是 False
```

4．空值

空值是 Python 里一个特殊的值，用 None 表示。它不支持任何运算也没有任何内置函数方法。None 和任何其他的数据类型比较之后只会返回 False。在 Python 中未指定返回值的函数会自动返回 None。

1.2.2 序列数据结构

数据结构是计算机存储、组织数据的方式。序列是 Python 中最基本的数据结构。序列中的每个元素都分配一个数字，即它的位置或索引，第一个索引是 0，第二个索引是 1，以此类推。序列可以进行的操作包括索引、截取（切片）、加、乘、成员检查。此外，Python 已经内置确定序列的长度以及确定最大和最小元素的方法。Python 内置序列类型最常见的是列表、元组和字符串。另外，Python 提供了字典和集合这样的数据结构，它们属于无顺序的数据集合体，不能通过位置索引来访问数据元素。

1．列表

列表（list）是最常用的 Python 数据类型，列表的数据项不需要具有相同的类型。列表类似于其他语言的数组，但功能比数组强大得多。

创建一个列表，只要把逗号分隔的不同的数据项使用方括号括起来即可。实例如下：

```
list1 = ['中国', '美国', 1997, 2000]
list2 = [1, 2, 3, 4, 5 ]
list3 = ["a", "b", "c", "d"]
```

列表索引从 0 开始。列表可以进行截取（切片）、组合等。

（1）访问列表中的值

使用下标索引来访问列表中的值，同样也可以使用方括号的形式截取字符，实例如下：

```
list1 = ['中国', '美国', 1997, 2000]
list2 = [1, 2, 3, 4, 5, 6, 7 ]
```

```
print ("list1[0]: ", list1[0] )
print ("list2[1:5]: ", list2[1:5] )
```
以上实例输出结果如下：
```
list1[0]:  中国
list2[1:5]:  [2, 3, 4, 5]
```
（2）更新列表

可以对列表的数据项进行修改或更新，实例如下：
```
list = ['中国', 'chemistry', 1997, 2000]
print ( "Value available at index 2 : ")
print (list[2] )
list[2] = 2001
print ( "New value available at index 2 : ")
print (list[2] )
```
以上实例输出结果如下：
```
Value available at index 2 :
1997
New value available at index 2 :
2001
```
（3）删除列表元素

方法一：使用 del 语句来删除列表中的元素，实例如下：
```
list1 = ['中国', '美国', 1997, 2000]
print (list1)
del list1[2]
print ("After deleting value at index 2 : ")
print (list1)
```
以上实例输出结果如下：
```
['中国', '美国', 1997, 2000]
After deleting value at index 2 :
['中国', '美国', 2000]
```
方法二：使用 remove()方法来删除列表的元素，实例如下：
```
list1 = ['中国', '美国', 1997, 2000]
list1.remove(1997)
list1.remove('美国')
print (list1)
```
以上实例输出结果如下：
```
['中国', 2000]
```
方法三：使用 pop()方法来删除列表的指定位置的元素，无参数时删除最后一个元素，实例如下：
```
list1 = ['中国', '美国', 1997, 2000]
list1.pop(2)                          #删除位置2元素1997
```

```
list1.pop()                    #删除最后一个元素 2000
print (list1)
```
以上实例输出结果如下：
```
['中国', '美国']
```
（4）添加列表元素

可以使用 append()方法在列表末尾添加元素，实例如下：
```
list1 = ['中国', '美国', 1997, 2000]
list1.append(2003)
print (list1)
```
以上实例输出结果如下：
```
['中国', '美国', 1997, 2000, 2003]
```
（5）定义多维列表

可以将多维列表视为列表的嵌套，即多维列表的元素值也是一个列表，只是维度比父列表小 1。二维列表（即其他语言的二维数组）的元素值是一维列表，三维列表的元素值是二维列表。例如，定义一个二维列表。
```
list2 = [["CPU", "内存"], ["硬盘","声卡"]]
```
二维列表比一维列表多一个索引，可以使用如下方法获取元素：

列表名[索引1][索引2]

例如：定义 3 行 6 列的二维列表，打印出元素值。
```
rows=3
cols=6
matrix = [[0 for col in range(cols)] for row in range(rows)]
#列表生成式生成二维列表
for i in range(rows):
    for j in range(cols):
        matrix[i][j]=i*3+j
        print (matrix[i][j],end=",")
    print ('\n')
```
以上实例输出结果如下：
```
0,1,2,3,4,5,
3,4,5,6,7,8,
6,7,8,9,10,11,
```
列表生成式（List Comprehensions）是 Python 内置的一种功能强大的生成列表的表达式。如果要生成一个 list [1，2，3，4，5，6，7，8，9]，则可以用 range(1，10)：
```
>>> L= list(range(1, 10))            #L是 [1, 2, 3, 4, 5, 6, 7, 8, 9]
```
如果要生成[1×1，2×2，3×3，…，10×10]，则可以使用如下循环：
```
>>> L= []
>>> for x in range(1 , 10):
        L.append(x*x)
>>> L
```

```
[1, 4, 9, 16, 25, 36, 49, 64, 81]
```
列表生成式还可以用以下语句代替以上的烦琐循环来完成：
```
>>> [x*x for x in range(1 , 11)]
[1, 4, 9, 16, 25, 36, 49, 64, 81, 100]
```
列表生成式的书写格式：把要生成的元素 x×x 放到前面，后面设置 for 循环。这样就可以把 list 创建出来。for 循环后面还可以加上 if 判断，例如，如下代码可筛选出偶数的平方：
```
>>> [x*x for x in range(1 , 11) if x%2 == 0]
[4, 16, 36, 64, 100]
```
再如，把一个 list 列表中所有的字符串变成小写形式：
```
>>> L = ['Hello', 'World', 'IBM', 'Apple']
>>> [s.lower() for s in L]
['hello', 'world', 'ibm', 'apple']
```
当然，列表生成式也可以使用两层循环，例如，生成'ABC'和'XYZ'中字母的全部组合：
```
>>> print ( [m + n for m in 'ABC' for n in 'XYZ'] )
['AX', 'AY', 'AZ', 'BX', 'BY', 'BZ', 'CX', 'CY', 'CZ']
```
for 循环其实可以同时使用两个甚至多个变量，例如，字典（Dict）的 items()可以同时迭代 key 和 value：
```
>>> d = {'x': 'A', 'y': 'B', 'z': 'C' }   #字典
>>> for k, v in d.items():
        print(k, '键=', v, endl=';')
```
程序运行结果：
```
y 键= B; x 键= A; z 键= C;
```
因此，列表生成式也可以使用两个变量来生成 list 列表：
```
>>> d = {'x': 'A', 'y': 'B', 'z': 'C' }
>>> [k + '=' + v for k, v in d.items()]
['y=B', 'x=A', 'z=C']
```

2. 元组

Python 的元组（tuple）与列表类似，不同之处在于元组的元素不能修改。元组使用小括号"()"，列表使用方括号"[]"。元组中的元素类型也可以不相同。

（1）创建元组

元组的创建很简单，只需要在括号中添加元素，并使用逗号隔开即可。实例如下：
```
tup1 = ('中国', '美国', 1997, 2000)
tup2 = (1, 2, 3, 4, 5 )
tup3 = "a", "b", "c", "d"
```
如果创建空元组，只需写一个空括号即可。
```
tup1 = ()
```
当元组中只包含一个元素时，则需要在第一个元素后面添加逗号。
```
tup1 = (50,)
```

元组与字符串类似，下标索引从 0 开始，可以进行截取、组合等。
（2）访问元组
元组可以使用下标索引来访问元组中的值，实例如下：

```
tup1 = ('中国', '美国', 1997, 2000)
tup2 = (1, 2, 3, 4, 5, 6, 7 )
print ("tup1[0]: ", tup1[0])           #输出元组的第一个元素
print ("tup2[1:5]: ", tup2[1:5])       #切片，输出从第二个元素开始到第五个元素
print (tup2[2:])                        #切片，输出从第三个元素开始的所有元素
print (tup2 * 2)                        #输出元组两次
```

以上实例输出结果：

```
tup1[0]: 中国
tup2[1:5]: (2, 3, 4, 5)
(3, 4, 5, 6, 7)
(1, 2, 3, 4, 5, 6, 7, 1, 2, 3, 4, 5, 6, 7)
```

（3）元组连接
元组中的元素值是不允许修改的，但可以对元组进行连接组合，实例如下：

```
tup1 = (12, 34, 56)
tup2 = (78, 90)
#tup1[0] = 100            #修改元组元素操作是非法的
tup3 = tup1 + tup2        #连接元组，创建一个新的元组
print (tup3)
```

以上实例输出结果：(12, 34, 56, 78, 90)
（4）删除元组
元组中的元素值是不允许删除的，但可以使用 del 语句来删除整个元组，实例如下：

```
tup = ('中国', '美国', 1997, 2000)
print (tup)
del tup
print ("After deleting tup : ")
print(tup)
```

以上实例元组被删除后，输出变量会有异常信息，输出如下所示：

```
('中国', '美国', 1997, 2000)
After deleting tup :
NameError: name 'tup' is not defined
```

（5）元组与列表转换
因为元组值不能改变，所以可以将元组转换为列表从而可以改变数据的值。实际上列表、元组和字符串之间是可以互相转换的，但需要使用三个函数，str()、tuple()和 list()。
可以使用下面的方法将元组转换为列表：
列表对象=list(元组对象)

```
tup=(1, 2, 3, 4, 5)
list1= list(tup)                        #元组转为列表
```

```
print (list1)                           #返回[1, 2, 3, 4, 5]
```
可以使用以下方法将列表转换为元组：

元组对象= tuple (列表对象)

```
nums=[1, 3, 5, 7, 8, 13, 20]
print (tuple(nums))                     #列表转为元组，返回(1, 3, 5, 7, 8, 13, 20)
```
将列表转换成字符串如下：
```
nums=[1, 3, 5, 7, 8, 13, 20]
str1= str(nums)                         #列表转为字符串，返回包含中括号及逗号的'[1, 3, 5, 7,
                                         8, 13, 20]'字符串
print (str1[2])                         #打印出逗号，因为字符串中索引号2的元素是逗号
num2=['中国', '美国', '日本', '加拿大']
str2= "%"
str2= str2.join(num2)                   #用百分号连接起来的字符串——'中国%美国%日本%加拿大'
str2= ""
str2= str2.join(num2)                   #用空字符连接起来的字符串——'中国美国日本加拿大'
```

3. 字典

Python 字典（dict）是一种可变容器模型，且可存储任意类型对象，如字符串、数字、元组等其他容器模型。字典也被称作关联数组或哈希表。

（1）创建字典

字典由键和对应值（key=>value）成对组成。字典的每个键/值对里面键和值用冒号分割，键/值对之间用逗号分割，整个字典包括在花括号中。基本语法如下：

```
d = {key1 : value1, key2 : value2 }
```

注意：键必须是唯一的，但值不必唯一。值可以取任何数据类型，但键必须是不可变的，如字符串、数字或元组。

下面是一个简单的字典实例：

```
dict = {'xmj' : 40 , 'zhang' : 91 , 'wang' : 80}
```

也可创建字典如下：

```
dict1 = { 'abc': 456 };
dict2 = { 'abc': 123, 98.6: 37 };
```

字典有如下特性：

① 字典值可以是任何 Python 对象，如字符串、数字、元组等；

② 不允许同一个键出现两次。如果创建时同一个键被赋值两次，则后一个值会覆盖前面的值；

```
dict = {'Name': 'xmj', 'Age': 17, 'Name': 'Manni'};
print ("dict['Name']: ", dict['Name']);
```

以上实例输出结果：

```
dict['Name']: Manni
```

③ 键不可变，所以可以用数字、字符串或元组充当，但不能用列表，实例如下：

```
dict = {['Name']: 'Zara', 'Age': 7};
```

以上实例输出错误结果:

```
Traceback (most recent call last):
  File "<pyshell#0>", line 1, in <module>
    dict = {['Name']: 'Zara', 'Age': 7}
TypeError: unhashable type: 'list'
```

（2）访问字典里的值

访问字典里的值时把相应的键放入方括号中，实例如下:

```
dict = {'Name': '王海', 'Age': 17, 'Class': '计算机一班'}
print ("dict['Name']: ", dict['Name'])
print ("dict['Age']: ", dict['Age'])
```

以上实例输出结果:

```
dict['Name']:  王海
dict['Age']:  17
```

如果用字典里不存在的键访问数据，则会输出错误信息:

```
dict = {'Name': '王海', 'Age': 17, 'Class': '计算机一班'}
print ("dict['sex']: ", dict['sex'] )
```

由于没有 sex 键，以上实例输出错误结果:

```
Traceback (most recent call last):
  File "<pyshell#10>", line 1, in <module>
    print ("dict['sex']: ", dict['sex'] )
KeyError: 'sex''
```

（3）修改字典

向字典添加新内容的方法是增加新的键/值对，修改或删除已有键/值对，实例如下:

```
dict = {'Name': '王海', 'Age': 17, 'Class': '计算机一班'}
dict['Age'] = 18                    #更新键/值对（update existing entry）
dict['School'] = "中原工学院"        #增加新的键/值对（add new entry）
print ("dict['Age']: ", dict['Age'] )
print ( "dict['School']: ", dict['School'];
```

以上实例输出结果:

```
dict['Age']:  18
dict['School']:  中原工学院
```

（4）删除字典元素

del( )方法允许使用键从字典中删除元素（条目），clear( )方法会清空字典所有元素。显式删除一个字典用 del 命令，实例如下:

```
dict = {'Name': '王海', 'Age': 17, 'Class': '计算机一班'}
del dict['Name']              #删除键是'Name'的元素（条目）
dict.clear()                  #清空词典所有元素
del dict                      #删除词典，用 del 后字典不再存在
```

（5）in 运算

字典里的 in 运算用于判断某键是否包含在字典里，对于 value 值则不适用。功能与

has_key(key)方法相似。

```
dict = {'Name': '王海', 'Age': 17, 'Class': '计算机一班'}
print ('Age' in dict )       #等价于print (dict.has_key('Age') ) )
```

以上实例输出结果：

```
True
```

（6）获取字典中的所有值

dict1.values( )以列表返回字典中的所有值。

```
dict = {'Name': '王海', 'Age': 17, 'Class': '计算机一班'}
print (dict.values ())
```

以上实例输出结果：

```
[17, '王海', '计算机一班']
```

（7）items()方法

items()方法把字典中每对 key 和 value 组成一个元组，并把这些元组放在列表中返回。

```
dict = {'Name': '王海', 'Age': 17, 'Class': '计算机一班'}
for key,value in dict.items():
    print( key,value)
```

以上实例输出结果：

```
Name 王海
Class 计算机一班
Age 17
```

需要注意，字典打印出来的顺序与创建之初的顺序不同，这不是错误。字典中各个元素并没有顺序之分（因为不需要通过位置查找元素），因此，存储元素时进行了优化，使字典的存储和查询效率最高。这也是字典和列表的另一个区别：列表保持元素的相对关系，即序列关系；而字典是完全无序的，也称为非序列。如果想保持一个集合中元素的顺序，则需要使用列表，而不是字典。

4. 集合

集合（set）是一个无序不重复元素的序列。集合基本功能是进行成员关系测试和删除重复元素。

（1）创建集合

可以使用大括号（{}）或者 set()函数创建集合，注意：创建一个空集合必须用 set()而不是 {}，因为 {} 是用来创建一个空字典。

```
student = {'Tom', 'Jim', 'Mary', 'Tom', 'Jack', 'Rose'}
print(student)   #输出集合，重复的元素被自动去掉
```

以上实例输出结果：

```
{'Jack', 'Rose', 'Mary', 'Jim', 'Tom'}
```

（2）成员测试

```
if('Rose' in student) :
    print('Rose 在集合中')
else :
```

```
print('Rose 不在集合中')
```
以上实例输出结果：
```
Rose 在集合中
```
（3）集合运算

可以使用"-""|""&"运算符分别进行集合的差集、并集、交集运算。
```
#set 可以进行集合运算
a = set('abcd')
b = set('cdef')
print(a)
print("a 和 b 的差集: ", a - b)          #a 和 b 的差集
print("a 和 b 的并集: ", a | b)          #a 和 b 的并集
print("a 和 b 的交集: ", a & b)          #a 和 b 的交集
print("a 和 b 中不同时存在的元素: ", a ^ b)   #a 和 b 中不同时存在的元素
```
以上实例输出结果：
```
{'a', 'c', 'd', 'b'}
a 和 b 的差集: {'a', 'b'}
a 和 b 的并集: {'b', 'a', 'f', 'd', 'c', 'e'}
a 和 b 的交集: {'c', 'd'}
a 和 b 中不同时存在的元素: {'a', 'e', 'f', 'b'}
```

1.2.3 Python 控制语句

Python 程序中的执行语句，默认是按照书写顺序依次执行的，此时的语句是顺序结构的。但是，仅有顺序结构还是不够的，因为有时候我们需要根据特定的情况，有选择地执行某些语句，这时我们就需要一种选择结构的语句。另外，有时候我们还可以在给定条件下反复执行某些语句，这时我们称这些语句是循环结构的。有了这三种基本的结构，我们就能够构建更加复杂的程序了。

1. 选择结构

三种基本程序结构中的选择结构，可用 if 语句、if…else 语句和 if…elif…else 语句实现。

if 语句是一种单选结构，它选择的是做与不做。if 语句的语法形式如下所示：
```
if 表达式：
    语句1
```
if 语句的流程图如图 1-7 所示。

而 if…else 语句是一种双选结构，是在两种备选行动中选择哪一个。if…else 语句的语法形式如下所示：
```
if 表达式：
    语句1
else：
```

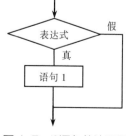

图 1-7 if 语句的流程图

语句2

if…else 语句的流程图如图 1-8 所示。

【例 1-1】输入一个年份,判断其是否为闰年。闰年的年份必须满足以下两个条件之一:

(1)能被 4 整除,但不能被 100 整除的年份都是闰年;

(2)能被 400 整除的年份都是闰年。

分析:设变量 year 表示年份,判断 year 是否满足以下表达式。

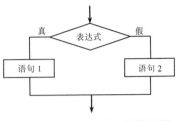

图 1-8 if…else 语句的流程图

条件(1)的逻辑表达式是:year%4 == 0&&year%100 != 0。

条件(2)的逻辑表达式是:year%400 == 0。

两者取"或",即得到判断闰年的逻辑表达式为:

(year%4 == 0 and year%100 != 0) or year%400 == 0

程序代码:

```
year = int(input('输入年份:'))       #输入 x, input()获取的是字符串,所以需要转换
                                   #成整型
if year%4 == 0 and year%100 != 0 or year%400 == 0:#注意运算符的优先级
    print(year, "是闰年")
else:
    print( year, "不是闰年")
```

判断闰年后,也可以输入某年某月某日,判断这一天是这一年的第几天。以 3 月 5 日为例,应该先把前两个月的天数加起来,然后再加上 5 即为本年的第几天。特殊情况是闰年,在输入月份大于 3 时需考虑多加一天。

程序代码:

```
year = int(input('year:'))           #输入年
month = int(input('month:'))         #输入月
day = int(input('day:'))             #输入日
months = (0,31,59,90,120,151,181,212,243,273,304,334)
if 0 <= month <= 12:
    sum = months[month - 1]
else:
    print( '月份输入错误')
sum += day
leap = 0
if (year % 400 == 0) or ((year % 4 == 0) and (year % 100 != 0)):
    leap = 1
if (leap == 1) and (month > 2):
    sum += 1
print('这一天是这一年的第%d 天'%sum)
```

有时,我们需要在多组动作中选择一组执行,这时就会用到多选结构,对 Python 语

言来说，多选结构就是 if…elif…else 语句。该语句的语法形式如下所示：

```
if 表达式 1：
    语句 1
elif 表达式 2：
    语句 2
    ……
elif 表达式 n：
    语句 n
else：
    语句 n+1
```

注意，最后一个 elif 子句之后的 else 子句没有进行条件判断，它用于处理与前面所述条件都不匹配的情况，所以 else 子句必须放在最后。if…elif…else 语句的流程图如图 1-9 所示。

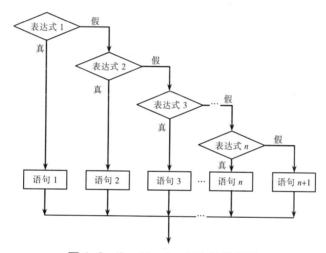

图 1-9　if…elif…else 语句的流程图

【例 1-2】输入学生的成绩 score，按分数输出其等级：score≥90 为优，90>score≥80 为良，80>score≥70 为中等，70>score≥60 为及格，score<60 为不及格。

```
score=int(input("请输入成绩"))        #int()转换字符串为整型
if score >= 90:
    print("优")
elif score >= 80:
    print("良")
elif score >= 70:
    print("中等")
elif score >= 60:
    print("及格")
else :
    print("不及格")
```

说明：在三种选择语句中，条件表达式都是必不可少的组成部分。那么，哪些表达式可以作为条件表达式呢？一般地，最常用的是关系表达式和逻辑表达式，如：

```
if a == x and b == y :
    print ("a = x, b = y")
```

除此之外，条件表达式可以是任何数值类型表达式，当条件表达式的值为零时，表示条件为假；当条件表达式的值为非零时，表示条件为真。甚至字符串也可以：

```
if 'a':    #'abc':也可以，被认为是 True
    print ("a = x, b = y")
```

另外，C 语言是用花括号{}来区分语句体，但是 Python 的语句体是用缩进形式来表示的，如果缩进不正确，则会导致逻辑错误。

2. 循环结构

程序在一般情况下是按顺序执行的。编程语言提供了各种控制结构，允许更复杂的执行路径。循环语句允许我们执行一个语句或语句组多次，Python 提供了 for 循环和 while 循环（在 Python 中没有 do…while 循环）。

（1）while 语句

Python 中的 while 语句用于循环执行程序，即在某条件下，循环执行某段程序，以处理需要重复处理的相同任务。其基本形式为：

```
while 判断条件:
    执行语句
```

执行语句可以是单个语句或语句块。判断条件可以是任何表达式，任何非零或非空的值均为 True；当判断条件为 False 时，循环结束。Which 语句的流程图如图 1-10 所示。

同样地，需要注意冒号和缩进。例如：

```
count = 0
while count < 5:
    print ('The count is:', count)
    count = count + 1
print ("Good bye!" )
```

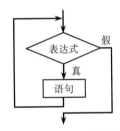

图 1-10 while 语句的流程图

（2）for 语句

for 语句可以遍历任何序列的项目，如一个列表、元组或者一个字符串。for 循环的语法格式如下：

```
for 循环索引值 in 序列:
    循环体
```

for 循环把列表中的元素遍历出来。例如：

```
fruits = ['banana', 'apple', 'mango']
for fruit in fruits:          #第二个实例
    print ( '元素 :', fruit)
print( "Good bye!" )
```

运行上述代码后会依次打印 fruits 中的每一个元素，程序运行结果：

```
元素: banana
元素: apple
元素: mango
Good bye!
```

【例1-3】计算 1~10 的整数之和，可以用一个 sum 变量进行累加。

程序代码：

```
sum = 0
for x in [1, 2, 3, 4, 5, 6, 7, 8, 9, 10]:
    sum = sum + x
print(sum)
```

如果要计算 1~100 的整数之和，从 1 写到 100 十分烦琐。Python 提供了一个 range() 内置函数，可以生成一个整数序列，再通过 list() 函数可以转换为 list 列表。

例如，range(0, 5) 或 range(5) 生成的序列是从 0 开始小于 5 的整数，但不包括 5。结果如下：

```
>>> list(range(5))
[0, 1, 2, 3, 4]
```

range(1, 101) 就可以生成 1~100 的整数序列，计算 1~100 的整数之和如下：

```
sum = 0
for x in range(1,101):
    sum = sum + x
print(sum)
```

（3）continue 和 break 语句

break 语句在 while 循环和 for 循环中都可以使用，一般放置于 if 选择结构中，一旦 break 语句被执行，将使整个循环提前结束。

continue 语句的作用是终止当前循环，并忽略 continue 之后的语句，然后回到循环的顶端，提前进入下一次循环。

注意：除非 break 语句让代码更简单或更清晰，否则不要轻易使用。

【例1-4】continue 和 break 用法示例。

```
#continue 和 break 用法
i = 1
while i < 10:
    i += 1
    if i%2 > 0:            #非双数时跳过输出
        continue
    print (i)              #输出双数 2、4、6、8、10

i = 1
while 1:                   #循环条件为 1 必定成立
    print (i)              #输出 1~10
    i += 1
    if i > 10:             #当 i 大于 10 时跳出循环
        break
```

在 Python 程序开发过程中，开发者将完成某一特定功能并经常使用的代码编写成函数，放在函数库（模块）中供大家选用，在需要使用时可直接调用。编程人员要善于使用函数，提高编码效率。

1.2.4 Python 函数与模块

当执行某些任务时，如求一个数的阶乘，需要在一个程序中不同位置重复执行时，这样造成代码的重复率高，应用程序代码烦琐。解决这个问题的方法就是使用函数。无论在哪种编程语言当中，函数（在类中称作方法，意义是相同的）都扮演着至关重要的角色。模块是 Python 的代码组织单元，它将函数、类和数据封装起来以便重用，模块往往对应 Python 程序文件、Python 标准库和第三方提供的大量的模块。

1. 函数定义

在 Python 中，函数定义的基本形式如下：

```
def 函数名(函数参数)：
    函数体
    return 表达式或者值
```

在这里需要注意以下几点：

（1）在 Python 中采用 def 关键字进行函数的定义，不用指定返回值的类型；

（2）函数参数可以是零个、一个或者多个，同样地，函数参数也不用指定参数类型，因为在 Python 中变量都是弱类型的，Python 会自动根据值来维护其类型；

（3）Python 函数的定义中缩进部分是函数体；

（4）函数的返回值是通过函数中的 return 语句获得的。return 语句是可选的，它可以在函数体内任何地方出现，表示函数调用执行到此结束。如果没有 return 语句，则会自动返回 None（空值）；如果有 return 语句，但是 return 后面没有接表达式或者值，也会返回 None（空值）。

下面定义三个函数：

```
def printHello():                    #打印'hello'字符串
    print ('hello')


def printNum():                      #输出数值0～9
    for i in range(0,10):
        print (i)
    return


def add(a,b):                        #实现两个数的和
    return a+b
```

2. 函数的使用

在定义了函数之后，我们就可以使用该函数了。但是在 Python 中要注意一个问题，

就是在 Python 中不允许前向引用，即在函数定义之前，不允许调用该函数。实例如下：

```
print (add(1,2))
def add(a,b):
    return a+b
```

这段程序运行的错误提示如下：

```
Traceback (most recent call last):
  File "C:/Users/xmj/4-1.py", line 1, in <module>
    print (add(1,2))
NameError: name 'add' is not defined
```

从报错信息可以知道，名字为"add"的函数未进行定义。所以在任何时候调用某个函数，必须确保其定义在调用之前。

【例 1-5】编写函数，计算形如 a + aa + aaa + aaaa +…+ aaa…aaa 的表达式的值，其中，a 为小于 10 的自然数。例如，2+22+222+2222+22222（此时 n=5），a、n 由用户从键盘输入。

分析：关键是计算出求和中每一项的值。容易看出每一项都是前一项扩大 10 倍后加 a。

程序代码：

```
def sum (a, n):
    result, t = 0, 0        #同时将result、t赋值为0，这种形式比较简洁
    for i in range(n):
        t = t*10 + a
        result += t
    return result
#用户输入两个数字
a = int(input("输入a: "))
n = int(input("输入n: "))
print(sum(a, n))
```

程序运行结果：

```
输入a: 2✓
输入n: 5✓
24690
```

3. 闭包（closure）

在 Python 中，闭包指函数的嵌套。可以在函数内部定义一个嵌套函数，将嵌套函数视为一个对象，所以可以将嵌套函数作为定义它的函数的返回结果。

【例 1-6】使用闭包的例子。

```
def func_lib():
    def add(x, y):
        return x+y
    return add            #返回函数对象
```

```
fadd = func_lib()
print(fadd(1, 2))
```

在函数 func_lib()中定义了一个嵌套函数 add(x, y)，并作为函数 func_lib()的返回值。运行结果为 3。

4. 函数的递归调用

函数在执行的过程中直接或间接调用自己本身，称为递归调用。Python 语言允许递归调用。

【例 1-7】求 1~5 的平方和。

```
def f(x):
    if x==1:                        #递归调用结束的条件
        return 1
    else:
        return(f(x-1)+x*x)           #调用 f()函数本身
print(f(5))
```

5. 模块

模块（module）能够有逻辑地组织 Python 代码段，可将相关的代码分配到一个模块里，让代码更简明实用。简单地说，模块就是一个保存了 Python 代码的文件。模块能定义函数、类和变量。

在 Python 中，模块与 C 语言中的头文件以及 Java 中的包很类似，如在 Python 中要调用 sqrt 函数，必须用 import 关键字引入 math 这个模块。

（1）导入某个模块

在 Python 中用关键字 import 来导入某个模块。方式如下：

```
import 模块名              #导入模块
```

比如，要引用模块 math，就可以在文件最开始的地方用 import math 来导入。
在调用模块中的函数时，必须这样调用：

```
模块名.函数名
```

例如：

```
import math              #导入 math 模块
print ("50 的平方根: ", math.sqrt(50))
```

为什么必须加上模块名这样调用呢？因为可能存在这样一种情况：在多个模块中含有相同名称的函数，此时如果只是通过函数名来调用，则解释器无法知道到底要调用哪个函数。因此，如果像上述这样导入模块时，调用函数必须加上模块名。

有时我们只需要用到模块中的某个函数，则只需要引入该函数即可，此时可使用 from 语句：

```
from 模块名 import 函数名 1,函数名 2…
```

通过这种方式引入时，调用函数时只能给出函数名，不能给出模块名，但是当两个模块中含有相同名称函数时，后面一次引入会覆盖前一次引入。

也就是说，假如模块 A 中有函数 fun()，在模块 B 中也有函数 fun()，如果引入 A 中的 fun()在先、B 中的 fun()在后，那么，当调用 fun()函数时，系统会去执行模块 B 中的 fun()函数。

如果想一次性导入 math 中所有的内容，还可以通过如下代码实现：

```
from math import *
```

这是一种简单导入模块中的所有项目的方式，但最好不要过多地使用这种方式。

（2）定义自己的模块

在 Python 中，每个 Python 文件都可以作为一个模块，模块的名字就是文件的名字。

比如，有这样一个文件 fibo.py，在 fibo.py 中定义了三个函数 add()、fib()和 fib2()：

```
#fibo.py
#斐波那契(fibonacci)数列模块
def fib(n):      #定义到 n 的斐波那契数列
    a, b = 0, 1
    while b < n:
        print(b, end=' ')
        a, b = b, a+b
    print()
def fib2(n): #返回到 n 的斐波那契数列
    result = []
    a, b = 0, 1
    while b < n:
        result.append(b)
        a, b = b, a+b
    return result
def add(a,b):
    return a+b
```

那么，在其他文件（如 test.py）中就可以按如下方式来使用：

```
#test.py
import fibo
```

加上模块名称来调用函数：

```
fibo.fib(1000)    #结果是 1 1 2 3 5 8 13 21 34 55 89 144 233 377 610 987
fibo.fib2(100)    #结果是[1, 1, 2, 3, 5, 8, 13, 21, 34, 55, 89]
test.add(2,3)     #结果是 5
```

当然也可以通过 from fibo import add, fib , fib2 来引入。

还可以直接使用函数名来调用函数：

```
fib(500)          #结果是 1 1 2 3 5 8 13 21 34 55 89 144 233 377
```

若列举 fibo 模块中定义的属性列表如下：

```
import fibo
dir(fibo)         #得到自定义模块 fibo 中定义的的变量和函数
```

输出结果：['__name__', 'fib', 'fib2', 'add']。

1.3 Python 文件的使用

在程序运行时，数据保存在内存的变量里。内存中的数据在程序结束或关机后就会消失。如果想要在下次开机运行程序时使用同样的数据，就需要把数据存储在不易失的存储介质中，如硬盘、光盘或 U 盘。不易失存储介质上的数据保存在以存储路径命名的文件中。通过读/写文件，程序就可以在运行时保存数据。下面将介绍使用 Python 在磁盘上创建、读写以及关闭文件的方法。

使用文件与我们平时在生活中使用记事本很相似。在使用记事本时，需要先打开记事本，使用后要合上它。打开记事本后，我们既可以读取信息，也可以向本子里写入信息。不管哪种情况，我们都需要知道在哪里进行读/写。在记事本中，我们既可以一页一页从头到尾地读，也可以直接跳转到目标位置。

在 Python 中对文件的操作通常按照以下三个步骤进行：

（1）使用 open()函数打开（或建立）文件，返回一个 file 对象；

（2）使用 file 对象的读/写方法对文件进行读/写操作，其中，将数据从外存传输到内存的过程称为读操作，将数据从内存传输到外存的过程称为写操作；

（3）使用 file 对象的 close()方法关闭文件。

1.3.1 打开（建立）文件

在 Python 中访问文件时，必须建立 Python Shell 与磁盘上文件之间的连接。当使用 open()函数打开或建立文件时，会建立文件和使用它的程序之间的连接，并返回代表连接的文件对象。通过文件对象，就可以在文件所在磁盘和程序之间传递文件内容，执行文件上所有后续操作。文件对象有时也称为文件描述符或文件流。

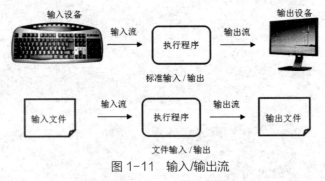

图 1-11　输入/输出流

当建立了 Python 程序和文件之间的连接后，就创建了"流"数据，如图 1-11 所示。通常程序使用输入流读出数据，使用输出流写入数据，就如同数据流入到程序并从程序中流出。

打开文件后，才能读或写（或读并且写）文件内容。open()函数用来打开文件。open()函数需要一个字符串路径，表明希望打开文件的位置，返回的是一个文件对象。语法如下：

```
fileobj=open(filename[,mode[,buffering]])
```

其中，fileobj 是 open()函数返回的文件对象，参数 filename 文件名是必写参数，它既可以是绝对路径，也可以是相对路径。模式（mode）和缓冲（buffering）可选。

mode 是指明文件类型和操作的字符串，可以使用的值如表 1-1 所示。

表 1-1 　　　　　　　　　　　　open 函数中 mode 参数常用值

值	描述
'r'	读模式，如果文件不存在，则发生异常
'w'	写模式，如果文件不存在，则先创建文件再打开；如果文件存在，则先清空文件内容再打开
'a'	追加模式，如果文件不存在，则先创建文件再打开；如果文件存在，打开文件后将新内容追加至原内容之后
'b'	二进制模式，可添加到其他模式中使用
'+'	读/写模式，可添加到其他模式中使用

说明：

（1）当 mode 参数省略，我们可以获得能读取文件内容的文件对象，即'r'是 mode 参数的默认值；

（2）'+'参数指明读和写都是允许的，可以用到其他任何模式中，如'r+'可以打开一个文本文件并读写；

（3）'b'参数改变处理文件的方法，通常，Python 处理的是文本文件，当处理二进制文件时（如声音文件或图像文件），应该在模式参数中增加'b'，如可以使用'rb'来读取一个二进制文件。

open()函数的第三个参数 buffering 控制缓冲。当参数取 0 或 False 时，输入/输出（I/O）是无缓冲的，所有读写操作直接针对硬盘。当参数取 1 或 True 时，I/O 有缓冲，此时 Python 使用内存代替硬盘，使程序运行速度加快，只有使用 flush 或 close 时才会将数据写入硬盘。当参数大于 1 时，表示缓冲区的大小，以字节为单位；负数表示使用默认缓冲区大小。

下面举例说明 open()函数的使用方法。

先用记事本创建一个文本文件，将其命名为 hello.txt，输入以下内容保存在文件夹 d:\python 中：

```
Hello!
Henan Zhengzhou
```

在交互式环境中输入以下代码：

```
>>> helloFile=open("d:\\python\\hello.txt")
```

这条命令将以读取文本文件的方式打开放在 D 盘的 Python 文件夹下的 hello 文件。"读模式"是 Python 打开文件的默认模式。当文件以读模式打开时，只能从文件中读取数据而不能向文件写入或修改数据。

当调用 open()函数时，程序将返回一个文件对象，在本例中文件对象保存在 helloFile 变量中。

```
>>> print (helloFile)
```

```
<_io.TextIOWrapper name='d:\\python\\hello.txt'mode='r'encoding= 'cp936'>
```
在打印文件对象时我们可以看到文件名、读/写模式和编码格式。**cp936** 就是指 Windows 系统里第 936 号编码格式，即 GB2312 的编码。接下来，就可以调用 helloFile 文件对象的方法读取文件中的数据。

1.3.2 读取文本文件

我们可以调用文件 file 对象的多种方法读取文件内容。

1. read()方法

不设置参数的 read()方法将整个文件的内容读取为一个字符串。read()方法一次读取文件的全部内容，性能根据文件大小而变化，如读取 1GB 的文件时需要使用同样大小的内存。

【例 1-8】调用 read()方法读取 hello 文件中的内容。

```
helloFile=open("d:\\python\\hello.txt")
fileContent=helloFile.read()
helloFile.close()
print(fileContent)
```

输出结果：

```
Hello!
Henan  Zhengzhou
```

也可以设置最大读入字符数来限制 read()函数一次返回的大小。

【例 1-9】设置参数一次读取三个字符读取文件。

```
helloFile=open("d:\\python\\hello.txt")
fileContent=""
while True:
    fragment=helloFile.read(3)
    if fragment=="":     #或者 if not fragment
        break
    fileContent+=fragment
helloFile.close()
print(fileContent)
```

当读到文件结尾之后，read()方法会返回空字符串，此时 fragment==""成立退出循环。

2. readline()方法

readline()方法从文件中获取一个字符串，每个字符串就是文件中的每一行。

【例 1-10】调用 readline()方法读取 hello 文件的内容。

```
helloFile=open("d:\\python\\hello.txt")
fileContent=""
while True:
```

```
    line=helloFile.readline()
    if line=="":      #或者 if not line
        break
    fileContent+=line
helloFile.close()
print(fileContent)
```

当读取到文件结尾之后，readline()方法同样返回空字符串，使得 line==""成立，并跳出循环。

3. readlines()方法

readlines()方法返回一个字符串列表，其中的每一项是文件中每一行的字符串。

【例 1-11】使用 readlines()方法读取文件内容。

```
helloFile=open("d:\\python\\hello.txt")
fileContent=helloFile.readlines()
helloFile.close()
print(fileContent)
for line in fileContent:    #输出列表
    print(line)
```

readlines()方法也可以设置参数，指定一次读取的字符数。

1.3.3 写文本文件

写文件与读文件相似，都需要先创建文件对象连接。但不同之处在于，打开文件时是以"写"模式或"添加"模式打开，如果文件不存在，则自动创建该文件。

写文件时不允许读取数据。以"w"写模式打开已有文件时，会覆盖文件原有内容。

```
>>> helloFile=open("d:\\python\\hello.txt","w")
#以"w"写模式打开已有文件时，会覆盖文件原有内容
>>> fileContent=helloFile.read()
Traceback (most recent call last):
  File "<pyshell#1>", line 1, in <module>
    fileContent=helloFile.read()
IOError: File not open for reading
>>> helloFile.close()
>>> helloFile=open("d:\\python\\hello.txt")
>>> fileContent=helloFile.read()
>>> len(fileContent)
0
>>> helloFile.close()
```

由于以"w"写模式打开已有文件，文件原有内容会被清空，所以再次读取内容时

长度为 0。

使用 write()方法可将字符串参数写入文件。

【例 1-12】用 write 方法写文件。

```
helloFile=open("d:\\python\\hello.txt","w")
helloFile.write("First line.\nSecond line.\n")
helloFile.close()
helloFile=open("d:\\python\\hello.txt","a")
helloFile.write("third line. ")
helloFile.close()
helloFile=open("d:\\python\\hello.txt")
fileContent=helloFile.read()
helloFile.close()
print(fileContent)
```

运行结果:

```
First line.
Second line.
third line.
```

当我们以写模式打开文件 hello.txt 时,文件原有内容被覆盖。调用 write()方法将字符串参数写入文件,这里 "\n" 代表换行符。关闭文件之后再次以添加模式打开文件 hello.txt,调用 write()方法写入的字符串 "third line." 被添加到了文件末尾。最终以读模式打开文件后,读取到的内容共有三行字符串。

注意,write()方法不能自动地在字符串末尾添加换行符,需要编程人员手动添加 "\n"。

【例 1-13】完成一个自定义函数 copy_file(),实现文件的复制功能。

copy_file()函数需要两个参数,分别指定需要复制的文件 oldfile 和文件的备份 newfile。分别以读模式和写模式打开两个文件时,从 oldfile 一次读入 50 个字符并写入 newfile。当读到文件末尾时 fileContent==""成立,退出循环并关闭两个文件。

```
def copy_file(oldfile,newfile):
    oldFile=open(oldfile,"r")
    newFile=open(newfile,"w")
    while True:
        fileContent=oldFile.read(50)
        if fileContent=="":    #读到文件末尾时
            break
        newFile.write(fileContent)
    oldFile.close()
    newFile.close()
    return
copy_file("d:\\python\\hello.txt","d:\\python\\hello2.txt")
```

1.3.4 文件内移动

无论读或写文件，Python 都会跟踪文件中的读写位置。在默认情况下，文件的读/写都是从文件的开始位置进行。Python 提供了控制文件读写起始位置的方法，使得我们可以改变文件读/写操作发生的位置。

当使用 open()函数打开文件时，open()函数在内存中创建缓冲区，将磁盘上的文件内容复制到缓冲区。文件内容被复制到文件对象缓冲区后，就可将文件对象缓冲区视为一个大的列表，其中的每一个元素都有自己的索引，文件对象按字节对缓冲区索引计数。同时，文件对象对文件当前位置，即当前读/写操作发生的位置进行维护，如图 1-12 所示。许多方法隐式使用当前位置，如调用 readline()方法后，文件当前位置移动到下一个回车处。

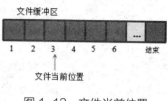

图 1-12　文件当前位置

Python 使用一些函数跟踪文件当前位置，如 tell()函数可以计算文件当前位置和开始位置之间的字节偏移量。

```
>>> exampleFile=open("d:\\python\\example.txt","w")
>>> exampleFile.write("0123456789")
>>> exampleFile.close()
>>> exampleFile=open("d:\\python\\example.txt")
>>> exampleFile.read(2)
'01'
>>> exampleFile.read(2)
'23'
>>> exampleFile.tell()
4
>>> exampleFile.close()
```

这里 exampleFile.tell()函数返回的是一个整数 4，表示文件当前位置和开始位置之间有四个字节偏移量。因为已经从文件中读取四个字符了，所以产生了四个字节偏移量。

seek()函数设置新的文件当前位置，允许在文件中跳转，实现对文件的随机访问。

seek()函数有两个参数，第一个参数是字节数，第二个参数是引用点。seek()函数将文件当前指针由引用点移动指定的字节数到指定的位置。语法如下：

```
seek(offset[,whence])
```

说明：offset 是一个字节数，表示偏移量。引用点 whence 有三个取值：

（1）文件开始处为 0（默认值），意味着使用该文件的开始处作为基准位置，此时字节偏移量必须非负；

（2）当前文件位置为 1，则表明使用当前位置作为基准位置，此时偏移量可以取负值；

（3）文件结尾处为 2，则表明该文件的末尾将被作为基准位置。

1.3.5 文件的关闭

应该牢记使用 close()方法关闭文件。关闭文件是取消程序和文件之间连接的过程，内存缓冲区的所有内容将被写入磁盘，因此必须在使用文件后关闭文件确保信息不会丢失。

要确保文件关闭，可以使用 try/finally 语句，在 finally 子句中调用 close()方法：

```
helloFile=open("d:\\python\\hello.txt","w")
try :
        helloFile.write("Hello,Sunny Day!")
finally:
        helloFile.close()
```

也可以使用 with 语句自动关闭文件：

```
with open("d:\\python\\hello.txt") as helloFile:
        s=helloFile.read()
print(s)
```

with 语句可以打开文件并赋值给文件对象，之后就可以对文件进行操作。文件会在语句结束后自动关闭，即使是由于异常引起的结束也是如此。

1.3.6 文件应用案例——游戏地图存储

在游戏开发中往往需要存储不同关卡的游戏地图信息，如推箱子、连连看等游戏。这里以推箱子游戏地图存储为例来说明游戏地图信息如何存储到文件中并读取出来。

图 1-13 所示的是推箱子游戏界面。可以看成 7×7 的表格，如果将其按行/列存储到文件中，就可以把这一关游戏地图存入到文件中了。

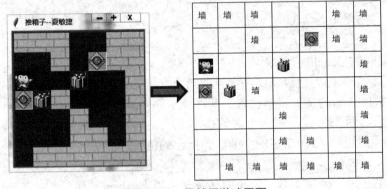

图 1-13 推箱子游戏界面

为了表示方便，每个格子状态值分别用常量 Wall（0）代表墙，Worker（1）代表人，Box（2）代表箱子，Passageway（3）代表路，Destination（4）代表目的地，WorkerInDest（5）代表人在目的地，RedBox（6）代表放到目的地的箱子。文件中存储的原始地图中格子的状态值采用相应的整数形式存放。例如，图 1-13 所示推箱子游戏界面的对应数据如下：

0	0	0	3	3	0	0
3	3	0	3	4	0	0
1	3	3	2	3	3	0
4	2	0	3	3	3	0
3	3	3	0	3	3	0
3	3	3	0	0	3	0
3	0	0	0	0	0	0

1. 地图写入文件

只需要使用 write() 方法按行/列（这里按行）存入文件 map1.txt 中即可。

```
import os
myArray1 = []
#地图写入文件
helloFile=open("map1.txt","w")
helloFile.write("0,0,0,3,3,0,0\n")
helloFile.write("3,3,0,3,4,0,0\n")
helloFile.write("1,3,3,2,3,3,0\n")
helloFile.write("4,2,0,3,3,3,0\n")
helloFile.write("3,3,3,0,3,3,0\n")
helloFile.write("3,3,3,0,0,3,0\n")
helloFile.write("3,0,0,0,0,0,0\n")
helloFile.close()
```

2. 从地图文件读取信息

只需要按行从文件 map1.txt 中读取即可得到地图信息。本例中将信息读取到二维列表中再进行存储。

```
#读文件
helloFile=open("map1.txt","r")
myArray1=[]
while True:
    line=helloFile.readline()
    if line=="":                       #或者 if not line
        break
    line=line.replace("\n","")         #将读取的1行中最后的换行符去掉
    myArray1.append(line.split(","))
helloFile.close()
print(myArray1)
```

结果如下：

```
[['0', '0', '0', '3', '3', '0', '0'], ['3', '3', '0', '3', '4', '0',
```

'0'], ['1', '3', '3', '2', '3', '3', '0'], ['4', '2', '0', '3', '3', '3', '0'], ['3', '3', '3', '0', '3', '3', '0'], ['3', '3', '3', '0', '0', '3', '0'], ['3', '0', '0', '0', '0', '0', '0']]

在后面图形化推箱子游戏中，根据数字代号将对应图形显示在界面上，即可完成地图读取任务。

1.4 Python 的第三方库

Python 语言有标准库和第三方库两类库。标准库随 Python 安装包一起安装，用户随时可以使用；第三方库则需要安装后才能使用。由于 Python 语言经历了版本更迭过程，而且，第三方库由全球开发者分布式维护，缺少统一的集中管理，因此，Python 第三方库曾经一度制约了 Python 语言的普及和发展。但是随着官方 pip 工具的应用，Python 第三方库的安装变得十分容易。常用 Python 第三方库如表 1-2 所示。

表 1-2　　　　　　　　　　　　常用 Python 第三方库

库名称	说明
Django	开源 Web 开发框架，它鼓励快速开发，并遵循 MVC 设计，开发周期短
web.py	一个小巧灵活的 Web 框架，虽然简单但是功能强大
Matplotlib	用 Python 实现的类 MATLAB 的第三方库，用以绘制一些高质量的数学二维图形
SciPy	基于 Python 的 MATLAB 实现，旨在实现 MATLAB 的所有功能
NumPy	基于 Python 的科学计算第三方库，提供了矩阵、线性代数、傅立叶变换等解决方案
PyGtk	基于 Python 的 GUI 程序开发 GTK+库
PyQt	用于 Python 的 QT 开发库
WxPython	Python 下的 GUI 编程框架，与 MFC 的架构相似
BeautifulSoup	基于 Python 的 HTML/XML 解析器，简单易用
PIL	基于 Python 的图像处理库，功能强大，对图形文件的格式支持广泛
MySQLdb	用于连接 MySQL 数据库
PyGame	基于 Python 的多媒体开发和游戏软件开发模块
Py2exe	将 Python 脚本转换为在 Windows 上可以独立运行的可执行程序
pefile	Windows PE 文件解析器

最常用且最高效的 Python 第三方库安装方式是采用 pip 工具安装。pip 是 Python 官方提供并维护的在线第三方库安装工具。若要同时安装 Python 2 和 Python 3 环境，建议采用 pip3 命令专门为 Python 3 版安装第三方库。

例如，安装 Pygame 库，pip 工具默认从网络上下载 Pygame 库安装文件并自动安装到系统中。注意：pip 是在命令行（cmd）下运行的工具。

```
D:\>pip install pygame
```
也可以卸载 Pygame 库，卸载过程可能需要用户确认。
```
D:\>pip uninstall pygame
```
还可以通过 list 子命令列出当前系统中已经安装的第三方库，例如：
```
D:\>pip list
```

pip 是 Python 第三方库最主要的安装方式，可以安装超过 90%以上的第三方库。然而，由于一些历史、技术等原因，还有一些第三方库暂时无法用 pip 安装，此时需要使用其他的安装方法（如下载库文件后手工安装），可以参照第三方库提供的步骤和方式安装。

思考题

1. 输入一个整数 n，判断其能否同时被 5 和 7 整除，如能，则输出 "××能同时被 5 和 7 整除"；否则输出 "××不能同时被 5 和 7 整除"。要求 "××"为输入的具体数据。

2. 输入一个百分制的成绩，经判断后输出该成绩的对应等级。其中，90 分以上为 "A"，80~89 分为 "B"，70~79 分为 "C"，60~69 分为 "D"，60 分以下为 "E"。

3. 某百货公司为了促销，采用购物打折的办法。消费满 1 000 元以上者，按九五折优惠；2 000 元以上者，按九折优惠；3 000 元以上者，按八五折优惠；5 000 元以上者，按八折优惠。编写程序，输入购物款数，计算并输出优惠价。

4. 编写程序，计算下列公式中 s 的值（n 是运行程序时输入的一个正整数）。

$s = 1 + (1 + 2) + (1 + 2 + 3) + \cdots + (1 + 2 + 3 + \cdots + n)$

$s = 12 + 22 + 32 + \cdots + (10 \times n + 2)$

$s = 1 \times 2 - 2 \times 3 + 3 \times 4 - 4 \times 5 + \cdots + (-1)^{(n-1)} \times n \times (n+1)$

5. 编程求解 "百马百瓦问题"：有 100 匹马驮 100 块瓦，大马驮 3 块，小马驮 2 块，两个马驹驮 1 块。问大马、小马、马驹各有多少匹？

6. 有一个数列，其前三项分别为 1、2、3，从第四项开始，每项均为其相邻的前三项之和的 1/2，问：该数列从第几项开始，其数值超过 1 200，试编程实现。

7. 编写程序找出 1 与 100 之间的全部 "同构数"。"同构数"是这样一种数，它出现在它的平方数的右端。例如，5 的平方是 25，5 是 25 中右端的数，5 就是同构数，25 也是一个同构数，它的平方是 625。

8. 编写一个函数，调用该函数能够打印一个由指定字符组成的 n 行金字塔。其中，指定打印的字符和行数 n 分别由两个形参表示。

9. 编写一个判断完数的函数。完数是指一个数恰好等于它的真因子（除自身以外的约数）之和，如 6=1+2+3，6 就是完数。

10. 编写程序，打开任意的文本文件，在指定的位置产生一个相同文件的副本，即实现文件的复制功能。

11. 用 Windows "记事本"创建一个文本文件，其中每行包含一段英文。试读出文件的全部内容，并判断：（1）该文本文件共有多少行？（2）文件中以大写字母 P 开头的有多少行？（3）包含字符最多和最少的分别在第几行？

第 2 章

序列应用——猜单词游戏

序列是 Python 中最基本的数据结构。Python 内置序列类型最常见的是列表、元组、字典和集合。本章通过猜单词游戏介绍元组（tuple）的使用方法和技巧，以及 random 模块中的随机数函数。

2.1 游戏介绍

猜单词游戏就是计算机随机产生一个单词，打乱字母顺序，供玩家去猜测。此游戏采用控制字符界面，运行界面如图 2-1 所示。

```
欢迎参加猜单词游戏
把字母组合成一个正确的单词.

乱序后单词: luebjm

请你猜: jumble
真棒，你猜对了！
是否继续 (Y/N): y
乱序后单词: oionispt

请你猜: position
真棒，你猜对了！
是否继续 (Y/N): y
乱序后单词: tsinoiop

请你猜:
```

图 2-1 猜单词游戏程序运行界面

下面介绍如何使用序列中的元组开发猜单词游戏程序的思路以及关键技术——random 模块。

2.2 程序设计的思路

在游戏中，可使用序列中的元组存储所有待猜测的单词。因为猜单词游戏需要随机产生某个待猜测单词以及随机数字，所以引入 random 模块随机数函数。其中，random.choice()可以从序列中随机选取元素。例如：

```
#创建单词序列元组
WORDS = ("python", "juice", "easy", "difficult", "answer", "continue",
         "phone", "hello", "pose", "game")
```

```
#从序列中随机挑出一个单词
word = random.choice(WORDS)
```
上述代码中的 word 用于从单词序列中随机挑出一个单词。

在游戏中，随机挑出一个单词 word 后，把单词 word 的字母顺序打乱的方法是随机从单词字符串中选择一个位置 position，把 position 位置的字母加入乱序后的单词 jumble，同时将原单词 word 中 position 位置的那个字母删去（通过连接 position 位置前字符串和其后字符串实现）。通过多次循环就可以产生乱序后的新单词 jumble。

```
while word: #word 不是空串循环
        #根据 word 的长度，产生 word 的随机位置
        position = random.randrange(len(word))
        #将 position 位置的字母组合到乱序后的单词
        jumble += word[position]
        #通过切片，将 position 位置的字母从原单词中删除
        word = word[:position] + word[(position + 1):]
print("乱序后的单词:", jumble)
```

2.3 random 模块

random 模块可以产生一个随机数或者从序列中获取一个随机元素。它的常用方法和使用例子如下。

（1）random.random

random.random()用于生成一个范围在 0~1 的随机小数 n，$(0 \leq n < 1.0)$。

```
import random
random.random()
```
执行以上代码，输出结果如下：
```
0.85415370477785668
```

（2）random.uniform

random.uniform(a, b)用于生成一个指定范围内的随机小数，在两个参数中，一个是上限，一个是下限。如果 a<b，则生成的随机数 n 满足条件 $a \leq n \leq b$；如果 a>b，则 $b \leq n \leq a$。

代码如下：
```
import random
print (random.uniform(10, 20))
print (random.uniform(20, 10))
```
执行以上代码，输出结果如下：
```
14.247256006293084
15.53810495673216
```

（3）random.randint

random.randint(a, b)用于随机生成一个指定范围内的整数。其中，参数 a 是下限，参数 b 是上限，则生成的随机数 n 满足条件：$a \leq n \leq b$。

```
import random
print (random.randint(12, 20) )      #生成的随机数 n: 12 <= n <= 20
print (random.randint(20, 20) )      #结果永远是 20
#print (random.randint(20, 10) )     #该语句是错误的。下限必须小于上限
```

（4）random.randrange

random.randrange([start], stop[, step])可从指定范围内，按指定基数递增的集合中获取一个随机数。如：random.randrange(10, 100, 2)，结果相当于从[10, 12, 14, 16, ⋯, 96, 98]序列中获取一个随机数。random.randrange(10, 100, 2)在结果上与 random.choice(range(10, 100, 2) 等效。

（5）random.choice

random.choice 可从序列中获取一个随机元素。其函数原型为：random.choice(sequence)，参数 sequence 表示一个有序类型。这里需要说明：sequence 在 Python 中不是一种特定的类型，而是泛指序列数据结构。列表（list）、元组（tuple）字符串都属于 sequence。下面是使用 random.choice 的一些例子：

```
import random
print (random.choice("学习 Python"))        #从字符串中随机取一个字符
print (random.choice(["JGood", "is", "a", "handsome", "boy"]))
                                            #从 list 列表中随机取一个字符
print (random.choice(("Tuple", "List", "Dict")))
                                            #从 tuple 元组中随机取一个字符
```

执行以上代码，输出结果如下：

```
学
is
Dict
```

当然，每次运行结果都不一样。

（6）random.shuffle

random.shuffle(x[, random])用于将一个列表中的元素的顺序打乱。例如：

```
p = ["Python", "is", "powerful", "simple", "and so on..."]
random.shuffle(p)
print (p)
```

执行以上代码，输出结果如下：

```
['powerful', 'simple', 'is', 'Python', 'and so on...']
```

在第 3 章的发牌游戏案例中使用此方法打乱牌的顺序，即可实现洗牌功能。

（7）random.sample

random.sample(sequence, k)可从指定序列中随机获取指定长度的片断。sample()函数不会修改原有序列。

```
list = [1, 2, 3, 4, 5, 6, 7, 8, 9, 10]
slice = random.sample(list, 5)   #从 list 中随机获取 5 个元素，作为一个片断返回
print (slice)
print (list)                     #原有序列并没有改变
```

执行以上代码，输出结果如下：

```
[5, 2, 4, 9, 7]
[1, 2, 3, 4, 5, 6, 7, 8, 9, 10]
```

以下是常用情况举例：

（1）随机字符

```
>>> import random
>>> random.choice('abcdefg&#%^*f')
```

结果为：'d'。

（2）从多个字符中选取特定数量的字符：

```
>>> import random
>>>random.sample('abcdefghij', 3)
```

结果为：['a', 'd', 'b']。

（3）从多个字符中选取特定数量的字符组成新字符串：

```
>>> import random
>>> " ".join( random.sample(['a','b','c','d','e','f','g','h','i','j'], 3) ).replace(" ","")
```

结果为：'ajh'。

（4）随机选取字符串：

```
>>> import random
>>> random.choice ( ['apple', 'pear', 'peach', 'orange', 'lemon'] )
```

结果为：'lemon'。

（5）洗牌：

```
>>> import random
>>> items = [1, 2, 3, 4, 5, 6]
>>> random.shuffle(items)
>>> items
```

结果为：[3, 2, 5, 6, 4, 1]。

（6）随机选取 0~100 的偶数：

```
>>> import random
>>> random.randrange(0, 101, 2)
```

结果为：42。

（7）随机选取 1~100 的小数

```
>>> random.uniform(1, 100)
```

结果为：5.4221167969800881。

2.4 程序设计的步骤

1. 在猜单词游戏程序中导入相关模块。

```
#Word Jumble 猜单词游戏
```

```
import random
```

2. 创建所有待猜测的单词序列元组 WORDS。

```
WORDS = ("python", "juice", "easy", "difficult", "answer", "continue"
        , "phone", "hello", "pose", "game")
```

3. 显示游戏欢迎界面。

```
print(
"""
    欢迎参加猜单词游戏
    把字母组合成一个正确的单词.
"""
)
```

4. 实现游戏的逻辑。

首先，从序列中随机挑出一个单词，如"easy"；然后，使用 2.2 节介绍的方法打乱这个单词的字母顺序；接着，通过多次循环就可以产生新的乱序后的单词 jumble；最后，将乱序后的单词显示给玩家。

```
iscontinue="y"
while iscontinue=="y" or iscontinue=="Y":      #循环
    #从序列中随机挑出一个单词
    word = random.choice(WORDS)
    #一个用于判断玩家是否猜对的变量
    correct = word
    #创建乱序后的单词
    jumble =""
    while word: #word不是空串循环
        #根据word长度，产生word的随机位置
        position = random.randrange(len(word))
        #将position位置字母组合到乱序后的单词
        jumble += word[position]
        #通过切片，将position位置字母从原单词中删除
        word = word[:position] + word[(position + 1):]
    print("乱序后的单词:", jumble)
```

5. 玩家输入猜测单词，程序判断对错。若玩家猜错，则可以继续猜。

```
    guess = input("\n请你猜: ")
    while guess != correct and guess != "":
        print("对不起，不正确.")
        guess = input("继续猜: ")

    if guess == correct:
        print("真棒，你猜对了!")
    iscontinue=input("\n是否继续（Y/N): ")    #是否继续游戏
```

6. 运行结果：

```
    欢迎参加猜单词游戏
  把字母组合成一个正确的单词.
乱序后的单词：yaes
请你猜：easy
真棒，你猜对了！
是否继续（Y/N）: y
乱序后的单词：diufctlfi
请你猜：difficutl
对不起，不正确.
继续猜：difficult
真棒，你猜对了！
是否继续（Y/N）: n
>>>
```

思考题

设计背单词软件，功能要求如下。

1. 可录入单词，输入英文单词及相应的汉语意思，例如：

China　　中国

Japan　　日本

2. 可查找单词的汉语或英语含义（输入中文查对应的英语含义，输入英文查对应的汉语含义）。

3. 随机测试，每次测试五道题，系统随机显示英语单词，用户回答中文含义，要求该软件能够统计回答的准确率。

提示：可以使用Python序列中的字典（dict）实现。

第 3 章 面向对象设计应用——发牌游戏

面向对象程序设计（Object Oriented Programming，OOP）的思想主要是针对大型软件的设计而提出的，它使软件的设计更加灵活，能够很好地支持代码复用和设计复用，并且使得代码具有更好的可读性和可扩展性。面向对象程序设计的一个关键性的理念是将数据以及对数据的操作封装在一起，组成一个相互依存、不可分割的整体，即对象。对相同类型的对象进行分类、抽象后，得出共同的特征就形成了类，面向对象程序设计的关键就是合理地定义和组织这些类以及类之间的关系。本章介绍面向对象程序设计中类和对象的定义，类的继承、派生与多态，最后应用扑克牌类设计发牌程序来帮助读者理解面向对象程序设计的理念。

3.1 游戏介绍

四名牌手打牌，电脑随机将 52 张牌（不含大、小王）发给四名牌手，并在屏幕上显示每位牌手的牌。本章采用扑克牌类设计扑克牌发牌程序。程序的运行效果如图 3-1 所示。

图 3-1　扑克牌发牌程序运行效果

3.2 Python 面向对象设计

现实生活中的每一个相对独立的事物都可以看作一个对象，例如，一个人、一辆车、一台计算机等。对象是具有某些特性和功能的具体事物的抽象。每个对象都具有描述其特征的属性及附属于它的行为。例如，一辆车有颜色、车轮数、座椅数等属性，也有启动、行驶、停止等行为；一个人是由姓名、性别、年龄、身高、体重等特征描述，也有走路、说话、学习、开车等行为。

一台计算机由主机、显示器、键盘、鼠标等部件组成。当人们生产一台计算机时，并不是先要生产主机，再生产显示器，最后再生产键盘与鼠标，即不是顺序执行的。而是分别生产主机、显示器、键盘、鼠标等，最后把它们组装起来。这些部件通过事先设计好的接口连接，以便协调地工作。这就是面向对象程序设计的基本思路。

每个对象都有一个类，类是创建对象实例的模板，是对对象的抽象和概括，它包含对所创建对象的属性描述和行为特征的定义。例如，我们在马路上看到的汽车都是一个一个的汽车对象，它们通通归属于汽车类，那么，车身颜色就是该类的属性，开动是它的方法，保养或者报废就是它的事件。

Python 采用了面向对象程序设计的思想，是真正的面向对象的高级动态编程语言，完全支持面向对象的基本功能，如封装、继承、多态以及对基类方法的覆盖或重写。但与其他面向对象程序设计语言不同的是，Python 中对象的概念很宽泛，Python 中的一切内容都可以称为对象。例如，字符串、列表、字典、元组等内置数据类型都具有与类相似的语法和用法。

3.2.1 定义和使用类

1. 类定义

创建类时，用变量形式表示的对象属性称为数据成员或属性（成员变量），用函数形式表示的对象行为称为成员函数（成员方法），成员属性和成员方法统称为类的成员。

类定义的最简单形式如下：

```
class 类名:
    属性（成员变量）
    属性
    ……
    ……
    成员函数（成员方法）
```

例如，定义一个 Person 人员类。

```
class Person:
    num=1                    #成员变量（属性）
    def SayHello(self):      #成员函数
        print("Hello!");
```

在 Person 类中定义一个成员函数 SayHello(self)，用于输出字符串"Hello!"。同样地，Python 使用缩进标识类的定义代码。

2. 对象定义

对象是类的实例。如果人类是一个类的话，那么某个具体的人就是一个对象。只有定义了具体的对象，才可通过"对象名.成员"的方式来访问其中的数据成员或成员方法。

Python 创建对象的语法如下：

```
对象名 = 类名()
```

例如，下面的代码定义了一个类 Person 的对象 p：

```
p = Person()
p.SayHello()                    #访问成员函数 SayHello()
```

运行结果如下：

```
Hello!
```

3.2.2 构造函数 __init__

类可以定义一个特殊的称为__init__()的方法（构造函数，以两个下画线"_"开头和结束）。一个类定义了__init__()方法以后，类实例化时就会自动为新生成的类实例调用__init__()方法。构造函数一般用于完成对象数据成员设置初值或进行其他必要的初始化工作。如果未定义构造函数，Python 将提供一个默认的构造函数。

例如，定义一个复数类 Complex，构造函数完成对象变量初始化工作。

```
class Complex:
    def __init__(self, realpart, imagpart):
        self.r = realpart
        self.i = imagpart
x = Complex(3.0,-4.5)
print(x.r, x.i)
```

运行结果如下：

```
3.0  -4.5
```

3.2.3 析构函数

Python 中类的析构函数是__del__，用来释放对象占用的资源，在 Python 收回对象空间之前自动执行。如果用户未定义析构函数，则 Python 会提供一个默认的析构函数进行必要的清理工作。

例如：

```
class Complex:
    def __init__(self, realpart, imagpart):
        self.r = realpart
        self.i = imagpart
    def __del__(self):
        print("Complex不存在了")
x = Complex(3.0,-4.5)
print(x.r, x.i)
print(x)
del x                           #删除 x 对象变量
```

运行结果如下：

```
3.0 -4.5
<__main__.Complex object at 0x01F87C90>
Complex 不存在了
```

说明：在删除 x 对象变量之前，x 是存在的，在内存中的标识为 0x01F87C90。执行"del x"语句后，x 对象变量就不存在了，系统自动调用析构函数，所以显示"Complex 不存在了"。

3.2.4 实例属性和类属性

属性（成员变量）有两种，一种是实例属性，另一种是类属性（类变量）。实例属性是在构造函数 __init__（以两个下画线"_"开头和结束）中定义的，定义时以 self 作为前缀；类属性是在类中方法之外定义的属性。在主程序中（在类的外部），实例属性属于实例（对象）只能通过对象名访问；类属性属于类，可通过类名进行访问，也可以通过对象名进行访问，为类的所有实例共享。

【例 3-1】定义含有实例属性（姓名 name，年龄 age）和类属性（人数 num）的 Person 人员类。

```
class Person:
    num=1                                   #类属性
    def __init__(self, str,n):              #构造函数
        self.name = str                     #实例属性
        self.age=n
    def SayHello(self):                     #成员函数
        print("Hello!")
    def PrintName(self):                    #成员函数
        print("姓名: ", self.name, "年龄: ", self.age)
    def PrintNum(self):                     #成员函数
        print(Person.num)                   #由于是类属性，所以不写self.num
#主程序
P1= Person("夏敏捷",42)
P2= Person("王琳",36)
P1.PrintName()
P2.PrintName()
Person.num=2                                #修改类属性
P1.PrintNum()
P2.PrintNum()
```

运行结果如下：

```
姓名: 夏敏捷 年龄: 42
姓名: 王琳 年龄: 36
2
2
```

num 变量是一个类变量，它的值将在这个类的所有实例之间共享，用户可以在类内部或类外部使用 Person.num 访问 num 变量。

在类的成员函数（方法）中可以调用类的其他成员函数（方法），访问类属性、对象实例属性。

Python 比较特殊的一点是，它可以动态地为类和对象增加成员，这一点是与很多面向对象程序设计语言不同的，也是 Python 动态类型特点的一个重要体现。

3.2.5 私有成员与公有成员

Python 并没有对私有成员提供严格的访问保护机制。在定义类的属性时，如果属性名以两个下画线"_"开头，则表示其是私有属性，否则是公有属性。私有属性在类的外部不能直接访问，需要通过调用对象的公有成员方法来访问，或者通过 Python 支持的特殊方式来访问。Python 提供了访问私有属性的特殊方式，可用于程序的测试和调试，对成员方法也具有同样的性质。方法如下：

对象名._类名+私有成员

例如：访问 Car 类私有成员__weight

car1._Car__weight

私有属性是为了数据封装和保密而设置的属性，一般只能在类的成员方法（类的内部）中使用访问。虽然 Python 支持用户以一种特殊的方式从外部直接访问类的私有成员，但是并不推荐使用这种方法。公有属性是可以公开使用的，既可以在类的内部进行访问，也可以在外部程序中使用。

【例 3-2】为 Car 类定义私有成员。

```
class Car:
    price = 100000              #定义类属性
    def __init__(self, c, w):
        self.color = c          #定义公有属性color
        self.__weight= w        #定义私有属性__weight
#主程序
car1 = Car("Red",10.5)
car2 = Car("Blue",11.8)
print(car1.color)
print(car1._Car__weight)
print(car1.__weight)            #AttributeError
```

运行结果如下：

```
Red
10.5
AttributeError: 'Car' object has no attribute '__weight'
```

3.2.6 方法

在类中进行定义的方法可以分为三大类：公有方法、私有方法和静态方法。其中，公有方法、私有方法都属于对象，私有方法的名字以两个下画线"_"开始，每个对象都有自己的公有方法和私有方法，在这两类方法中可以访问属于类和对象的成员；**公有方法通过对象名直接调用，私有方法不能通过对象名直接调用**，只能在属于对象的方法中通过"self"调用或在外部通过 Python 支持的特殊方式来调用。如果通过类名来调用属于对象的公有方法，则需要显式地为该方法的"self"参数传递一个对象名，用来明确指定访问哪个对象的数据成员。**静态方法可以通过类名和对象名调用，但不能直接访问属于对象的成员，只能访问属于类的成员。**

【例3-3】公有方法、私有方法、静态方法的定义和调用实例。

```
class Person:
    num=0                                   #类属性
    def __init__(self, str,n,w):            #构造函数
        self.name = str                     #对象实例属性（成员）
        self.age=n
        self.__weight= w                    #定义私有属性__weight
        Person.num += 1
    def __outputWeight(self):               #定义私有方法outputWeight
        print("体重: ",self.__weight)       #访问私有属性__weight
    def PrintName(self):                    #定义公有方法（成员函数）
        print("姓名: ", self.name, "年龄: ", self.age, end=" ")
        self.__outputWeight()               #调用私有方法outputWeight
    def PrintNum(self):                     #定义公有方法（成员函数）
        print(Person.num)                   #由于是类属性，所以不写self.num
    @staticmethod
    def getNum():                           #定义静态方法getNum
        return Person.num
#主程序
P1= Person("夏敏捷",42,120)
P2= Person("张海",39,80)
#P1.__outputWeight()
#错误'Person' object has no attribute '__outputWeight'
P1.PrintName()
P2.PrintName()
Person.PrintName(P2)
print("人数: ",Person.getNum())
print("人数: ",P1.getNum())
```

程序运行结果如下：

姓名: 夏敏捷 年龄: 42 体重: 120
姓名: 张海 年龄: 39 体重: 80

```
姓名: 张海 年龄: 39 体重: 80
人数: 2
人数: 2
```

3.2.7 类的继承

继承是为代码复用和设计复用而设计的，是面向对象程序设计的重要特性之一。当我们设计一个新类时，如果可以继承一个已有的、设计良好的类，然后进行二次开发，无疑会大幅减少开发的工作量。

在继承关系中，已有的、设计好的类称为父类或基类，新设计的类称为子类或派生类。派生类可以继承父类的公有成员，但是不能继承其私有成员。

类继承语法：

```
class 派生类名 (基类名):           #基类名写在括号里
    派生类成员
```

在 Python 中，继承的一些特点如下。

（1）在继承中，基类的构造函数（__init__()方法）不会被自动调用，它需要在其派生类的构造中专门调用。

（2）如果需要在派生类中调用基类的方法时，可通过"基类名.方法名()"的方式来实现，需要加上基类的类名前缀，且需要带上 self 参数变量，区别于在类中调用普通函数时并不需要带上 self 参数。也可以使用内置函数 super()实现这一目的。

（3）Python 总是首先查找对应类型的方法，如果不能在派生类中找到对应的方法，它才会到基类中逐个查找（先在本类中查找调用的方法，找不到才去基类中找）。

【例 3-4】设计 Person 类，并根据 Person 派生 Student 类，分别创建 Person 类与 Student 类的对象。

```
#定义基类: Person 类
import types
class Person(object):   #基类必须继承于object，否则在派生类中将无法使用super()函数
    def __init__(self, name = '', age = 20, sex = 'man'):
        self.setName(name)
        self.setAge(age)
        self.setSex(sex)
    def setName(self, name):
        if type(name) != str:    #内置函数 type()返回被测对象的数据类型
            print ('姓名必须是字符串.')
            return
        self.__name = name
    def setAge(self, age):
        if type(age) != int:
            print ('年龄必须是整型.')
            return
```

```
            self.__age = age
    def setSex(self, sex):
        if sex != '男' and sex != '女':
            print ('性别输入错误')
            return
        self.__sex = sex
    def show(self):
        print ('姓名: ', self.__name, '年龄: ', self.__age ,'性别: ', self.__sex)
#定义子类(Student类),其中增加一个入学年份私有属性(数据成员)。
class Student (Person):
    def __init__(self, name='', age = 20, sex = 'man', schoolyear = 2016):
        #调用基类构造方法初始化基类的私有数据成员
        super(Student, self).__init__(name, age, sex)
        #Person.__init__(self, name, age, sex)
        #也可以这样初始化基类私有数据成员
        self.setSchoolyear(schoolyear)      #初始化派生类的数据成员
    def setSchoolyear(self, schoolyear):
        self.__schoolyear = schoolyear
    def show(self):
        Person.show(self)
        #super(Student, self).show()        #也可以这样调用基类show()方法        #调用基类show()方法
        print ('入学年份: ', self.__schoolyear)
#主程序
if __name__ =='__main__':
    zhangsan = Person('张三', 19, '男')
    zhangsan.show()
    lisi = Student ('李四', 18, '男', 2015)
    lisi.show()
    lisi.setAge(20)                         #调用继承的方法修改年龄
    lisi.show()
```

运行结果如下:

姓名: 张三 年龄: 19 性别: 男
姓名: 李四 年龄: 18 性别: 男
入学年份: 2015
姓名: 李四 年龄: 20 性别: 男
入学年份: 2015

方法重写必须出现在继承中。它是指当派生类继承了基类的方法之后,如果基类方法的功能不能满足需求,则需要对基类中的某些方法进行修改。可以在派生类重写基类

的方法。

【例 3-5】 重写父类（基类）的方法。

```
class Animal:                               #定义父类
    def run(self):
        print(Animal is running...)         #调用父类方法
class Cat(Animal):                          #定义子类
    def run(self):
        print(Cat is running...)            #调用子类方法
class Dog(Animal):                          #定义子类
    def run(self):
        print(Dog is running...)            #调用子类方法

c = Dog()                                   #子类实例
c.run()                                     #子类调用重写方法
```

程序运行结果如下：

```
Dog is running...
```

当子类 Dog 和父类 Animal 都存在相同的 run() 方法时，子类的 run() 覆盖了父类的 run()。在代码运行时，总是会调用子类的 run()。这样，就获得了继承的另一个优点：多态。

3.2.8 多态

要理解什么是多态，我们首先要对数据类型再做一点说明。当我们定义一个类的时候，实际上就定义了一种数据类型。这种定义的数据类型与 Python 自带的数据类型，如 string、list、dict 没有区别。

```
a = list()          #a 是 list 类型
b = Animal()        #b 是 Animal 类型
c = Dog()           #c 是 Dog 类型
```

判断一个变量是否是某个类型，可以用 isinstance() 判断：

```
>>> isinstance(a, list)
True
>>> isinstance(b, Animal)
True
>>> isinstance(c, Dog)
True
```

a、b、c 对应着 list、Animal、Dog 这三种类型。

```
>>> isinstance(c, Animal)
True
```

因为 Dog 是从 Animal 继承下来的，所以当我们创建了一个 Dog 的实例 c 时，可认为 c 的数据类型是 Dog，也可认为 C 的数据类型是 Animal。

因此，在继承关系中，如果一个实例的数据类型是某个子类，则它的数据类型也可以被看作是父类。但是，反过来就不行：

```
>>> b = Animal()
>>> isinstance(b, Dog)
False
```

Dog 可以看成 Animal，但 Animal 不可以看成 Dog。

要理解多态的好处，我们还需要再编写一个函数，这个函数接受一个 Animal 类型的变量：

```
def run_twice(animal):
    animal.run()
    animal.run()
```

当我们传入 Animal 的实例时，run_twice()就打印出：

```
>>> run_twice(Animal())
Animal is running...
Animal is running...
```

当我们传入 Dog 的实例时，run_twice()就打印出：

```
>>> run_twice(Dog())
Dog is running...
Dog is running...
```

当我们传入 Cat 的实例时，run_twice()就打印出：

```
>>> run_twice(Cat())
Cat is running...
Cat is running...
```

现在，如果我们再定义一个 Tortoise 类型，也从 Animal 派生：

```
class Tortoise(Animal):
    def run(self):
        print ('Tortoise is running slowly...')
```

当我们调用 run_twice()时，传入 Tortoise 的实例：

```
>>> run_twice(Tortoise())
Tortoise is running slowly...
Tortoise is running slowly...
```

会发现新增一个 Animal 的子类，不必对 run_twice()做任何修改。实际上，任何依赖 Animal 作为参数的函数或者方法都可以不加修改地正常运行，原因就在于多态。

多态的好处就是，当我们需要传入 Dog、Cat、Tortoise……时，我们只需要接收 Animal 类型就可以了，因为 Dog、Cat、Tortoise……都是 Animal 类型。然后，按照 Animal 类型进行操作即可。由于 Animal 类型有 run()方法，因此，传入的类型只要是 Animal 类或者子类，就会自动调用实际类型的 run()方法，这就是多态的含义。

对于一个变量，我们只需要知道它是 Animal 类型，无须确切地知道它的子类型，就可以放心地调用 run()方法。至于具体调用的 run()方法是作用在 Animal、Dog、Cat，还是 Tortoise 对象上，由运行时该对象的确切类型决定。这就是多态真正的优点：调用方只需调用即可，不用理会细节。而当我们新增一种 Animal 的子类时，只要确保 run()方法编写正确，则不用管原来的代码是如何调用的。这就是著名的"开闭"原则。

对扩展开放：允许新增 Animal 子类。

对修改封闭：不需要修改依赖 Animal 类型的 run_twice()等函数。

3.3 程序设计的步骤

3.3.1 设计类

发牌程序设计出三个类：Card 类、Hand 类和 Poke 类。

1. Card 类

Card 类代表一张牌，其中，FaceNum 字段指的是牌面数字 1~13，Suit 字段指的是花色，"梅"为梅花，"方"为方块，"红"为红桃，"黑"为黑桃。

其中：

（1）Card 构造函数根据参数初始化封装的成员变量，实现牌面大小和花色的初始化，以及是否显示牌面，默认 True 为显示牌正面；

（2）__str__()方法用来输出牌面大小和花色；

（3）pic_order()方法获取牌的顺序号，牌面按梅花 1~13，方块 14~26，红桃 27~39，黑桃 40~52 顺序编号（未洗牌之前），也就是说，梅花 2 顺序号为 2，方块 A 顺序号为 14，方块 K 顺序号为 26（这个方法为图形化显示牌面预留的方法）；

（4）flip()是翻牌方法，改变牌面是否显示的属性值。

```
#Cards Module
class Card():
    """ A playing card. """
    RANKS = ["A", "2", "3", "4", "5", "6", "7",
             "8", "9", "10", "J", "Q", "K"]      #牌面数字 1~13
    SUITS = ["梅", "方", "红", "黑"]              #梅为梅花，方为方块，红为红桃，黑为黑桃

    def __init__(self, rank, suit, face_up = True):
        self.rank = rank                  #指的是牌面数字 1~13
        self.suit = suit                  #suit 指的是花色
        self.is_face_up = face_up
        #是否显示牌正面，True 为正面，False 为牌背面

    def __str__(self):                    #重写 print()方法，打印一张牌的信息
        if self.is_face_up:
            rep = self.suit + self.rank
```

```python
        else:
            rep = "XX"
        return rep

    def pic_order(self):                    #牌的顺序号
        if self.rank=="A":
            FaceNum=1
        elif self.rank=="J":
            FaceNum=11
        elif self.rank=="Q":
            FaceNum=12
        elif self.rank=="K":
            FaceNum=13
        else:
            FaceNum=int(self.rank)
        if self.suit=="梅":
            Suit=1
        elif self.suit=="方":
            Suit=2
        elif self.suit=="红":
            Suit=3
        else:
            Suit=4
        return (Suit - 1) * 13 + FaceNum

    def flip(self):                         #翻牌方法
        self.is_face_up = not self.is_face_up
```

2. Hand 类

Hand 类代表手牌（一个玩家手里拿的牌），可以认为是一位牌手手里的牌，其中，cards 列表变量存储牌手手中的牌。可以增加牌、清空手里的牌、把一张牌给别的牌手等操作。

```python
class Hand( ):
    """ A hand of playing cards. """
    def __init__(self):
        self.cards = []                     #cards列表变量存储牌手的牌
    def __str__(self):                      #重写print()方法，打印出牌手的所有牌
        if self.cards:
            rep = ""
```

```
                for card in self.cards:
                    rep += str(card) + "\t"
            else:
                rep = "无牌"
            return rep
        def clear(self):                              #清空手里的牌
            self.cards = []
        def add(self, card):                          #增加牌
            self.cards.append(card)
        def give(self, card, other_hand):             #把一张牌给别的牌手
            self.cards.remove(card)
            other_hand.add(card)
```

3. Poke 类

Poke 类代表一副牌，我们可以将一副牌看作是有 52 张牌的牌手，所以继承 Hand 类。由于其中 cards 列表变量要存储 52 张牌，而且要进行发牌、洗牌操作，所以增加如下的方法。

（1）populate(self)生成存储了 52 张牌的一副牌，当然这些牌是按梅花 1~13，方块 14~26，红桃 27~39，黑桃 40~52 的顺序（未洗牌之前）存储在 cards 列表变量。

（2）shuffle(self)洗牌，使用 Python 的 random 模块 shuffle()方法打乱牌的存储顺序即可。

（3）deal(self, hands, per_hand = 13)可完成发牌动作，发给四个牌手，每人默认 13 张牌。当然，若令 per_hand=10，则给每个牌手发 10 张牌，只不过最后仍有牌没发完。

```
#Poke 类
class Poke(Hand):
    """ A deck of playing cards. """
    def populate(self):                              #生成一副牌
        for suit in Card.SUITS:
            for rank in Card.RANKS:
                self.add(Card(rank, suit))
    def shuffle(self):                               #洗牌
        import random
        random.shuffle(self.cards)                   #打乱牌的顺序

    def deal(self, hands, per_hand = 13):  #发牌，默认发给每个牌手13张牌
        for rounds in range(per_hand):
            for hand in hands:
                if self.cards:
                    top_card = self.cards[0]
                    self.cards.remove(top_card)
```

```
                    hand.add(top_card)
                    #self.give(top_card, hand) #上两句可以用此语句替换
            else:
                print("不能继续发牌了，牌已经发完!")
```

3.3.2 主程序

主程序比较简单，因为有四个牌手，所以生成 players 列表存储初始化的四位牌手。生成一副牌的对象实例 poke1，调用 populate()方法生成有 52 张牌的一副牌，调用 shuffle()方法洗牌打乱顺序，调用 deal(players,13)方法分别给每位玩家发 13 张牌，最后显示四位牌手所有的牌。

```
#主程序
if __name__ == "__main__":
    print("This is a module with classes for playing cards.")
    #四个玩家
    players = [Hand(),Hand(),Hand(),Hand()]
    poke1 = Poke()
    poke1.populate()            #生成一副牌
    poke1.shuffle()             #洗牌
    poke1.deal(players,13)      #发给每个牌手13张牌
    #显示四位牌手的牌
    n=1
    for hand in players:
        print("牌手",n ,end=":")
        print(hand)
        n=n+1
    input("\nPress the enter key to exit.")
```

思考题

使用面向对象设计思想重新设计背单词软件，功能要求如下：

1. 录入单词，输入英文单词及相应的汉语意思，例如：

China   中国

Japan   日本

2. 查找单词的汉语或英语意思（输入中文查对应的英语意思，输入英文查对应的汉语意思）；

3. 随机测试，每次测试五道题，系统随机显示英语单词，用户回答中文意思，要求该软件能够统计回答的准确率。

提示：可以设计 word 类实现单词信息存储。

第 4 章

Python 图形界面设计——猜数字游戏

在前面的章节中，本书所有的输入和输出都是简单的文本，现代计算机和程序都会使用大量的图形。因此，本章以 Tkinter 模块为例介绍如何建立一些简单的 GUI（图形用户界面），使编写的程序像大家平常熟悉的那些程序一样，有窗体、按钮之类的图形界面。本章的猜数字游戏界面使用 Tkinter 进行开发，学习本章内容后，读者可以掌握图形界面开发的能力。

4.1 游戏介绍

在游戏中，程序随机生成 1024 以内的数字，再让玩家去猜，如果猜的数字过大过小都会进行提示，程序还会统计玩家猜的次数。使用 Tkinter 开发猜数字游戏，运行效果如图 4-1 所示。

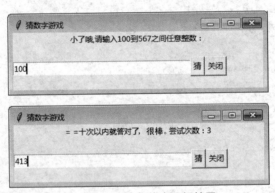

图 4-1 猜数字游戏运行效果

4.2 Python 图形界面设计

Python 提供了多个图形开发界面的库，几个常用 Python GUI 库如下。

（1）Tkinter：Tkinter 模块（Tk 接口）是 Python 的标准 Tk GUI 工具包的接口。Tkinter 可以在大多数的 UNIX 平台下使用，同样可以应用在 Windows 和 Macintosh 系统里。Tk 8.0 的后续版本可以实现本地窗口风格，并良好地运行在绝大多数平台中。

（2）wxPython：wxPython 是一款开源软件，是 Python 语言的一套优秀的 GUI 图形库，允许用户方便地创建完整的、功能健全的 GUI 用户界面。

（3）Jython：Jython 程序可以与 Java 无缝集成。除了一些标准模块外，Jython 使用 Java 的模块，Jython 几乎拥有标准的 Python 中不依赖于 C 语言的全部模块。比如，Jython 的用户界面使用 Swing、AWT 或者 SWT 呈现。Jython 可以被动态或静态地编译成 Java 字节码。

Tkinter 是 Python 的标准 GUI 库。由于 Tkinter 内置在 Python 的安装包中，因此，只要安装好 Python 就能导入 Tkinter 库，而且 IDLE 也是用 Tkinter 编写而成。对于简单的图形界面 Tkinter 能应付自如，使用 Tkinter 可以快速地创建 GUI 应用程序。本书主要采用 Tkinter 设计图形界面。

4.2.1 创建 Windows 窗口

【例 4-1】使用 Tkinter 创建一个 Windows 窗口的 GUI 程序示例。

```
import tkinter                          #导入 Tkinter 模块
win = tkinter.Tk()                      #创建 Windows 窗口对象
win.title('我的第一个 GUI 程序')         #设置窗口标题
win.mainloop()                          #进入消息循环，也就是显示窗口
```

以上代码的执行结果如图 4-1 所示。可见使用 Tkinter 可以很方便地创建 Windows 窗口。

在创建 Windows 窗口对象后，可以使用 geometry()方法设置窗口的大小，格式如下：

```
窗口对象.geometry(size)
```

size 用于指定窗口大小，格式如下：

```
宽度 x 高度    （注：x 是小写字母 x，不是乘号）
```

【例 4-2】显示一个 Windows 窗口，初始大小为 800×600。

```
from tkinter import *
win = Tk()
win.geometry("800x600")
win.mainloop();
```

还可以使用 minsize()方法设置窗口的最小尺寸，使用 maxsize()方法设置窗口的最大尺寸，方法如下：

```
窗口对象.minsize (最小宽度,最小高度)
窗口对象.maxsize (最大宽度,最大高度)
```

例如：

```
win.minsize ("400x600")
win.maxsize ("1440x800")
```

Tkinter 包含许多组件（如表 4-4 所示）供用户使用。

4.2.2 几何布局管理器

Tkinter 几何布局管理器（Geometry Manager）用于组织和管理父组件（往往是窗口）中子组件的布局方式。Tkinter 提供了三种风格的几何布局管理类：pack、grid 和 place。

1. pack 几何布局管理器

pack 几何布局管理器采用块的方式组织组件。pack 布局可根据子组件创建生成的顺序，将其放在快速生成界面的设计中，因此被广泛采用。

调用子组件的方法 pack()，则该子组件在其父组件中采用 pack 布局：

```
pack( option = value,... )
```

pack 方法提供如表 4-1 所示的若干参数选项。

表 4-1　　　　　　　　　　　pack 方法提供的参数选项

选项	描述	取值范围
side	停靠在父组件的哪一边上	'top'(默认值), 'bottom','left', 'right'
anchor	停靠位置，对应于东南西北中以及四个角	'n', 's', 'e', 'w', 'nw', 'sw', 'se', 'ne', 'center'（默认值）
fill	填充空间	'x', 'y', 'both', 'none'
expand	扩展空间	0 或 1
ipadx, ipady	组件内部在 x/y 方向上填充的空间大小	单位为 c（厘米）、m（毫米）、i（英寸）、p（打印机的点）
padx, pady	组件外部在 x/y 方向上填充的空间大小	单位为 c（厘米）、m（毫米）、i（英寸）、p（打印机的点）

【例 4-3】pack 几何布局管理器的 GUI 程序示例，运行效果如图 4-2 所示。

```
import tkinter
root=tkinter.Tk()
label=tkinter.Label(root,text='hello ,python')
label.pack()                            #将 Label 组件添加到窗口中显示
button1=tkinter.Button(root,text='BUTTON1')
#创建文字是'BUTTON1'的 Button 组件
button1.pack(side=tkinter.LEFT)         #将 BUTTON1 组件添加到窗口中显示，左停靠
button2=tkinter.Button(root,text='BUTTON2')
#创建文字是'BUTTON2'的 Button 组件
button2.pack(side=tkinter.RIGHT)        #将 BUTTON2 组件添加到窗口中显示，右停靠
root.mainloop()
```

图 4-2　pack 几何布局管理示例

2. grid 几何布局管理器

grid 几何布局管理器采用表格结构组织组件。子组件的位置由行/列确定的单元格决定，子组件可以跨越多行/列。在每一列中，列宽由这一列中最宽的单元格确定。采用 grid 布局，适合于表格形式的布局，可以实现复杂的界面，因而被广泛采用。

调用子组件的 grid()方法，则该子组件在其父组件中采用 grid 布局：

```
grid ( option = value,… )
```

grid()方法提供如表 4-2 所示的若干参数选项。

表 4-2　　　　　　　　　　grid 方法提供的参数选项

选项	描述	取值范围
sticky	组件紧贴所在单元格的某一边角，对应于东南西北中以及四个角	'n'、's'、'e'、'w'、'nw'、'sw'、'se'、'ne'、'center'（默认值）
row	单元格行号	整数
column	单元格列号	整数
rowspan	行跨度	整数
columnspan	列跨度	整数
ipadx, ipady	组件内部在 x/y 方向上填充的空间大小	单位为 c（厘米）、m（毫米）、i（英寸）、p（打印机的点）
padx, pady	组件外部在 x/y 方向上填充的空间大小	单位为 c（厘米）、m（毫米）、i（英寸）、p（打印机的点）

grid()方法中两个最为重要的参数，一个是 row，另一个是 column。它们可用来指定将子组件放置到什么位置，如果不指定 row，则会将子组件放置到第一个可用的行上；如果不指定 column，则使用第 0 列（首列）。

【例 4-4】grid 几何布局管理器的 GUI 程序示例，运行效果如图 4-3 所示。

```
from tkinter import *
root = Tk()
#200x200 代表了初始化时主窗口的大小，280、280 代表了初始化时窗口所在的位置
root.geometry('200x200+280+280')
root.title('计算器示例')
#Grid 网格布局
L1 = Button(root, text = '1', width=5, bg = 'yellow')
L2 = Button(root, text = '2', width=5)
L3 = Button(root, text = '3', width=5)
L4 = Button(root, text = '4', width=5)
L5 = Button(root, text = '5', width=5, bg = 'green')
L6 = Button(root, text = '6', width=5)
L7 = Button(root, text = '7', width=5)
L8 = Button(root, text = '8', width=5)
```

```
L9 = Button(root, text = '9', width=5, bg = 'yellow')
L0 = Button(root, text = '0')
Lp = Button(root, text = '.')
L1.grid(row = 0, column = 0)      #按钮放置在 0 行 0 列
L2.grid(row = 0, column = 1)      #按钮放置在 0 行 1 列
L3.grid(row = 0, column = 2)      #按钮放置在 0 行 2 列
L4.grid(row = 1, column = 0)      #按钮放置在 1 行 0 列
L5.grid(row = 1, column = 1)      #按钮放置在 1 行 1 列
L6.grid(row = 1, column = 2)      #按钮放置在 1 行 2 列
L7.grid(row = 2, column = 0)      #按钮放置在 2 行 0 列
L8.grid(row = 2, column = 1)      #按钮放置在 2 行 1 列
L9.grid(row = 2, column = 2)      #按钮放置在 2 行 2 列
L0.grid(row = 3, column = 0,columnspan=2,sticky=E+W )    #跨 2 列，左右贴紧
Lp.grid(row = 3, column = 2,sticky=E+W )                 #左右贴紧
root.mainloop()
```

图 4-3 grid 几何布局管理示例

3. place 几何布局管理器

place 几何布局管理器允许开发者指定组件的大小与位置。place 的优点是可以精确控制组件的位置；缺点是改变窗口大小时，子组件不能随之灵活改变大小。

调用子组件的方法 place()，则该子组件在其父组件中采用 place 布局：

```
place ( option = value,… )
```

place()方法提供如表 4-3 所示的若干参数选项，可以直接对参数选项赋值进行修改。

表 4-3　　　　　　　　　　place 方法提供的参数选项

选项	描述	取值范围
x,y	将组件放到指定位置的绝对坐标	从 0 开始的整数
relx, rely	将组件放到指定位置的相对坐标	0~1.0
height,width	高度和宽度，单位为像素	从 0 开始的整数
anchor	对齐方式，对应于东南西北中以及四个角	'n', 's', 'e', 'w', 'nw', 'sw', 'se', 'ne', 'center' ('center'为默认值)

注意：Python 的坐标系是左上角为原点(0，0)位置，向右是 x 坐标正方向，向下是 y 坐标正方向，与数学的几何坐标系不同。

【例 4-5】place 几何布局管理器的 GUI 示例程序。运行效果如图 4-4 所示。

```
from tkinter import *
root = Tk()
root.title("登录")
root['width']=200;root['height']=80
Label(root,text = '用户名',width=6).place(x=1,y=1)      #绝对坐标（1，1）
Entry(root,width=20).place(x=45,y=1)                    #绝对坐标（45，20）
Label(root,text = '密码',width=6).place(x=1,y=20)       #绝对坐标（1，20）
Entry(root,width=20, show='*').place(x=45,y=20)         #绝对坐标（45，20）
Button(root,text = '登录',width=8).place(x=40,y=40)     #绝对坐标（40，40）
Button(root,text = '取消',width=8).place(x=110,y=40)    #绝对坐标（110，40）
root.mainloop()
```

图 4-4　place 几何布局管理示例

4.2.3　Tkinter 组件

Tkinter 提供各种组件（控件），如按钮、标签和文本框，可在一个 GUI 应用程序中使用。这些组件通常被称为控件或者部件。目前常用的 Tkinter 组件如表 4-4 所示。

表 4-4　　　　　　　　　　　　　Tkinter 组件

组件	描述
Button	按钮组件，用于显示按钮
Canvas	画布组件，用于显示图形元素，如线条或文本
Checkbutton	多选框组件，用于在程序中提供多项选择框
Entry	输入组件，用于显示简单的文本内容
Frame	框架组件，用于显示一个矩形区域，多用来作为容器
Label	标签组件，用于显示文本和位图
Listbox	列表框组件，用于显示一个字符串列表
Menubutton	菜单按钮组件，用于显示菜单项
Menu	菜单组件，用于显示菜单栏、下拉菜单和弹出菜单

续表

组件	描述
Message	消息组件，用于显示多行文本，与 Label 类似
Radiobutton	单选按钮组件，用于显示一个单选的按钮状态
Scale	范围组件，用于显示一个数值刻度，为输出限定范围的数字区间
Scrollbar	滚动条组件，当内容超过可视化区域时使用，如列表框
Text	文本组件，用于显示多行文本
Toplevel	容器组件，用来提供一个单独的对话框，与 Frame 类似
Spinbox	输入组件，与 Entry 类似，但是可以指定输入范围值
PanedWindow	窗口布局管理插件，可以包含一个或者多个子组件
LabelFrame	简单的容器组件，常用于复杂的窗口布局
tkMessageBox	用于显示应用程序的消息框

通过组件类的构造函数可以创建对象实例。例如：

```
from tkinter import *
root = Tk()
button1= Button(root, text = "确定")           #按钮组件的构造函数
```

组件标准属性也就是所有组件（控件）的共同属性，如大小、字体和颜色等。常用的标准属性如表 4-5 所示。

表 4-5　　　　　　　　　　Tkinter 组件标准属性

属性	描述
dimension	组件大小
color	组件颜色
font	组件字体
anchor	锚点（内容停靠位置），对应于东南西北中以及四个角
relief	组件样式
bitmap	位图，内置位图包括："error"、"gray75"、" gray50"、"gray25"、" gray12"、"info"、"questhead"、"hourglass"、"questtion"和"warning"，自定义位图为.xbm 格式文件
cursor	光标
text	显示文本内容
state	设置组件状态，包括正常（normal）、激活（active）、禁用（disabled）

可以通过下列几种方式设置组件属性。

```
button1= Button(root, text = "确定")           #按钮组件的构造函数
button1. config( text = "确定")                #组件对象的config()方法的命名参数
```

```
button1 ["text "]= "确定"            #组件对象的属性赋值
```

1. 标签（Label）组件

Label 组件用于在窗口中显示文本或位图。Anchor 属性指定文本（text）或图像（bitmap/image）在 Label 中的显示位置（如图 4-5 所示，其他组件同此）。对应于东南西北中以及四个角，可用值如下：

e：垂直居中，水平居右
w：垂直居中，水平居左
n：垂直居上，水平居中
s：垂直居下，水平居中
ne：垂直居上，水平居右
se：垂直居下，水平居中
sw：垂直居下，水平居左
nw：垂直居上，水平居左
center（默认值）：垂直居中，水平居中

【例 4-6】Label 组件示例，运行效果如图 4-6 所示。

```
from tkinter import *
win = Tk();                                      #创建窗口对象
win.title("我的窗口")                            #设置窗口标题
lab1 = Label(win,text = '你好', anchor= 'nw')    #创建文字是你好的Label组件
lab1.pack()                                      #显示Label组件
#显示内置的位图
lab2 = Label(win, bitmap = 'question')           #创建显示疑问图标Label组件
lab2.pack()                                      #显示Label组件
#显示自选的图片
bm = PhotoImage(file = r'J:\2018书稿\aa.png')
lab3 = Label(win,image = bm)
lab3.bm = bm
lab3.pack()                                      #显示Label组件
win.mainloop()
```

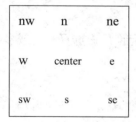

图 4-5　Anchor 地理方位

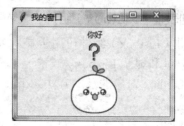

图 4-6　Label 组件示例

2. 按钮（Button）组件

Button 组件（控件）是一个标准的 Tkinter 部件，用于实现各种按钮功能。按钮可以

包含文本或图像，可以通过 command 属性将调用 Python 函数或方法关联到按钮上。当这些按钮被按下时，就会自动调用该函数或方法。

3. 单行文本框（Entry）组件和多行文本框（Text）组件

单行文本框组件主要用于输入单行内容和显示文本，可以方便地向程序传递用户参数。这里通过一个转换摄氏度和华氏度的小程序来演示该组件的使用方法。

（1）创建和显示 Entry 对象

创建 Entry 对象的基本方法如下：

```
Entry 对象 = Entry (Windows 窗口对象)
```

显示 Entry 对象的方法如下：

```
Entry 对象.pack()
```

（2）获取 Entry 组件的内容

其中，get()方法用于获取单行文本框内输入的内容。

设置或者获取单行文本框组件的内容也可以使用 StringVar()对象来完成，把单行文本框组件的 textvariable 属性设置为 StringVar()变量，再通过 StringVar()变量的 get()和 set()函数可以读取和输出相应文本内容。例如：

```
s=StringVar()                                    #一个StringVar()对象
s.set("大家好，这是测试")                           #设置文本内容
entryCd = Entry(root, textvariable=s)            #Entry组件显示"大家好，这是测试"
print(s.get())                                   #打印出"大家好，这是测试"
```

（3）单行文本框组件的常用属性

show：如果设置为字符*，则输入文本框内显示为*，用于密码输入。

insertbackground：插入光标的颜色，默认为黑色'black'。

selectbackground 和 selectforeground：选中文本的背景色与前景色。

width：组件的宽度（所占字符个数）。

fg：字体前景颜色。

bg：背景颜色。

state：设置组件状态，默认为 normal，可设置为：disabled 禁用组件，readonly 只读。

同样地，Python 提供输入多行文本框组件，用于输入多行内容和显示文本。使用方法类似于单行文本框组件，具体方法请读者参考 Tkinter 手册。

4. 列表框（Listbox）组件

列表框（Listbox）组件可用于显示多个项目，并且允许用户选择一个或多个项目。

（1）创建和显示 Listbox 对象

创建 Listbox 对象的基本方法如下：

```
Listbox 对象 = Listbox (Tkinter Windows 窗口对象)
```

显示 Listbox 对象的方法如下：

```
Listbox 对象.pack()
```

（2）插入文本项

可以使用 insert()方法向列表框组件中插入文本项，方法如下：

```
Listbox 对象.insert(index,item)
```
其中：index 是插入文本项的位置，如果在尾部插入文本项，则可以使用 END；如果在当前选中处插入文本项，则可以使用 ACTIVE。Item 是要插入的文本项。

（3）返回选中项索引

```
Listbox 对象.curselection()
```
返回当前选中项目的索引，结果为元组。

注意：索引号从 0 开始，0 表示第一项。

（4）删除文本项

```
Listbox 对象.delete(first,last)
```
删除指定范围(first,last)的项目，不指定 last 时，删除一个项目。

（5）获取项目内容

```
Listbox 对象.get(first,last)
```
返回指定范围(first,last)的项目，不指定 last 时，仅返回一个项目。

（6）获取项目个数

```
Listbox 对象.size()
```

（7）获取 Listbox 内容

需要使用 listvariable 属性为 Listbox 对象指定一个对应的变量，例如：

```
m= StringVar()
listb =Listbox (root, listvariable =m)
listb.pack()
root.mainloop()
```

指定后就可以使用 m.get()方法获取 Listbox 对象中的内容了。

注意：如果允许用户选择多个项目，则需要将 Listbox 对象的 selectmode 属性设置为 MULTIPLE，表示多选；若设置为 SINGLE，则表示单选。

【例 4-7】创建从一个列表框选择内容添加到另一个列表框组件的 GUI 程序。

```
from tkinter import *                        #导入 Tkinter 模块
root = Tk()                                  #创建窗口对象
def callbutton1():
    for i in listb.curselection():           #遍历选中项
        listb2.insert(0,listb.get(i))        #添加到右侧列表框

def callbutton2():
    for i in listb2.curselection():          #遍历选中项
        listb2.delete(i)                     #从右侧列表框中删除
#创建两个列表
li = ['C','python','php','html','SQL','java']
listb = Listbox(root)                        #创建两个列表框组件
listb2 = Listbox(root)
for item in li:                              #左侧列表框组件插入数据
    listb.insert(0,item)
```

```
listb.grid(row=0,column=0,rowspan=2)          #将列表框组件放置到窗口对象中
b1 = Button (root,text = '添加>>', command=callbutton1, width=20)
                                              #创建 Button 组件
b2 = Button (root,text = '删除<<', command=callbutton2, width=20)
                                              #创建 Button 组件
b1.grid(row=0,column=1,rowspan=2)             #显示 Button 组件
b2.grid(row=1,column=1,rowspan=2)             #显示 Button 组件
listb2.grid(row=0,column=2,rowspan=2)
root.mainloop()                               #进入消息循环
```

以上代码执行结果如图 4-7 所示。

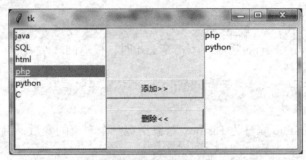

图 4-7　含有两个列表框组件的 GUI 程序

5. 单选按钮（Radiobutton）组件和复选框（Checkbutton）组件

单选按钮和复选框分别用于实现选项的单选和复选功能。Radiobutton 组件用于在同一组单选按钮中选择一个单选按钮（不能同时选定多个）。Checkbutton 组件用于选择一项或多项。

（1）创建和显示 Radiobutton 对象

创建 Radiobutton 对象的基本方法如下：

```
Radiobutton 对象 = Radiobutton (Windows 窗口对象,text = Radiobutton 组件显示的文本)
```

显示 Radiobutton 对象的方法如下：

```
Radiobutton 对象.pack()
```

可以使用 variable 属性为 Radiobutton 组件指定一个对应的变量。如果将多个 Radiobutton 组件绑定到同一个变量，则这些 Radiobutton 组件属于同一个分组。分组后需要使用 value 设置每个 Radiobutton 组件的值，以标识该项目是否被选中。

（2）Radiobutton 组件常用属性

variable：单选按钮索引变量，通过变量的值确定哪个单选按钮被选中。一组单选按钮使用同一个索引变量。

value：单选按钮选中时变量的值。

command：单选按钮选中时执行的命令（函数）。

（3）Radiobutton 组件的方法

deselect()：取消选择。

select()：选择。
invoke()：调用单选按钮 command 指定的回调函数。
（4）创建和显示 Checkbutton 对象
创建 Checkbutton 对象的基本方法如下：
Checkbutton 对象 = Checkbutton(Tkinter Windows 窗口对象,text = Checkbutton 组件显示的文本,command=单击 Checkbutton 按钮所调用的回调函数)
显示 Checkbutton 对象的方法如下：

```
Checkbutton 对象.pack()
```

（5）Checkbutton 组件常用属性
variable：复选框索引变量，通过变量的值确定哪些复选框被选中。每个复选框使用不同的变量，复选框之间相互独立。
onvalue：复选框选中（有效）时变量的值。
offvalue：复选框未选中（无效）时变量的值。
command：复选框选中时执行的命令（函数）。
（6）获取 Checkbutton 状态
为了弄清楚 Checkbutton 组件是否被选中，需要使用 variable 属性为 Checkbutton 组件指定一个对应变量，例如：

```
c=tkinter.IntVar()
c.set(2)
check=tkinter.Checkbutton(root,text=' 喜 欢 ',variable=c,onvalue=1, offvalue=2)         #1 为选中，2 没选中
check.pack()
```

指定变量 c 后，可以使用 c.get()获取复选框的状态值，也可以使用 c.set()设置复选框的状态。例如，设置 check 复选框对象为未选中状态，代码如下：

```
c.set(2)                #1 选中，2 没选中，设置为 2 就是没选中状态
```

获取单选按钮（Radiobutton）状态的方法同上。

【例 4-8】Tkinter 创建使用单选按钮（Radiobutton）组件选择相应国家名称的程序。运行效果如图 4-8 所示。

```
import tkinter
root=tkinter.Tk()
r=tkinter.StringVar()                      #创建 StringVar 对象
r.set('1')                                 #设置初始值为'1'，初始选中'中国'
radio=tkinter.Radiobutton(root,variable=r,value='1',text='中国')
radio.pack()
radio=tkinter.Radiobutton(root,variable=r,value='2',text='美国')
radio.pack()
radio=tkinter.Radiobutton(root,variable=r,value='3',text='日本')
radio.pack()
radio=tkinter.Radiobutton(root,variable=r,value='4',text='加拿大')
radio.pack()
```

```
radio=tkinter.Radiobutton(root,variable=r,value='5',text='韩国')
radio.pack()
root.mainloop()
print (r.get())                          #获取被选中单选按钮变量值
```

以上代码执行结果如图 4-8 所示,选中"日本"后则打印出 3。

图 4-8 单选按钮(Radiobutton)组件示例

6. 菜单(Menu)组件

图形用户界面应用程序通常提供菜单,菜单包含各种按照主题分组的基本命令。图形用户界面应用程序包括如下两种类型的菜单。

主菜单:提供窗体的菜单系统。通过单击可显示下拉子菜单,选择其中的命令可执行相关的操作,常用的主菜单通常包括:文件、编辑、视图、帮助等。

上下文菜单(也称为快捷菜单):通过右击某对象而弹出的菜单,一般为与该对象相关的常用菜单命令,例如,剪切、复制、粘贴等。

创建 Menu 对象的基本方法如下:

```
Menu 对象 = Menu(Windows 窗口对象)
```

将 Menu 对象显示在窗口中的方法如下:

```
Windows 窗口对象['menu'] = Menu 对象
Windows 窗口对象.mainloop()
```

【例 4-9】下面为使用 Menu 组件的简单实例。执行结果如图 4-9 所示。

```
from tkinter import *
root = Tk()
def hello():                             #菜单项事件函数,每个菜单项可单独编写
    print("请单击主菜单")
m = Menu(root)
for item in ['文件','编辑','视图']:       #添加菜单项
    m.add_command(label =item, command = hello)
root['menu'] = m                         #附加主菜单到窗口
root.mainloop()
```

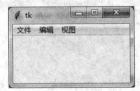

图 4-9 Menu 组件示例

7. 消息窗口（Messagebox）组件

消息窗口（Messagebox）用于弹出提示框向用户进行告警，或让用户选择下一步的操作。消息框包括很多类型，常用的有 info、warning、error、yesno、okcancel 等，包含不同的图标、按钮以及弹出提示音。

【例4-10】演示各消息框的程序，并使消息窗口运行效果如图4-10所示。

```python
import tkinter as tk
from tkinter import messagebox as msgbox
def btn1_clicked():
    msgbox.showinfo("Info", "Showinfo test.")
def btn2_clicked():
    msgbox.showwarning("Warning", "Showwarning test.")
def btn3_clicked():
    msgbox.showerror("Error", "Showerror test.")
def btn4_clicked():
    msgbox.askquestion("Question", "Askquestion test.")
def btn5_clicked():
    msgbox.askokcancel("OkCancel", "Askokcancel test.")
def btn6_clicked():
    msgbox.askyesno("YesNo", "Askyesno test.")
def btn7_clicked():
    msgbox.askretrycancel("Retry", "Askretrycancel test.")
root = tk.Tk()
root.title("MsgBox Test")
btn1 = tk.Button(root, text = "showinfo", command = btn1_clicked)
btn1.pack(fill = tk.X)
btn2 = tk.Button(root, text = "showwarning", command = btn2_clicked)
btn2.pack(fill = tk.X)
btn3 = tk.Button(root, text = "showerror", command = btn3_clicked)
btn3.pack(fill = tk.X)
btn4 = tk.Button(root, text = "askquestion", command = btn4_clicked)
btn4.pack(fill = tk.X)
btn5 = tk.Button(root, text = "askokcancel", command = btn5_clicked)
btn5.pack(fill = tk.X)
btn6 = tk.Button(root, text = "askyesno", command = btn6_clicked)
btn6.pack(fill = tk.X)
btn7 = tk.Button(root, text = "askretrycancel", command = btn7_clicked)
btn7.pack(fill = tk.X)
root.mainloop()
```

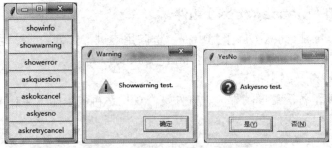

图 4-10 消息窗口运行效果

8. 框架（Frame）组件

Frame 组件是框架组件，在进行分组组织其他组件的过程中非常重要，负责安排其他组件的位置。Frame 组件在屏幕上显示为一个矩形区域，可作为显示其他组件的容器。

（1）创建和显示 Frame 对象

创建 Frame 对象的基本方法如下：

```
Frame 对象 = Frame (窗口对象, height = 高度, width = 宽度, bg = 背景色, …)
```

例如，创建一个 Frame 对象，设置其高为 100、宽为 400、背景色为绿色。方法如下：

```
f1 = Frame(root, height= 100, width = 400, bg ='green')
```

显示 Frame 对象的方法如下：

```
Frame 对象.pack()
```

（2）向 Frame 组件中添加组件

在创建组件时可以指定其容器为 Frame 组件即可，例如：

```
Label(Frame 对象, text = 'Hello').pack()      #向 Frame 组件添加一个 Label 组件
```

（3）LabelFrame 组件

LabelFrame 组件是有标题的 Frame 组件，可以使用 text 属性设置 LabelFrame 组件的标题，方法如下：

```
LabelFrame(窗口对象, height = 高度, width = 宽度, text = 标题).pack()
```

【例 4-11】使用两个 Frame 组件和一个 LabelFrame 组件的实例。

```
from tkinter import *
root = Tk()                                  #创建窗口对象
root.title("使用 Frame 组件的例子")            #设置窗口标题
f1 = Frame(root)                             #创建第 1 个 Frame 组件
f1.pack()
f2 = Frame(root)                             #创建第 2 个 Frame 组件
f2.pack()
f3 = LabelFrame(root, text = '第 3 个 Frame')
#第 3 个 LabelFrame 组件，放置在窗口底部
f3.pack( side = BOTTOM )
redbutton = Button(f1, text="Red", fg="red")
redbutton.pack( side = LEFT )
```

```
brownbutton = Button(f1, text="Brown", fg="brown")
brownbutton.pack( side = LEFT )
bluebutton = Button(f1, text="Blue", fg="blue")
bluebutton.pack( side = LEFT )
blackbutton = Button(f2, text="Black", fg="black")
blackbutton.pack()
greenbutton = Button(f3, text="Green", fg="Green")
greenbutton.pack()
root.mainloop()
```

通过 Frame 框架把五个按钮分成三个区域，第一个区域包含三个按钮，第二、三个区域分别包含一个按钮。运行效果如图 4-11 所示。

图 4-11 Frame 框架运行效果

（4）刷新 Frame

用 Python 制作 GUI 图形界面，可以使用 after()方法每隔几秒刷新 GUI 图形界面。例如，通过下面代码可实现计数器的功能，并且文字背景色会不断地改变。

```
from tkinter import *
colors = ('red', 'orange', 'yellow', 'green', 'blue', 'purple')
root = Tk()
f = Frame(root, height=200, width=200)
f.color = 0
f['bg'] = colors[f.color]    #设置框架背景色
lab1=Label(f,text = '0')
lab1.pack()
def foo():
    f.color = (f.color+1)%(len(colors))
    lab1['bg'] = colors[f.color]
    lab1['text'] = str(int(lab1['text'])+1)
    f.after(500, foo)        #每隔 500 毫秒就执行 foo 函数刷新屏幕
f.pack()
f.after(500, foo)
root.mainloop()
```

例如，我们可以使用 after()方法实现移动电子广告效果，只需不断移动 lab1 即可，代码如下：

```
from tkinter import *
```

```
root = Tk()
f = Frame(root, height=200, width=200)
lab1=Label(f,text = '欢迎参观中原工学院')
x=0
def foo():
    global x
    x=x+10
    if x>200:
        x=0
    lab1.place(x=x,y=0)
    f.after(500, foo)      #每隔500毫秒就执行foo函数刷新屏幕

f.pack()
f.after(500, foo)
root.mainloop()
```

运行程序后可观察到"欢迎参观中原工学院"从左向右不停地移动,移出了窗口右侧以后又会重新从左侧出现。利用此技巧我们可以开发类似于贪吃蛇的游戏,可以借助after()方法不断改变蛇的位置,从而实现蛇的移动。

4.2.4 Tkinter 字体

通过组件的 font 属性,可以设置其显示文本的字体。设置组件字体前首先要能表示一个字体。

1. 通过元组表示字体

通过三个元素的元组,可以表示字体:

```
(font family,size,modifiers)
```

元素 font family 是字体名;size 为字体大小,单位为 point;modifiers 为包含粗体、斜体、下画线的样式修饰符。例如:

```
("Times New Roman ", "16")                    #16点阵的Times字体
("Times New Roman ", "24", "bold italic")     #24点阵的Times字体,且粗体、斜体
```

【例 4-12】通过元组表示字体,设置标签 label 的字体,运行效果如图 4-12 所示。

```
from tkinter import *
root = Tk()
#创建Label
for ft in ('Arial',('Courier New',19,'italic'),('Comic Sans MS',),
'Fixdsys',('MS Sans Serif',),('MS Serif',),'Symbol','System',('Times New Roman',),'Verdana'):
```

```
        Label(root,text = 'hello sticky',font = ft ).grid()
root.mainloop()
```

图 4-12　元组表示字体示例

这个程序在 Windows 上测试字体显示，注意包含空格的字体名称必须指定为 tuple 元组类型。

2. 通过 Font 对象表示字体

可以使用 tkFont.Font 来创建字体。格式如下：

```
ft = tkFont.Font(family = '字体名',size ,weight ,slant, underline, overstrike)
```

其中：size 为字体大小；weight='bold' 或 'normal'，'bold' 为粗体；slant='italic' 或 'normal'，'italic' 为斜体；underline=1 或 0，1 为下画线；overstrike=1 或 0，1 为删除线。

```
ft = Font(family="Helvetica",size=36,weight="bold")
```

【例 4-13】通过 Font 对象设置标签 label 的字体示例，运行效果如图 4-13 所示。

```
#Font 来创建字体
from tkinter import *
import tkinter.font            #导入字体模块
root = Tk()
#指定字体名称、大小、样式
ft = tkinter.font.Font(family = 'Fixdsys',size = 20,weight ='bold')
Label(root,text = 'hello sticky',font = ft ).grid()      #创建一个 Label
root.mainloop()
```

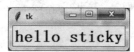

图 4-13　Font 对象设置标签 label 的字体示例

通过 tkFont. families() 函数可以返回所有可用的字体。

```
from tkinter import *
import tkinter.font            #导入字体模块
```

```
root = Tk()
print(tkinter.font.families())
```
输出以下结果：
```
('Forte', 'Felix Titling', 'Eras Medium ITC', 'Eras Light ITC', 'Eras
Demi ITC', 'Eras Bold ITC', 'Engravers MT', 'Elephant', 'Edwardian Script
ITC', 'Curlz MT', 'Copperplate Gothic Light', 'Copperplate Gothic Bold',
'Century Schoolbook', 'Castellar', 'Calisto MT', 'Bookman Old Style',
'Bodoni MT Condensed', 'Bodoni MT Black', 'Bodoni MT', 'Blackadder ITC',
'Arial Rounded MT Bold', 'Agency FB', 'Bookshelf Symbol 7', 'MS Reference
Sans Serif', 'MS Reference Specialty', 'Berlin Sans FB Demi', 'Tw Cen MT
Condensed Extra Bold', 'Calibri Light', 'Bitstream Vera Sans Mono', '方正
兰亭超细黑简体', '@方正兰亭超细黑简体', 'Buxton Sketch', 'Segoe Marker',
'SketchFlow Print')
```

4.2.5 Python 事件处理

事件（Event）就是程序中发生的事，例如，用户敲击键盘上的某一个键或单击、移动鼠标。对于这些事件，程序需要做出反应。Tkinter 提供的组件通常都有自己可以识别的事件，例如，当按钮被单击时执行特定的操作或当一个输入栏成为焦点，而用户又敲击了键盘上的某些按键，用户所输入的内容就会显示在输入栏内。

程序可以使用事件处理函数来指定当触发某个事件时所做的反应（操作）。

1. 事件类型

事件类型的通用格式：

```
<[modifier-]...type[-detail]>
```

事件类型必须放置于尖括号<>内。type 描述了类型，例如，键盘按键、鼠标单击。

modifier 用于组合键定义，如 Control、Alt。detail 用于明确定义是哪一个键或按钮的事件，例如，1 表示鼠标左键，2 表示鼠标中键，3 表示鼠标右键。

举例：

```
<Button-1>              #按下鼠标左键
<KeyPress-A>            #按下键盘上的【A】键
<Control-Shift-KeyPress-A>    #同时按下了【Control】、【Shift】、【A】三键
```

Python 中事件主要有：键盘事件（见表 4-6）、鼠标事件（见表 4-7）、窗体事件（见表 4-8）。

表 4-6　　　　　　　　　　　　　　　键盘事件

名称	描述
KeyPress	按下键盘某键时触发，可以在 detail 部分指定是哪个键
KeyRelease	释放键盘某键时触发，可以在 detail 部分指定是哪个键

表 4-7 鼠标事件

名称	描述
ButtonPress 或 Button	按下鼠标某键，可以在 detail 部分指定是哪个键
ButtonRelease	释放鼠标某键，可以在 detail 部分指定是哪个键
Motion	点中组件的同时拖曳组件移动时触发
Enter	当鼠标指针移进某组件时触发
Leave	当鼠标指针移出某组件时触发
MouseWheel	当鼠标滚轮滚动时触发

表 4-8 窗体事件

名称	描述
Visibility	当组件变为可视状态时触发
Unmap	当组件由显示状态变为隐藏状态时触发
Map	当组件由隐藏状态变为显示状态时触发
Expose	当组件从原本被其他组件遮盖的状态中暴露出来时触发
FocusIn	组件获得焦点时触发
FocusOut	组件失去焦点时触发
Configure	当改变组件大小时触发，如拖曳窗体边缘
Property	当窗体的属性被删除或改变时触发，属于 Tkinter 的核心事件
Destroy	当组件被销毁时触发
Activate	与组件选项中的 state 项有关，表示组件由不可用转为可用，如按钮由 disabled（灰色）转为 enabled
Deactivate	与组件选项中的 state 项有关，表示组件由可用转为不可用，如按钮由 enabled 转为 disabled（灰色）

modifier 组合键定义中常用的修饰符如表 4-9 所示。

表 4-9 组合键定义中常用的修饰符

修饰符	描述
Alt	当按下【Alt】键
Any	按下任何键，如<Any-KeyPress>
Control	当按下【Ctrl】键
Double	两个事件在短时间内发生，如双击鼠标左键<Double-Button-1>
Lock	当按下【Caps Lock】键
Shift	当按下【Shift】键
Triple	类似于 Double，三个事件在短时间内发生

可以短格式表示事件，例如：<1>等同于<Button-1>，<x>等同于<KeyPress-x>。对于大多数的单字符按键，用户还可以忽略"<>"符号。但是空格键和尖括号键不

能忽略（正确的表示方式分别为<space>、<less>）。

2. 事件绑定

程序建立一个处理某一事件的事件处理函数，称之为绑定。

（1）创建组件对象时绑定

创建组件对象实例时，可通过其命名参数 command 绑定事件处理函数。例如：

```
def callback():                                    #事件处理函数
    showinfo("Python command","人生苦短、我用Python")
Bu1=Button(root, text="设置command事件调用命令",command=callback)
Bu1.pack()
```

（2）实例绑定

调用组件对象实例方法 bind()可为指定组件实例绑定事件，这是最常用的事件绑定方式。

```
组件对象实例名.bind("<事件类型>", 事件处理函数)
```

假设声明了一个名为 canvas 的 Canvas 组件对象，若要在 canvas 上按下鼠标左键时绘制一条线，可以这样实现：

```
canvas.bind("<Button-1>", drawline)
```

其中，bind()函数的第一个参数是事件描述符，指定无论什么时候在 canvas 上，当按下鼠标左键时就调用事件处理函数 drawline 进行绘制线条的任务。特别需要注意的是：drawline 后面的圆括号是省略的，Tkinter 会将此函数填入相关参数后调用运行，在这里只是声明而已。

（3）标识绑定

在 Canvas 画布中绘制各种图形，将图形与事件绑定可以使用标识绑定 tag_bind()函数。预先为图形定义标识 tag 后，再通过标识 tag 来绑定事件。例如：

```
cv.tag_bind('r1','<Button-1>',printRect)
```

【例 4-14】标识绑定示例。

```
from tkinter import *
root = Tk()
def printRect(event):
    print ('rectangle左键事件')
def printRect2(event):
    print ('rectangle右键事件')
def printLine(event):
    print ('Line事件')


cv = Canvas(root,bg = 'white')                     #创建一个Canvas,设置其背景色为白色
rt1 = cv.create_rectangle(
    10,10,110,110,
    width = 8, tags = 'r1')
cv.tag_bind('r1','<Button-1>',printRect) #绑定item与鼠标左键事件
```

```
cv.tag_bind('r1','<Button-3>',printRect2)    #绑定item与鼠标右键事件
#创建一个line，并将其tags设置为'r2'
cv.create_line(180,70,280,70,width = 10,tags = 'r2')
cv.tag_bind('r2','<Button-1>',printLine)    #绑定item与鼠标左键事件
cv.pack()
root.mainloop()
```

这个示例中，单击矩形的边框时才会触发事件，矩形既响应鼠标左键又响应右键。使用鼠标左键单击矩形边框时出现"rectangle 左键事件"信息，使用鼠标右键单击矩形边框时出现"rectangle 右键事件"信息，使用鼠标左键单击直线时则出现"Line 事件"信息。

3. 事件处理函数

（1）定义事件处理函数

事件处理函数往往带有一个 event 参数。触发事件调用事件处理函数时，将传递 Event 对象实例。

```
def callback(event):                                      #事件处理函数
    showinfo("Python command","人生苦短、我用Python")
```

（2）Event 事件处理参数属性

可以获取 Event 对象实例的各种相关参数，Event 事件对象的主要参数属性如表 4-10 所示。

表 4-10   Event 事件对象的主要参数属性

参数	说明
.x,.y	鼠标相对于组件对象左上角的坐标
.x_root,.y_root	鼠标相对于屏幕左上角的坐标
.keysym	字符串命名按键，例如：Escape、F1~F12、Scroll_Lock、Pause、Insert、Delete、Home、Prior（这个是 Page Up）、Next（这个是 Page Down）、End、Up、Right、Left、Down、Shitf_L、Shift_R、Control_L、Control_R、Alt_L、Alt_R、Win_L
.keysym_num	数字代码命名按键
.keycode	键码，但是它不能反映事件前缀：Alt、Control、Shift、Lock，并且它不区分大小写按键，即输入 a 和 A 是相同的键码
.time	时间
.type	事件类型
.widget	触发事件的对应组件
.char	字符

Event 事件对象按键的详细信息说明如表 4-11 所示。

表 4-11   Event 按键的详细信息

.keysym	.keycode	.keysym_num	说明
Alt_L	64	65513	左边的【Alt】键
Alt_R	113	65514	右边的【Alt】键

续表

.keysym	.keycode	.keysym_num	说明
BackSpace	22	65288	【BackSpace】键
Cancel	110	65387	【Pause Break】键
F1~F11	67~77	65470~65480	功能键【F1】~【F11】
Print	111	65377	打印屏幕键

【例 4-15】触发 KeyPress 键盘事件的例子，运行效果如图 4-14 所示。

```
from tkinter import *                          #导入 Tkinter 模块
def printkey(event):                           #定义的函数监听键盘事件
    print('你按下了: ' + event.char)
root = Tk()                                    #实例化 Tkinter
entry = Entry(root)                            #实例化一个单行输入框
#为输入框绑定按键监听事件<KeyPress>监听任何按键
#<KeyPress-x>监听某键 x, 如大写的 A<KeyPress-A>、回车<KeyPress-Return>
entry.bind('<KeyPress>', printkey)
entry.pack()
root.mainloop()                                #显示窗体
```

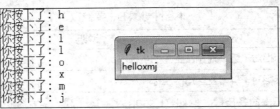

图 4-14 KeyPress 键盘事件运行效果

【例 4-16】获取鼠标单击标签 Label 时坐标的鼠标事件示例，运行效果如图 4-15 所示。

```
from tkinter import *                          #导入 Tkinter 模块
def leftClick(event):                          #定义的函数监听鼠标事件
    print( "x 轴坐标:", event.x)
    print( "y 轴坐标:", event.y)
    print( "相对于屏幕左上角 x 轴坐标:", event.x_root)
    print( "相对于屏幕左上角 y 轴坐标:", event.y_root)
root = Tk()                                    #实例化 Tkinter
lab = Label(root,text="hello")                 #实例化一个 Label
lab.pack()                                     #显示 Label 组件
#为 Label 绑定鼠标监听事件
lab.bind("<Button-1>",leftClick)
root.mainloop()                                #显示窗体
```

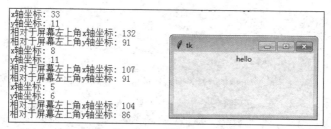

图 4-15 鼠标事件运行效果

4.3 程序设计的步骤

在猜数字游戏程序中导入相关模块：

```
import tkinter as tk
import sys
import random
import re
```

random.randint(0,1024) 随机产生玩家要猜的数字。

```
number = random.randint(0,1024)      #玩家要猜的数字
running = True
num = 0                               #猜的次数
nmaxn = 1024                          #提示猜测范围的最大数
nminn = 0                             #提示猜测范围的最小数
```

猜按钮事件函数从单行文本框 entry_a 获取猜的数字并转换成数字 val_a，然后判断是否正确，并根据要猜的数字 number 判断数字是过大还是过小。

```
def eBtnGuess(event):                 #猜按钮事件函数
    global nmaxn                      #全局变量
    global nminn
    global num
    global running
    if running:
        val_a = int(entry_a.get())    #获取猜的数字并转换成数字
        if val_a == number:
            labelqval("恭喜答对了！")
            num+=1
            running = False
            numGuess()                #显示猜的次数
        elif val_a < number:          #猜小了
            if val_a > nminn:
                nminn = val_a         #修改提示猜测范围的最小数
                num+=1
                labelqval("小了哦，请输入 "+str(nminn)+" 到 "+str
```

```
(nmaxn)+"之间任意整数: ")
            else:
                if val_a < nmaxn:
                    nmaxn = val_a              #修改提示猜测范围的最大数
                    num+=1
                    labelqval("大了哦，请输入 "+str(nminn)+" 到 "+str
(nmaxn)+"之间任意整数: ")
        else:
            labelqval('你已经答对啦……')
```

numGuess()函数修改提示标签文字来显示猜的次数。

```
def numGuess():#显示猜的次数
    if num == 1:
        labelqval('厉害！一次答对！')
    elif num < 10:
        labelqval('= =十次以内就答对了，很棒……尝试次数: '+str(num))
    else:
        labelqval('好吧，您都尝试了超过十次了……尝试次数: '+str(num))
def labelqval(vText):
    label_val_q.config(label_val_q,text=vText)    #修改提示标签文字
```

关闭按钮事件函数实现窗体关闭。

```
def eBtnClose(event):                   #关闭按钮事件函数
    root.destroy()
```

以下主程序实现游戏的窗体界面。

```
root = tk.Tk(className="猜数字游戏")
root.geometry("400x90+200+200")
label_val_q = tk.Label(root,width="80")        #提示标签
label_val_q.pack(side = "top")

entry_a = tk.Entry(root,width="40")            #单行输入文本框
btnGuess = tk.Button(root,text="猜")           #猜按钮
entry_a.pack(side = "left")
entry_a.bind('<Return>',eBtnGuess)             #绑定事件
btnGuess.bind('<Button-1>',eBtnGuess)          #猜按钮
btnGuess.pack(side = "left")

btnClose = tk.Button(root,text="关闭")         #关闭按钮
btnClose.bind('<Button-1>',eBtnClose)
btnClose.pack(side="left")
labelqval("请输入 0～1024 的任意整数: ")
entry_a.focus_set()
```

```
print(number)
root.mainloop()
```

至此,即完成了猜数字游戏的设计。

思考题

1. 编写一个四则运算程序,程序运行界面如图 4-16 所示,用两个文本框输入数值数据,用列表框存放 "+、-、×、÷、幂次方、余数"。用户先输入两个操作数,再从列表框中选择一种运算,即可在标签中显示出计算结果。

图 4-16　四则运算程序界面

2. 编写选课程序。左侧列表框显示学生可以选择的课程名,右侧列表框显示学生已经选择的课程名,通过四个按钮在两个列表框中移动数据项。通过 "〉""〈" 按钮移动一门课程,通过 "》""《" 按钮移动全部课程。程序运行界面如图 4-17 所示。

图 4-17　选课程序界面

3. 编写一个电子标题板程序。要求:(1)实现字幕从右向左循环滚动;(2)单击 "开始" 按钮,字幕开始滚动,单击 "暂停" 按钮,字幕停止滚动。提示:使用 after()方法实现每隔 1 秒刷新 GUI 图形界面。

4. 编写一个倒计时程序,应用程序界面自己设计。

第 5 章

Tkinter 图形绘制——图形版发牌程序

第 4 章以 Tkinter 模块为例介绍了建立一些简单 GUI（图形用户界面）的方法，编写的程序也类似于大家平常熟悉的那些程序，有窗体、按钮之类的图形界面，本书后面章节的游戏界面也都使用 Tkinter 进行开发。在游戏开发中不仅仅有按钮、文本框等，还需要绘制大量的图形图像，本章介绍使用 Canvas 技术绘制游戏中画面的方法。

5.1 程序功能介绍

计算机随机将 52 张牌（不含大王和小王）发给四位牌手，在屏幕上显示每位牌手的牌，程序的运行效果如图 5-1 所示。接下来，我们以使用 Canvas 绘制 Tkinter 模块图形为例，介绍建立简单 GUI（图形用户界面）游戏界面的方法。

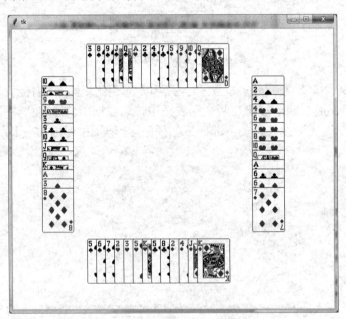

图 5-1 扑克牌发牌运行效果

5.2 程序设计的思路

将要发的 52 张牌，按梅花 0~12，方块 13~25，红桃 26~38，黑桃 39~51 的顺序编号并存储在 pocker 列表（未洗牌之前），列表元素存储的是某张牌（实际上是牌的编号）。同时，按此编号将扑克牌图片顺序存储在 imgs 列表中。也就是说，imgs[0]存储梅花 A 的图片，imgs[1]存储梅花 2 的图片，imgs[14]存储方块 2 的图片，依次类推。

发牌后，根据每位牌手(p1,p2,p3,p4)各自牌的编号列表，从 imgs 获取对应牌的图片，并使用 create_image((x 坐标,y 坐标), image =图像文件)将牌显示在指定位置。

5.3 Canvas 图形绘制技术

Canvas 为 Tkinter 提供了绘图功能，其提供的图形绘制函数可绘制线形、圆形、椭圆、多边形、图片等。

5.3.1 Canvas 画布组件

Canvas（画布）是一个长方形的区域，用于图形绘制或复杂的图形界面布局。用户可以在画布上绘制图形、文字，放置各种组件和框架。

可以使用下面的方法创建一个 Canvas 对象。

```
Canvas 对象 = Canvas (窗口对象, 选项, …)
```

常用选项如表 5-1 所示。

表 5-1　　　　　　　　　　　　Canvas 画布的常用选项

属性	说明
bd	指定画布的边框宽度，单位是像素
bg	指定画布的背景颜色
confine	指定画布在滚动区域外是否可以滚动。默认为 True，表示不能滚动
cursor	指定画布中的鼠标指针，如 arrow、circle、dot
height	指定画布的高度
highlightcolor	选中画布时的背景色
relief	指定画布的边框样式，可选值包括 SUNKEN、RAISED、GROOVE、RIDGE
scrollregion	指定画布滚动区域的元组(w,n,e,s)

显示 Canvas 对象的方法如下。

```
Canvas 对象.pack()
```

创建一个背景为白色，宽度为 300、高度为 120 的 Canvas 画布的代码如下。

```
from tkinter import *
root = Tk()
cv = Canvas(root, bg = 'white', width = 300, height = 120)
cv.create_line(10,10,100,80,width=2, dash=7)    #绘制直线
```

```
cv.pack()                                                    #显示画布
root.mainloop()
```

5.3.2 Canvas 上的图形对象

1. 绘制图形对象

在 Canvas 画布上可以绘制各种图形对象，常用绘制函数如下。

create_arc()：绘制圆弧。
create_line()：绘制直线。
create_bitmap()：绘制位图。
create_image()：绘制位图图像。
create_oval()：绘制椭圆。
create_polygon()：绘制多边形。
create_window()：绘制子窗口。
create_text()：创建一个文字对象。

Canvas 上的每个绘制对象都有一个标识 id（整数），使用绘制函数创建绘制对象时，返回绘制对象的 id。例如：

```
id1=cv.create_line(10,10,100,80,width=2, dash=7)      #绘制直线
```

id1 可以得到绘制对象直线的 id。

在创建图形对象时，可以使用属性 tags 设置图形对象的标记（tag），例如：

```
rt = cv.create_rectangle(10,10,110,110, tags = 'r1')
```

上面的语句指定矩形对象 rt 具有一个标记 r1。

也可以同时设置多个标记（tag），例如：

```
rt = cv.create_rectangle(10,10,110,110, tags = ('r1','r2','r3'))
```

上面的语句指定矩形对象 rt 具有三个标记 r1、r2、r3。

指定标记后，使用 find_withtag() 方法可以获取指定 tag 的图形对象，然后设置图形对象的属性。find_withtag() 方法的语法如下：

```
Canvas 对象.find_withtag(tag 名)
```

find_withtag() 方法返回一个图形对象数组，其中包含所有具有 tag 名的图形对象。

使用 itemconfig() 方法可以设置图形对象的属性，语法如下：

```
Canvas 对象. itemconfig (图形对象, 属性1=值1, 属性2=值2, … )
```

【例 5-1】使用属性 tags 设置图形对象标记的示例。

```
from tkinter import *
root = Tk()
#创建一个 Canvas，设置其背景色为白色
cv = Canvas(root, bg = 'white', width = 200, height = 200)
#使用 tags 指定给第一个矩形指定三个 tag
rt = cv.create_rectangle(10,10,110,110, tags = ('r1','r2','r3'))
cv.pack()
```

```
cv.create_rectangle(20,20,80,80, tags = 'r3')   #使用 tags 为第二个矩形指定
一个 tag
#将所有与 tag('r3')绑定的 item 边框颜色设置为蓝色
for item in cv.find_withtag('r3'):
        cv.itemconfig(item,outline = 'blue')
root.mainloop()
```

下面介绍使用绘制函数绘制各种图形对象的方法。

2. 绘制圆弧

使用 create_arc()方法可以创建一个圆弧对象，圆弧对象可以是一个弓形、扇形或者一个简单的弧，具体语法如下：

```
Canvas 对象.create_arc(弧外框矩形左上角的 x 坐标,弧外框矩形左上角的 y 坐标,弧外框矩形右下角的 x 坐标,弧外框矩形右下角的 y 坐标,选项,…)
```

创建圆弧对象时的常用选项：outline 指定圆弧边框颜色，fill 指定填充颜色，width 指定圆弧边框的宽度，start 代表起始角度，extent 代表指定角度偏移量而不是终止角度。

【例 5-2】使用 create_arc ()方法创建圆弧的示例，运行效果如图 5-2 所示。

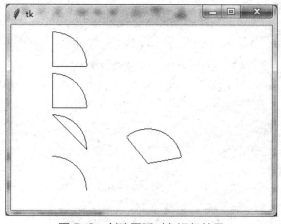

图 5-2　创建圆弧对象运行效果

```
from tkinter import *
root = Tk()
#创建一个 Canvas，设置其背景色为白色
cv = Canvas(root,bg = 'white')
cv.create_arc((10,10,110,110),)  #使用默认参数创建一个圆弧,结果为 90 度的扇形
d = {1:PIESLICE,2:CHORD,3:ARC}
for i in d:
        #使用三种样式，分别创建扇形、弓形和弧形
        cv.create_arc((10,10 + 60*i,110,110 + 60*i),style = d[i])
        print (i,d[i])
#使用 start/extent 指定圆弧起始角度与偏移角度
```

```
cv.create_arc(
        (150,150 ,250,250),
        start = 10,          #指定起始角度
        extent = 120         #指定角度偏移量(逆时针)
        )
cv.pack()
root.mainloop()
```

3. 绘制线条

使用 create_line()方法可以创建一个线条对象，具体语法如下：

```
line = canvas.create_line(x0, y0, x1, y1, …, xn, yn, 选项)
```

参数 x0、y0、x1、y1、……、xn、yn 是线段的端点。

创建线段对象时的常用选项：width 指定线段宽度，arrow 指定是否使用箭头（none 表示没有箭头，first 表示起点有箭头，last 表示终点有箭头，both 表示两端有箭头），fill 指定线段颜色，dash 指定线段为虚线（其整数值决定虚线的样式）。

【例 5-3】使用 create_line()方法创建线条对象的示例，运行效果如图 5-3 所示。

```
from tkinter import *
root = Tk()
cv = Canvas(root, bg = 'white', width = 200, height = 100)
cv.create_line(10, 10, 100, 10, arrow='none')         #绘制没有箭头的线段
cv.create_line(10, 20, 100, 20, arrow='first')        #绘制起点有箭头的线段
cv.create_line(10, 30, 100, 30, arrow='last')         #绘制终点有箭头的线段
cv.create_line(10, 40, 100, 40, arrow='both')         #绘制两端有箭头的线段
cv. create_line(10,50,100,100,width=3, dash=7)        #绘制虚线
cv.pack()
root.mainloop()
```

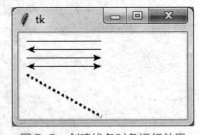

图 5-3 创建线条对象运行效果

4. 绘制矩形

使用 create_rectangle ()方法可以创建矩形对象。具体语法如下：

```
Canvas 对象. create_rectangle(矩形左上角的 x 坐标, 矩形左上角的 y 坐标, 矩形右下角的 x 坐标, 矩形右下角的 y 坐标, 选项, …)
```

创建矩形对象时的常用选项：outline 指定边框颜色，fill 指定填充颜色，width 指定

边框的宽度，dash 指定边框为虚线，stipple 使用指定自定义画刷填充矩形。

【例 5-4】使用 create_rectangle()方法创建矩形对象的示例，运行效果如图 5-4 所示。

```
from tkinter import *
root = Tk()
#创建一个Canvas，设置其背景色为白色
cv = Canvas(root, bg = 'white', width = 200, height = 100)
cv.create_rectangle(10,10,110,110, width =2,fill = 'red')
#指定矩形的填充色为红色，宽度为 2
cv.create_rectangle(120, 20,180, 80, outline = 'green')
#指定矩形的边框颜色为绿色
cv.pack()
root.mainloop()
```

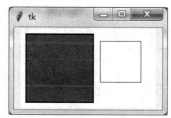

图 5-4　创建矩形对象运行效果

5. 绘制多边形

使用 create_polygon()方法可以创建一个多边形对象，多边形对象可以是一个三角形、矩形或者任意一个多边形，具体语法如下：

Canvas 对象. create_polygon(顶点 1 的 x 坐标, 顶点 1 的 y 坐标, 顶点 2 的 x 坐标, 顶点 2 的 y 坐标, …, 顶点 n 的 x 坐标, 顶点 n 的 y 坐标, 选项, …)

创建多边形对象时的常用选项：outline 指定边框颜色，fill 指定填充颜色，width 指定边框的宽度，smooth 指定多边形的平滑程度（0 表示多边形的边是折线，1 表示多边形的边是平滑曲线）。

【例 5-5】创建三角形、正方形、对顶三角形对象的示例，运行效果如图 5-5 所示。

```
from tkinter import *
root = Tk()
cv = Canvas(root, bg = 'white', width = 300, height = 100)
cv.create_polygon (35,10,10,60,60,60, outline = 'blue', fill = 'red',
width=2)                                                    #等腰三角形
    cv.create_polygon  (70,10,120,10,120,60,  outline  =  'blue',  fill  =
'white', width=2)                                           #直角三角形
    cv.create_polygon (130,10,180,10,180,60, 130,60, width=4)   #黑色填充正方形
    cv.create_polygon (190,10,240,10,190,60, 240,60, width=1)   #对顶三角形
cv.pack()
root.mainloop()
```

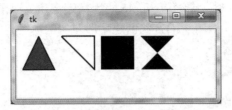

图 5-5 创建三角形运行效果

6. 绘制椭圆

使用 create_oval() 方法可以创建一个椭圆对象,具体语法如下:

```
Canvas 对象.create_oval(包裹椭圆的矩形左上角 x 坐标,包裹椭圆的矩形左上角 y 坐标,包裹椭圆的矩形右下角 x 坐标,包裹椭圆的矩形右下角 y 坐标,选项,…)
```

创建椭圆对象时的常用选项:outline 指定边框颜色,fill 指定填充颜色,width 指定边框的宽度。如果包裹椭圆的矩形是正方形,则绘制的是一个圆形。

【例 5-6】创建椭圆和圆形的示例,运行效果如图 5-6 所示。

```
from tkinter import *
root = Tk()
cv = Canvas(root, bg = 'white', width = 200, height = 100)
cv.create_oval (10,10,100,50, outline = 'blue', fill = 'red', width=2)
                                                                                #椭圆
cv.create_oval (100,10,190,100, outline = 'blue', fill = 'red', width=2)
                                                                                #圆形
cv.pack()
root.mainloop()
```

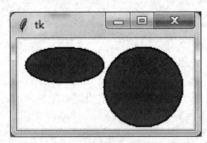

图 5-6 创建椭圆和圆形运行效果

7. 绘制文字

使用 create_text() 方法可以创建一个文字对象,具体语法如下:

```
文字对象 = Canvas 对象.create_text((文本左上角的 x 坐标,文本左上角的 y 坐标),选项,…)
```

创建文字对象时的常用选项:text 是文字对象的文本内容,fill 指定文字颜色,anchor 控制文字对象的位置(其中,'w'表示左对齐,'e'表示右对齐,'n'表示顶对齐,'s'表示底对齐,'nw'表示左上对齐,'sw'表示左下对齐,'se'表示右下对齐,'ne'表示右上对齐,'center'表示居中对齐，anchor 默认值为'center'），justify 设置文字对象中文本的对齐方式（其中，'left'表示左对齐，'right'表示右对齐，'center'表示居中对齐，justify 默认值为'center'）。

【例 5-7】创建文本的示例，运行效果如图 5-7 所示。

```
from tkinter import *
root = Tk()
cv = Canvas(root, bg = 'white', width = 200, height = 100)
cv.create_text((10,10), text = 'Hello Python', fill = 'red', anchor='nw')
cv.create_text((200,50), text = ' 你好，Python', fill = 'blue', anchor='se')
cv.pack()
root.mainloop()
```

select_from()方法用于指定选中文本的起始位置，具体用法如下：

`Canvas 对象.select_from(文字对象, 选中文本的起始位置)`

select_to()方法用于指定选中文本的结束位置，具体用法如下：

`Canvas 对象.select_to (文字对象, 选中文本的结束位置)`

【例 5-8】选中文本的示例，运行效果如图 5-8 所示。

```
from tkinter import *
root = Tk()
cv = Canvas(root, bg = 'white', width = 200, height = 100)
txt = cv.create_text((10,10), text = '中原工学院计算机学院', fill = 'red', anchor='nw')
#设置文本的选中起始位置
cv.select_from(txt,5)
#设置文本的选中结束位置
cv.select_to(txt,9)                    #选中"计算机学院"
cv.pack()
root.mainloop()
```

图 5-7　创建文本运行效果

图 5-8　选中文本运行效果

8．绘制位图和图像

（1）绘制位图

使用 create_bitmap()方法可以绘制 Python 内置的位图，具体方法如下：

`Canvas 对象.create_bitmap((x 坐标,y 坐标),bitmap =位图字符串, 选项, …)`

其中：(x 坐标,y 坐标)是位图放置的中心坐标；常用选项有 bitmap、activebitmap 和 disabledbitmap，分别用于指定正常、活动和禁用状态显示的位图。

（2）绘制图像

在游戏开发中需要使用大量图像，采用 create_bitmap()方法可以绘制图形、图像，具体方法如下：

```
Canvas 对象.create_image((x 坐标,y 坐标), image = 图像文件对象, 选项, …)
```

其中：(x 坐标,y 坐标)是图像放置的中心坐标；常用选项有 image、activeimage 和 disabled image，分别用于指定正常、活动和禁用状态下显示的图像。

注意：使用 PhotoImage 函数可获取图像文件对象。

```
img1 = PhotoImage(file =图像文件)
```

例如，img1 = PhotoImage(file = 'C:\\aa.png')可获取笑脸图形。Python 支持的图像文件格式一般为.png 和.gif。

【例 5-9】绘制图像示例，运行效果如图 5-9 所示。

```
from tkinter import *
root = Tk()
cv = Canvas(root)
img1 = PhotoImage(file = 'C:\\aa.png')        #笑脸
img2 = PhotoImage(file = 'C:\\2.gif')         #方块A
img3 = PhotoImage(file = 'C:\\3.gif')         #梅花A
cv.create_image((100,100),image=img1)         #绘制笑脸
cv.create_image((200,100),image=img2)         #绘制方块A
cv.create_image((300,100),image=img3)         #绘制梅花A
d = {1:'error',2:'info',3:'question',4:'hourglass',5:'questhead',
     6:'warning',7:'gray12',8:'gray25',9:'gray50',10:'gray75'}#字典
#cv.create_bitmap((10,220),bitmap = d[1])
#以下遍历字典绘制 Python 内置的位图
for i in d:
    cv.create_bitmap((20*i,20),bitmap = d[i])
cv.pack()
root.mainloop()
```

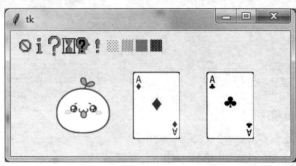

图 5-9 绘制图像示例

学会使用 create_bitmap()方法绘制图像后，就可以开发图形版的扑克牌游戏了。

9. 修改图形对象的坐标

使用 coords()方法可以修改图形对象的坐标，具体方法如下：

```
Canvas 对象.coords(图形对象, (图形左上角的 x 坐标, 图形左上角的 y 坐标, 图形右下角的 x 坐标, 图形右下角的 y 坐标))
```

因为可以同时修改图形对象的左上角的坐标和右下角的坐标，所以可以缩放图形对象。

注意：如果图形对象是图像文件，则只能指定图像中心点坐标，而不能指定图像对象左上角的坐标和右下角的坐标，故不能缩放图像。

【例 5-10】修改图形对象的坐标示例，运行效果如图 5-10 所示。

```
from tkinter import *
root = Tk()
cv = Canvas(root)
img1 = PhotoImage(file = 'C:\\aa.png')          #笑脸
img2 = PhotoImage(file = 'C:\\2.gif')           #方块 A
img3 = PhotoImage(file = 'C:\\3.gif')           #梅花 A
rt1=cv.create_image((100,100),image=img1)       #绘制笑脸
rt2=cv.create_image((200,100),image=img2)       #绘制方块 A
rt3=cv.create_image((300,100),image=img3)       #绘制梅花 A
#重新设置方块 A(rt2 对象)的坐标
cv.coords(rt2,(200,50))                         #调整 rt2 对象方块 A 位置
rt4= cv.create_rectangle(20,140,110,220,outline='red', fill='green')
                                                #正方形对象
cv.coords(rt4,(100,150,300,200))                #调整 rt4 对象位置
cv.pack()
root.mainloop()
```

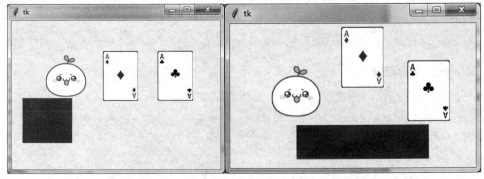

图 5-10　调整图形对象位置的前后对比效果

10. 移动指定图形对象

使用 move()方法可以修改图形对象的坐标，具体方法如下：

```
Canvas 对象.move (图形对象，x 坐标偏移量，y 坐标偏移量)
```
【例 5-11】移动指定图形对象示例，运行效果如图 5-11 所示。

```
from tkinter import *
root = Tk()
#创建一个 Canvas，设置其背景色为白色
cv = Canvas(root, bg = 'white', width = 200, height = 120)
rt1 = cv.create_rectangle(20,20,110,110,outline='red',stipple='gray12',fill='green')
cv.pack()
rt2 = cv.create_rectangle(20,20,110,110,outline='blue')
cv.move(rt1,20,-10)  #移动 rt1
cv.pack()
root.mainloop()
```

为了对比移动图形对象的效果，程序在同一位置绘制了两个矩形，其中矩形 rt1（有背景花纹），rt2（无背景填充）。然后调用 move()方法移动 rt1，将被填充的矩形 rt1 向右移动 20 像素，向上移动 10 像素，则呈现效果如图 5-11 所示。

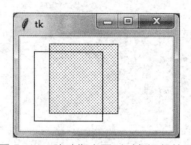

图 5-11 移动指定图形对象运行效果

11. 删除图形对象

使用 delete()方法可以删除图形对象，具体方法如下：

```
Canvas 对象.delete (图形对象)
```
例如：
```
cv.delete(rt1)              #删除 rt1 图形对象
```

12. 缩放图形对象

使用 scale()方法可以缩放图形对象，具体方法如下：

```
Canvas 对象.scale(图形对象，x 轴偏移量,y 轴偏移量,x 轴缩放比例,y 轴缩放比例)
```
【例 5-12】缩放图形对象示例，对相同图形对象进行缩放，运行效果如图 5-12 所示。
```
from tkinter import *
root = Tk()
#创建一个 Canvas，设置其背景色为白色
cv = Canvas(root, bg = 'white', width = 200, height = 300)
rt1 = cv.create_rectangle(10,10,110,110,outline='red',stipple='gray12',
```

```
fill='green')
    rt2 = cv.create_rectangle(10,10,110,110,outline='green',stipple= 'gray12',
fill='red')
    cv.scale(rt1,0,0,1,2)              #在 y 方向上放大一倍
    cv.scale(rt2,0,0,0.5,0.5)          #缩小一半大小
    cv.pack()
    root.mainloop()
```

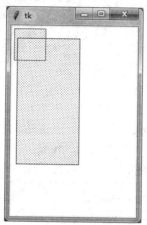

图 5-12　缩放图形对象运行效果

5.4　程序设计的步骤

图形版发牌程序导入相关模块的代码如下：

```
from tkinter import *
import random
```

假设包含 52 张牌，不包括大王和小王。

```
n=52
```

gen_pocker(n) 函数实现对 n 张牌进行洗牌。方法是随机产生两个下标，将此下标的列表元素交换，达到洗牌目的。列表元素存储的是某张牌（实际上是牌的编号）。

```
def gen_pocker(n):
    x=100
    while(x>0):
        x=x-1
        p1=random.randint(0,n-1)
        p2=random.randint(0,n-1)
        t=pocker[p1]
        pocker[p1]=pocker[p2]
        pocker[p2]=t
    return pocker
```

以下是主程序。

将要发的 52 张牌，按梅花 0～12，方块 13～25，红桃 26～38，黑桃 39～51 的顺序编号并存储在 pocker 列表（未洗牌之前）。

```
pocker=[i for i in range(n)]
```

调用 gen_pocker(n)函数实现对 n 张牌的洗牌。

```
pocker=gen_pocker(n)    #实现对 n 张牌的洗牌
print(pocker)
(player1,player2,player3,player4)=([],[],[],[])    #四位牌手各自手中牌的图片列表
(p1,p2,p3,p4)=([],[],[],[])                        #四位牌手各自手中牌的编号列表
root = Tk()
#创建一个 Canvas, 设置其背景色为白色
cv = Canvas(root, bg = 'white', width = 700, height = 600)
```

将要发的 52 张牌的图片，按梅花 0～12，方块 13～25，红桃 26～38，黑桃 39～51 的顺序编号，存储到扑克牌图片 imgs 列表中。也就是说，imgs[0]存储梅花 A 的图片"1-1.gif"，imgs[1]存储梅花 2 的图片"1-2.gif"，imgs[14]存储方块 2 的图片"2-2.gif"，依次类推。目的是让程序可以根据牌的编号找到对应的图片。

```
imgs=[]
for i in range(1,5):
    for j in range(1,14):
        imgs.insert((i-1)*13+(j-1),PhotoImage(file=str(i)+'-'+str(j)+'.gif'))
```

实现每轮发四张牌，每位牌手发一张，总计 13 轮发牌，每位牌手最终各有 13 张牌。

```
for x in range(13):          #13 轮发牌
    m=x*4
    p1.append( pocker[m] )
    p2.append( pocker[m+1] )
    p3.append( pocker[m+2] )
    p4.append( pocker[m+3] )
```

牌手对牌进行排序，就相当于理牌，使同花色的牌连在一起。

```
p1.sort()            #牌手对牌进行排序
p2.sort()
p3.sort()
p4.sort()
```

根据每位牌手手中牌的编号绘制对应的图片进行显示。

```
for x in range(0,13):
    img=imgs[p1[x]]
    player1.append(cv.create_image((200+20*x,80),image=img))
    img=imgs[p2[x]]
    player2.append(cv.create_image((100,150+20*x),image=img))
    img=imgs[p3[x]]
```

```
        player3.append(cv.create_image((200+20*x,500),image=img))
        img=imgs[p4[x]]
        player4.append(cv.create_image((560,150+20*x),image=img))
print("player1:",player1)
print("player2:",player2)
print("player3:",player3)
print("player4:",player4)
cv.pack()
root.mainloop()
```

至此，就完成了图形版发牌程序的设计。

思考题

1. 实现 15×15 棋盘的五子棋游戏界面的绘制。
2. 实现国际象棋界面的绘制。
3. 实现推箱子游戏界面的绘制。
4. 设计井字棋游戏程序。游戏是一个有 3×3 方格的棋盘。双方各执一种颜色棋子，在规定的方格内轮流布棋。如果一方在横、竖、斜中的任意一个方向可连接成 3 子，则胜利。

第 6 章

数据库应用——智力问答游戏

使用简单的纯文本文件只能实现有限的功能，如果要处理的数据量巨大，并且还要让程序员容易理解，则可以选择相对标准化的数据库（Datebase）。Python 支持多种数据库，如 Sybase、DB2、Oracle、SQL Server、SQLite 等。本章主要介绍数据库的概念以及结构化查询语言（SQL），讲解 Python 自带的轻量级关系型数据库 SQLite 的使用方法。最后通过设计智力问答游戏使读者掌握数据库的使用方法。

6.1 游戏介绍

智力问答游戏，内容涉及历史、经济、风情、民俗、地理、人文等多方面的知识。在答题过程中，需要对答题情况进行实时跟踪。测试完成后，还要根据用户的答题情况给出成绩。程序运行界面如图 6-1 所示。

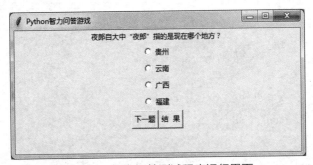

图 6-1 智力问答测试程序运行界面

下面将介绍智力问答测试程序的设计思路和数据库访问技术。

6.2 程序设计的思路

本程序使用一个 SQLite 试题库 test2.db，其中每个智力问答由题目、四个选项和正确答案组成（question、Answer_A、Answer_B、Answer_C、Answer_D、right_Answer）。测试前，程序从试题库 test2.db 读取试题信息，存储到 values 列表中；测试时，顺序从 values 列表读取题目并显示在 GUI 中供用户答题。设计界面时，智力问答题目是标签控件，四个选项是单选按钮控件。在"下一题"按钮单击事件中实现题目切换和对错判断，如果正确则得分 score 加 10 分，错误不加分。并判断用户是否做完，在"结果"按钮单击事件中实现得分 score 的显示。

6.3 数据库访问技术

Python 2.5 及以上的版本内置了 SQLite3，因此用户可在 Python 中直接使用 SQLite，无须另行安装。SQLite3 数据库支持 SQL。SQLite 作为后端数据库，可以用于开发有数据存储需求的应用程序。Python 标准库中的 SQLite3 提供该数据库的接口。

6.3.1 访问数据库的步骤

从 Python 2.5 开始，SQLite3 就成为了 Python 的标准模块，这也是 Python 中唯一一个数据库接口类模块，这大大方便了我们用 Python SQLite 数据库开发小型数据库应用系统。

Python 的数据库模块有统一的接口标准，所以数据库操作都有统一的模式，操作数据库 SQLite3 主要分为以下几步。

1. 导入 Python SQLite 数据库模块

Python 标准库中带有 SQLite3 模块，可直接导入：

```
import sqlite3
```

2. 建立数据库连接，返回 Connection 对象

使用数据库模块的 connect 函数建立数据库连接，返回连接对象 con。

```
con = sqlite3.connect(connectstring)
                            #连接到数据库，返回 sqlite3.connection 对象
```

说明：connectstring 是连接字符串。对于不同的数据库连接对象，其连接字符串的格式各不相同，sqlite 的连接字符串为数据库的文件名，如 "e:\test.db"。如果指定连接字符串为 memory，则可创建一个内存数据库。例如：

```
import sqlite3
con=sqlite3.connect("E:\\test.db")
```

如果 E:\test.db 存在，则打开数据库；否则在该路径下创建数据库 test.db，并将其打开。

3. 创建游标对象

调用 con.cursor()创建游标对象 cur：

```
cur=con.cursor()          #创建游标对象
```

4. 使用 Cursor 对象的 execute 执行 SQL 命令返回结果集

调用 cur.execute()、executemany()和 executescript()方法查询数据库。

cur.execute(sql)：执行 SQL 语句。

cur.execute(sql，parameters)：执行带参数的 SQL 语句。

cur.executemany(sql，seq_of_pqrameters)：根据参数执行多次 SQL 语句。
cur.executescript(sql_script)：执行 SQL 脚本。
例如，创建一个表 category。

```
cur.execute(''CREATE TABLE category(id primary key, sort, name)'')
```

将创建一个包含三个字段（id、sort 和 name）的表 category。下面向表中插入记录：

```
cur.execute("INSERT INTO category VALUES (1, 1, 'computer')")
```

SQL 语句字符串中可以使用占位符 "?" 表示参数，传递的参数使用元组。例如：

```
cur.execute("INSERT INTO category VALUES ( ? , ? , ? ) ", (2, 3, 'literature'))
```

5. 获取游标的查询结果集

调用 cur.fetchall()、cur.fetchone() 和 cur.fetchmany() 返回查询结果。

cur.fetchone()：返回结果集的下一行（Row 对象）；无数据时，返回 None。
cur.fetchall()：返回结果集的剩余行（Row 对象列表）；无数据时，返回空 List。
cur.fetchmany()：返回结果集的多行（Row 对象列表）；无数据时，返回空 List。

例如：

```
cur.execute("select * from catagory")
print cur.fetchall()        #提取查询到的数据
```

返回结果如下：

```
[(1, 1, 'computer'), (2, 2, 'literature')]
```

如果使用 cu.fetchone()，则首先返回列表中的第一项；再次使用，则返回第二项；依次类推。

也可以直接使用循环输出结果，例如：

```
for row in cur.execute("select * from catagory"):
    Print(row[0],row[1])
```

6. 数据库的提交和回滚

根据数据库事务隔离级别的不同，可以提交或回滚：

```
con.commit()      #事务提交
con.rollback()    #事务回滚
```

7. 关闭 Cursor 对象和 Connection 对象

最后，需要关闭打开的 Cursor 对象和 Connection 对象。

```
cur.close()       #关闭 Cursor 对象
con.close()       #关闭 Connection 对象
```

6.3.2 创建数据库和表

【例 6-1】创建数据库 sales，并在其中创建表 book，表中包含三列，分别为 id、price 和 name，其中 id 为主键（Primary Key）。

```
#导入Python SQLite数据库模块
import sqlite3
#创建SQLite数据库
con=sqlite3.connect("E:\\sales.db")
#创建表book：包含三个列，分别是id（主键）、price和name
con.execute ("create table book(id primary key, price, name)")
```

说明：connection 对象的 execute()方法是 Cursor 对象对应方法的快捷方式，系统会创建一个临时 Cursor 对象，然后调用对应的方法，并返回 Cursor 对象。

6.3.3 数据库的插入、更新和删除操作

在数据库表中插入、更新、删除记录的一般步骤如下：
1. 建立数据库连接；
2. 创建游标对象 cur，使用 cur.execute(sql)执行 SQL 的 insert、update、delete 等语句完成数据库记录的插入、更新、删除操作，并根据返回值判断操作结果；
3. 提交操作；
4. 关闭数据库。

【例6-2】数据库表记录的插入、更新和删除操作示例。

```
import sqlite3
books=[("021",25,"大学计算机"),("022",30,"大学英语"),("023",18,"艺术欣赏"),("024",35,"高级语言程序设计")]
#打开数据库
Con=sqlite3.connect("E:\\sales.db")
#创建游标对象
Cur=Con.cursor()
#插入一行数据
Cur.execute("insert into book(id,price,name) values ('001',33,'大学计算机多媒体')")
Cur.execute("insert into book(id,price,name) values (?,?,?) ",("002",28,"数据库基础"))
#插入多行数据
Cur.executemany("insert into book(id,price,name) values (?,?,?) ",books)
#修改一行数据
Cur.execute("Update book set price=? where name=? ",(25,"大学英语"))
#删除一行数据
n= Cur.execute("delete from book where price=?",(25,))
print("删除了",n.rowcount,"行记录")
Con.commit()                    #提示，否则不会实现更新插入操作
Cur.close()
Con.close()
```

运行结果如下:
```
删除了 2 行记录
```

6.3.4 数据库表的查询操作

查询数据库的步骤如下:
1. 建立数据库连接;
2. 创建游标对象 cur，使用 cur.execute(sql)执行 SQL 的 select 语句;
3. 循环输出结果。

```python
import sqlite3
#打开数据库
Con=sqlite3.connect("E:\\sales.db")
#创建游标对象
Cur=Con.cursor()
#查询数据库表
Cur.execute("select id,price,name from book")
for row in Cur:
    print(row)
```

运行结果如下:
```
('001', 33, '大学计算机多媒体')
('002', 28, '数据库基础')
('023', 18, '艺术欣赏 ')
('024', 35, '高级语言程序设计')
```

6.3.5 数据库使用实例——学生通信录

设计一个学生通信录，使用户可以添加、删除、修改其中的信息。

```python
import sqlite3
#打开数据库
def opendb():
        conn = sqlite3.connect("mydb.db")
        cur = conn.execute("""create table if not exists tongxinlu(usernum integer primary key,username varchar(128), passworld varchar(128), address varchar(125), telnum varchar(128))""")
        return cur, conn
#查询全部信息
def showalldb():
        print("--------------------处理后的数据--------------------")
        hel = opendb()
        cur = hel[1].cursor()
```

```python
            cur.execute("select * from tongxinlu")
            res = cur.fetchall()
            for line in res:
                    for h in line:
                            print(h),
                    print
            cur.close()
#输入信息
def into():
        usernum=input("请输入学号: ")
        username1 = input("请输入姓名: ")
        passworld1 = input("请输入密码: ")
        address1 = input("请输入地址: ")
        telnum1 = input("请输入联系电话: ")
        return usernum,username1, passworld1, address1, telnum1
#往数据库中添加内容
def adddb():
        welcome = """-----------------欢迎使用添加数据功能-------------"""
        print(welcome)
        person = into()
        hel = opendb()
        hel[1].execute("insert into tongxinlu(usernum,username, passworld, address, telnum)values (?,?,?,?,?)",(person[0], person[1], person[2], person[3],person[4]))
        hel[1].commit()
        print ("-----------------恭喜你,数据添加成功-----------------")
        showalldb()
        hel[1].close()
#删除数据库中的内容
def deldb():
        welcome = "-----------------欢迎使用删除数据库功能----------------"
        print(welcome)
        delchoice = input("请输入想要删除的学号: ")
        hel = opendb()                   #返回游标 conn
        hel[1].execute("delete from tongxinlu where usernum ="+delchoice)
        hel[1].commit()
        print ("-----------------恭喜你,数据删除成功-----------------")
        showalldb()
        hel[1].close()
#修改数据库的内容
```

```python
def alter():
    welcome = "-----------------欢迎使用修改数据库功能---------------"
    print(welcome)
    changechoice = input("请输入想要修改的学生的学号:")
    hel =opendb()
    person = into()
    hel[1].execute("update tongxinlu set usernum=?,username=?,passworld= ?,address=?,telnum=? where usernum="+changechoice,(person[0],person[1], person[2], person[3],person[4]))
    hel[1].commit()
    showalldb()
    hel[1].close()
#查询数据
def searchdb():
    welcome = "----------------欢迎使用查询数据库功能----------------"
    print(welcome)
    choice = input("请输入要查询的学生的学号: ")
    hel = opendb()
    cur = hel[1].cursor()
    cur.execute("select * from tongxinlu where usernum="+choice)
    hel[1].commit()
    print("-----------恭喜你，你要查找的数据如下-----------")
    for row in cur:
        print(row[0],row[1],row[2],row[3],row[4])
    cur.close()
    hel[1].close()
#是否继续
def conti(a):
    choice = input("是否继续？（y or n):")
    if choice == 'y':
        a = 1
    else:
        a = 0
    return a
if __name__ == "__main__":
    flag = 1
    while flag:
        welcome = "---------欢迎使用数据库通信录---------"
        print(welcome)
        choiceshow = """
请您继续选择:
```

```
(添加)往数据库里面添加内容
(删除)删除数据库中的内容
(修改)修改书库的内容
(查询)查询数据的内容
选择您想要进行的操作："""
                        choice = input(choiceshow)
                        if choice == "添加":
                                adddb()
                                conti(flag)
                        elif choice == "删除":
                                deldb()
                                conti(flag)
                        elif choice == "修改":
                                alter()
                                conti(flag)
                        elif choice == "查询":
                                searchdb()
                                conti(flag)
                        else:
                                print("输入错误，请重新输入")
```

程序运行界面及添加记录界面如图 6-2 所示：

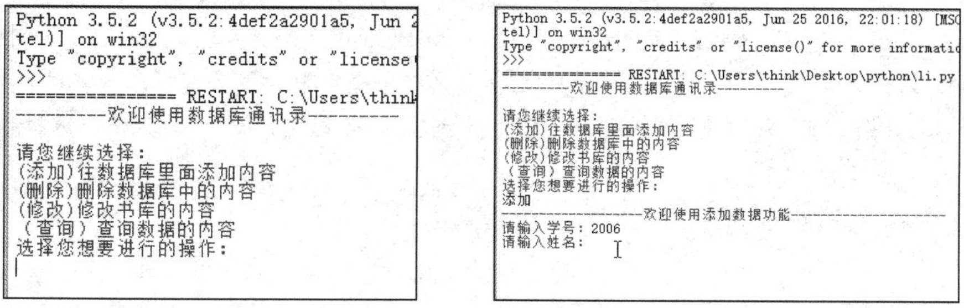

图 6-2　程序运行界面

6.4　程序设计的步骤

6.4.1　生成试题库

生成试题库的代码如下：

```
import sqlite3              #导入 SQLite
#连接 SQLite 数据库，数据库文件是 test2.db
#如果文件不存在，则会自动在当前目录创建：
conn = sqlite3.connect('test2.db')
```

```
cursor = conn.cursor()    #创建一个 Cursor:
cursor.execute("delete from exam")
#执行一条 SQL 语句，创建 exam 表:
cursor.execute('CREATE TABLE [exam] ([question] VARCHAR(80) NULL,[Answer_A] VARCHAR(1) NULL,[Answer_B] VARCHAR(1) NULL,[Answer_C] VARCHAR(1) NULL,[Answer_D] VARCHAR(1) NULL,[right_Answer] VARCHAR(1) NULL)')
#继续执行一条 SQL 语句，插入一条记录:
cursor.execute("insert into exam (question, Answer_A,Answer_B,Answer_C,Answer_D,right_Answer) values ('哈雷慧星的平均周期为','54 年','56 年','73 年','83 年','C')")
cursor.execute("insert into exam (question, Answer_A,Answer_B,Answer_C,Answer_D,right_Answer) values ('夜郎自大中"夜郎"指的是现在哪个地方？','贵州','云南','广西','福建','A')")
cursor.execute("insert into exam (question, Answer_A,Answer_B,Answer_C,Answer_D,right_Answer) values ('在中国历史上是谁发明了麻药','孙思邈','华佗','张仲景','扁鹊','B')")
cursor.execute("insert into exam (question, Answer_A,Answer_B,Answer_C,Answer_D,right_Answer) values ('京剧中的花旦是指','年轻男子','年轻女子','年长男子','年长女子','B')")
cursor.execute("insert into exam (question, Answer_A,Answer_B,Answer_C,Answer_D,right_Answer) values ('篮球比赛每队几人？','4','5','6','7','B')")
cursor.execute("insert into exam (question, Answer_A,Answer_B,Answer_C,Answer_D,right_Answer) values ('在天愿作比翼鸟,在地愿为连理枝。讲述的是谁的爱情故事？','焦仲卿和刘兰芝','梁山伯与祝英台','崔莺莺和张生','杨贵妃和唐明皇','D')")
print(cursor.rowcount)        #通过 rowcount 获得插入的行数
cursor.close()                #关闭 Cursor
conn.commit()                 #提交事务
conn.close()                  #关闭 Connection
```

以上代码可建立数据库 test2.db，下面实现智力问答测试程序的功能。

6.4.2 读取试题信息

```
conn = sqlite3.connect('test2.db')
cursor = conn.cursor()
#执行查询语句:
cursor.execute('select * from exam')
#获得查询结果集:
values = cursor.fetchall()
```

```
cursor.close()
conn.close()
```

以上代码可完成对数据库 test2.db 中信息的读取（试题信息），并将其存储到 values 列表中的操作。

6.4.3 界面和逻辑设计

callNext()用于判断用户选择的正误，正确则加 10 分，错误不加分。并判断用户是否做完，如果没做完则将下一题的题目信息显示到 timu 标签，而四个选项显示在 radio1～radio4 这四个单选按钮上。

```python
import tkinter
from tkinter import *
from tkinter.messagebox import *
def callNext():
    global k
    global score
    useranswer=r.get()              #获取用户的选择
    print (r.get())                 #获取被选中单选按钮变量值
    if useranswer==values[k][5]:
        showinfo("恭喜","恭喜你答对了!")
        score+=10
    else:
      showinfo("遗憾","遗憾你答错了!")
    k=k+1
    if k>=len(values):              #判断用户是否做完
        showinfo("提示","题目做完了")
        return
    #显示下一题
    timu["text"]=values[k][0]       #题目信息
    radio1["text"]=values[k][1]     #A 选项
    radio2["text"]=values[k][2]     #B 选项
    radio3["text"]=values[k][3]     #C 选项
    radio4["text"]=values[k][4]     #D 选项
    r.set('E')
def callResult():
    showinfo("你的得分",str(score))
```

以下就是界面布局代码。

```python
root=tkinter.Tk()
root.title('Python智力问答游戏')
root.geometry("500x200")
```

```
r=tkinter.StringVar()                              #创建 StringVar 对象
r.set('E')                                         #设置初始值为'E',初始没选中
k=0
score=0
timu=tkinter.Label(root,text=values[k][0])         #题目
timu.pack()
f1 = Frame(root)                                   #创建第一个 Frame 组件
f1.pack()
radio1=tkinter.Radiobutton(f1,variable=r,value='A',text=values[k][1])
radio1.pack()
radio2=tkinter.Radiobutton(f1,variable=r,value='B',text=values[k][2])
radio2.pack()
radio3=tkinter.Radiobutton(f1,variable=r,value='C',text=values[k][3])
radio3.pack()
radio4=tkinter.Radiobutton(f1,variable=r,value='D',text=values[k][4])
radio4.pack()
f2 = Frame(root)                                   #创建第二个 Frame 组件
f2.pack()
Button(f2,text = '下一题',command=callNext).pack(side = LEFT)
Button(f2,text = '结  果',command=callResult).pack(side = LEFT)
root.mainloop()
```

至此，就完成了智力问答游戏的设计。

思考题

使用数据库设计背单词软件，功能要求如下。

1. 录入单词，输入英文单词及相应的汉语意思，例如：

China　中国

Japan　日本

2. 查找单词的汉语或英语意思（输入中文查对应的英语含义，输入英文查对应的中文含义）。

3. 随机测试，每次测试五道题，系统随机显示英语单词，用户回答中文含义，要求软件能够统计回答的准确率。

第 7 章

网络编程和多线程——网络五子棋游戏

Python 提供了用于网络编程和通信的各种模块,用户可以使用 socket 模块进行基于套接字的底层网络编程。socket 是计算机之间进行网络通信的一套程序接口,计算机之间的通信都必须遵守 socket 接口的相关要求。socket 对象是网络通信的基础,相当于一个管道连接了发送端和接收端,并在两者之间相互传递数据。Python 语言对 socket 进行了二次封装,简化了程序开发步骤,大大提高了开发的效率。

本章主要介绍 socket 程序的开发,讲述利用两种常见的通信协议(TCP 和 UDP)实现发送和接收的方法,同时讲解多线程并发问题的处理。最后介绍基于 UDP 的 socket 编程方法来制作网络五子棋游戏程序。

7.1 游戏介绍

网络五子棋采用 C/S 架构,分为服务器端和客户端。服务器端运行界面如图 7-1 所示,开始游戏时服务器端首先启动,当客户端连接成功后,服务器端才可以走棋。

服务器端用户根据提示信息,轮到自己下棋时才可以在棋盘上落子,同时下方标签会显示对方的走棋信息,服务器端用户通过单击"退出游戏"按钮可以结束游戏。

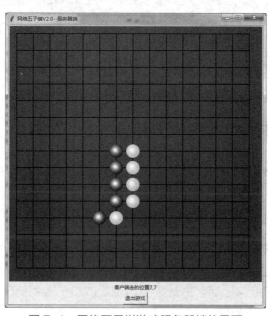

图 7-1 网络五子棋游戏服务器端的界面

客户端运行界面如图 7-2 所示，客户端用户需要输入服务器 IP 地址（这里的默认地址为本机地址），如果输入正确且服务器已启动，则可以"连接"服务器。连接成功后，客户端用户根据提示信息，轮到自己下棋才可以在棋盘上落子，同样也可以通过"退出游戏"按钮结束游戏。

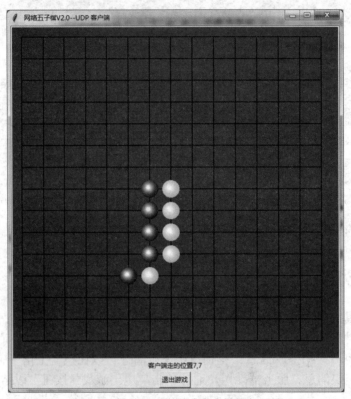

图 7-2　网络五子棋游戏客户端运行界面

7.2　网络编程基础

7.2.1　互联网 TCP/IP

为了使计算机联网，就必须规定通信协议。早期的计算机网络，都由各厂商自己规定一套协议，如 IBM、Apple 和 Microsoft 都有各自的网络协议，互不兼容。这就好比一群人，有的说英语，有的说法语，有的说德语，说同一种语言的人可以交流，说不同语言的人相互之间就无法交流。

为了把全世界的所有不同类型的计算机都连接起来，就必须规定一套全球通用的协议，因此，国际标准化组织制定了 OSI 七层模型互联网协议标准，如图 7-3 所示。虽然互联网协议包含了上百种协议标准，但是其中最重要的两个协议是 TCP 和 IP，因此，人们把互联网的协议简称为 TCP/IP。

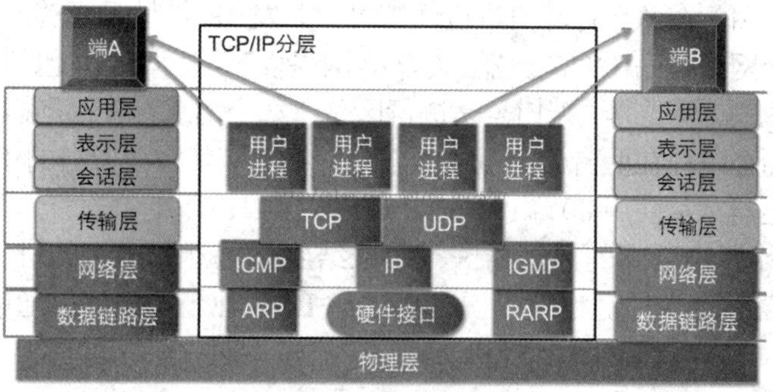

图 7-3　互联网协议

7.2.2　IP

在通信时，通信双方必须知道对方的标识，如同用户发邮件时必须知道对方的邮件地址一样。互联网上每台计算机的唯一标识就是 IP 地址，如 202.196.32.7。如果一台计算机同时接入两个或更多的网络，如路由器，那么它就会有两个或多个 IP 地址。因此，IP 地址对应的实际上是计算机的网络接口，通常是网卡。

IP 负责把数据从一台计算机通过网络发送到另一台计算机。数据被分割成一小块一小块，然后通过 IP 包发送出去。由于互联网链路复杂，两台计算机之间经常有多条线路，因此，路由器就负责决定如何把一个 IP 包转发出去。IP 包的特点是按块发送，途径多个路由，但不保证能到达，也不保证顺序到达。

IPv4 版的 IP 地址实际上是一个 32 位整数，以字符串表示的 IP 地址如 192.168.0.1 实际上是把 32 位整数按 8 位分组后的数字表示，目的是便于阅读。

IPv6 版的 IP 地址实际上是一个 128 位整数，它是目前使用的 IPv4 的升级版，以字符串表示类似于 2001:0db8:85a3:0042:1000:8a2e:0370:7334。

7.2.3　TCP 和 UDP

TCP 是建立在 IP 之上的。TCP 负责在两台计算机之间建立可靠连接，保证数据包按顺序到达。TCP 通过握手建立连接，然后，对每个 IP 包编号，确保对方按顺序收到，如果包丢失，就自动重发。

许多常用的更高级的协议都是建立在 TCP 基础上的，如用于浏览器的 HTTP、发送邮件的 SMTP 等。

UDP，同样是建立在 IP 之上，但它是面向无连接的通信协议。UDP 不能保证数据包的顺利到达，是不可靠传输，但传输效率比 TCP 高。

7.2.4　端口

一个 IP 包除了包含要传输的数据外，还包含源 IP 地址和目标 IP 地址、源端口和目标端口。

端口有什么作用？在两台计算机进行通信时，只发 IP 地址是不够的，因为同一台计算机上还运行着多个网络程序（如浏览器、QQ 等网络程序）。一个 IP 包到来之后，到底是交给浏览器还是 QQ，就需要通过端口号来进行区分。每个网络程序都向操作系统申请唯一的端口号，这样，两个进程在两台计算机之间建立网络连接就需要各自的 IP 地址和各自的端口号。例如，浏览器常常使用 80 端口，FTP 程序使用 21 端口，邮件收发使用 25 端口。

网络上两个计算机之间的数据通信，归根结底就是不同主机的进程交互，而每个主机的进程都对应着某个端口。也就是说，单独靠 IP 地址是无法完成通信的，必须要有 IP 和端口。

7.2.5 socket

Socket（套接字）是网络编程的一个抽象概念，主要用于网络通信编程。20 世纪 80 年代初，美国政府的高级研究工程机构（ARPA）给加利福尼亚大学 Berkeley 分校提供了资金，让他们在 UNIX 操作系统下实现 TCP/IP。在这个项目中，研究人员为 TCP/IP 网络通信开发了一个 API（应用程序接口），这个 API 称为 socket（套接字）。socket 是 TCP/IP 网络最为通用的 API。任何网络通信都是通过 socket 来完成的。

通常我们用一个 socket 表示"打开了一个网络链接"，而打开一个网络链接只需知道目标计算机的 IP 地址和端口号，再指定协议类型即可。

套接字构造函数为：socket(family,type[,protocal])，它使用给定的套接字家族、套接字类型、协议编号来创建套接字。

参数说明如下。

family：套接字家族，可以是 AF_UNIX 或者 AF_INET、AF_INET6。

type：套接字类型，可以根据是面向连接的还是非连接分为 SOCK_STREAM 或 SOCK_DGRAM。

protocol：一般不填，默认为 0。

参数取值含义如表 7-1 所示。

表 7-1　　　　　　　　　　　　　　参数含义

参数	描述
socket.AF_UNIX	只能够用于单一的 UNIX 系统进程间通信
socket.AF_INET	用于服务器之间的网络通信
socket.AF_INET6	IPv6
socket.SOCK_STREAM	流式 socket，可以用于 TCP
socket.SOCK_DGRAM	数据报式 socket，可以用于 UDP
socket.SOCK_RAW	原始套接字，普通的套接字无法处理 ICMP、IGMP 等网络报文，而 SOCK_RAW 可以；其次，SOCK_RAW 也可以处理特殊的 IPv4 报文；此外，利用原始套接字，可以通过 IP_HDRINCL 套接字选项由用户构造 IP 头
socket.SOCK_SEQPACKET	可靠的连续数据包服务

例如，创建 TCP socket 的语句如下：

```
s=socket.socket(socket.AF_INET,socket.SOCK_STREAM)
```

创建 UDP socket 的语句如下：

```
s=socket.socket(socket.AF_INET,socket.SOCK_DGRAM)
```

socket 同时支持数据流 socket 和数据报 socket。下面是利用 socket 进行通信连接的过程框图。其中，图 7-4 是面向连接支持数据流 TCP 的时序图，图 7-5 是无连接数据报 UDP 的时序图。

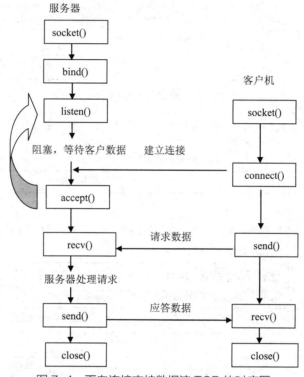

图 7-4　面向连接支持数据流 TCP 的时序图

从图 7-4 可以看出，客户机（Client）与服务器（Server）的关系是不对称的。

对于 TCP C/S，首先，服务器启动，在某一时刻启动客户机与服务器建立连接。然后，服务器与客户机都必须调用 socket()建立一个套接字 socket，服务器调用 bind()将套接字与一个本机指定端口绑定在一起，再调用 listen()使套接字处于一种被动的准备接收的状态。接着，客户机建立套接字便可通过调用 connect()与服务器建立连接，服务器就可以调用 accept()来接收客户机连接，然后继续侦听指定端口，并发出阻塞，直到下一个请求出现，从而实现连接多个客户机。最后，连接建立之后，客户机和服务器之间就可以通过连接发送和接收数据。待数据传送结束，双方调用 close()关闭套接字。

对于 UDP C/S，客户机并不与服务器建立一个连接，而仅仅调用函数 sendto()给服务器发送数据报。类似地，服务器端也不从客户端接收连接，只是调用函数 recvfrom()，等待从客户端传来的数据。依照 recvfrom()得到的协议地址以及数据报，服务器就可以给客户机回复应答。

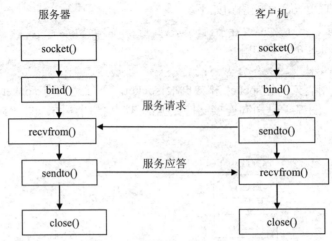

图 7-5　无连接数据报 UDP 的时序图

在 Python 中，socket 模块中的 socket 对象提供的函数方法如表 7-2 所示。

表 7-2　　　　　　　　　　socket 对象提供的函数方法

函数	描述
服务器端套接字	
s.bind(host,port)	绑定地址（host,port）到套接字，在 AF_INET 下以元组（host,port）的形式表示地址
s.listen(backlog)	开始 TCP 监听。backlog 指定在拒绝连接之前，可以设置最大连接数量。该值至少为 1，大部分应用程序设为 5 即可
s.accept()	被动接受 TCP 客户端连接（阻塞式），等待连接的到来
客户端套接字	
s.connect(address)	主动与 TCP 服务器连接。address 的一般格式为元组（hostname,port），如果连接出错，则返回 socket.error 错误
s.connect_ex()	connect()函数的扩展版本，出错时返回出错码，而不是抛出异常
公共用途的套接字函数	
s.recv(bufsize,[,flag])	接收 TCP 数据，数据以字节串形式返回，bufsize 指定要接收的最大数据量。flag 提供有关消息的其他信息，通常可以忽略
s.send(data)	发送 TCP 数据，将 data 中的数据发送到连接的套接字。返回值是要发送的字节数量，该数量可能小于 data 的字节大小
s.sendall(data)	完整发送 TCP 数据。将 data 中的数据发送到连接的套接字，但在返回之前会尝试发送所有数据。成功返回 None，失败则抛出异常
s.recvform(bufsize,[,flag])	接收 UDP 数据，与 recv()类似，但返回值是（data,address）。其中 data 是包含接收数据的字节串，address 是发送数据的套接字地址

续表

函数	描述
s.sendto(data,address)	发送 UDP 数据，将数据发送到套接字，address 是形式为（ip,port）的元组，指定远程地址。返回值是发送的字节数
s.close()	关闭套接字
s.getpeername()	返回连接套接字的远程地址。返回值通常是元组（ipaddr,port）
s.getsockname()	返回套接字自己的地址。通常是一个元组(ipaddr,port)
s.setsockopt(level, optname,value)	设置给定套接字选项的值
s.getsockopt(level, optname)	返回套接字选项的值
s.settimeout(timeout)	设置套接字操作的超时时间，timeout 是一个浮点数，单位是秒。值为 None 表示没有超时时间。一般地，超时时间应该在刚创建套接字时设置，因为它们可能用于连接的操作（如 connect()）
s.gettimeout()	返回当前超时时间的值，单位是秒，如果没有设置超时时间，则返回 None
s.fileno()	返回套接字的文件描述符
s.setblocking(flag)	如果 flag 为 0，则将套接字设为非阻塞模式；否则将套接字设为阻塞模式（默认值）。非阻塞模式下，如果调用 recv() 没有发现任何数据，或 send() 调用无法立即发送数据，将引起 socket.error 异常
s.makefile()	创建一个与该套接字相关连的文件

了解了 TCP/IP 的基本概念，IP 地址、端口的概念和 socket 后，就可以开始进行网络编程了。下面我们采用不同协议类型来开发网络通信程序。

7.3 TCP 编程

日常生活中大多数连接都是可靠的 TCP 连接。创建 TCP 连接时，主动发起连接的称为客户端，被动响应连接的称为服务器。

7.3.1 TCP 客户端编程

举个例子，当我们在浏览器中访问当当网时，计算机就是客户端，浏览器会主动向当当网的服务器发起连接。如果一切顺利，当当网的服务器接受了我们的连接请求，一个 TCP 连接就建立起来了，后面的通信就是发送网页内容了。

【例 7-1】访问当当网的 TCP 客户端程序。

获取当当网网页的客户端程序的整个代码如下：

```python
import socket                                              #导入socket模块
s = socket.socket(socket.AF_INET, socket.SOCK_STREAM)      #创建一个socket
s.connect(('www.dangdang.com', 80))                        #建立与当当网的连接
#发送数据请求
s.send(b'GET / HTTP/1.1\r\nHost: www.dangdang.com\r\nConnection: close\r\n\r\n')
#接收数据:
buffer = []
while True:
    d = s.recv(1024)            #每次最多接收服务器端1k字节的数据
    if d:                       #是否为空数据
        buffer.append(d)        #字节串增加到列表中
    else:
        break                   #返回空数据，表示接收完毕，退出循环
data = b''.join(buffer)
s.close()                       #关闭连接
header, html = data.split(b'\r\n\r\n', 1)
print(header.decode('utf-8'))
#把接收的数据写入文件:
with open('当当.html', 'wb') as f:
    f.write(html)
```

下面对这段代码进行剖析。

1. 创建一个基于 TCP 连接的 socket：

```
import socket                                              #导入socket模块
s = socket.socket(socket.AF_INET, socket.SOCK_STREAM)      #创建一个socket:
s.connect(('www.dangdang.com', 80))                        #建立与当当网的连接
```

创建 socket 时，AF_INET 指定使用 IPv4 协议，如果要用更先进的 IPv6，就指定为 AF_INET6。SOCK_STREAM 指定使用面向流的 TCP，这样，一个 socket 对象就创建成功了，但是还没有建立连接。

客户端要主动发起 TCP 连接，必须知道服务器的 IP 地址和端口号。当当网的 IP 地址可以用域名 www.dangdang.com 自动转换得到，但是怎么知道当当网服务器的端口号呢？

答案是：作为服务器，提供什么样的服务，端口号就必须固定下来。由于我们想要访问网页，因此当当网提供网页服务的服务器必须把端口号固定在 80 端口，因为 80 端口是 Web 服务的标准端口。其他服务都有对应的标准端口号，例如，SMTP 服务是 25 端口，FTP 服务是 21 端口等。端口号小于 1024 的是 Internet 标准服务的端口，端口号大于 1024 的，可以任意使用。

因此，连接当当网服务器的代码如下：

```
s.connect(('www.dangdang.com', 80))
```

注意，参数是一个 tuple，包含地址和端口号。

2. 建立 TCP 连接后，我们就可以向当当网服务器发送请求，要求返回首页的内容：

```
#发送数据请求
```

```
s.send(b'GET / HTTP/1.1\r\nHost: www.dangdang.com\r\nConnection: close\r\n\r\n')
```

TCP 连接创建的是双向通道，双方都可以同时给对方发数据。但是谁先发谁后发，如何去协调，要根据具体的协议来决定。例如，HTTP 规定客户端必须先发请求给服务器，服务器收到后才发数据给客户端。

3. 发送的文本格式必须符合 HTTP 标准，如果格式没问题，接下来就可以接收当当网服务器返回的数据了，代码如下：

```
#接收数据：
buffer = []
while True:
    d = s.recv(1024)          #每次最多接收 1kB 的数据
    if d:                     #是否为空数据
        buffer.append(d)      #将字节串增加到列表中
    else:
        break                 #返回空数据，表示接收完毕，退出循环
data = b''.join(buffer)
```

接收数据时，调用 recv(max)方法，指定一次最多可以接收的字节数。因此，在一个 while 循环中反复接收，直到 recv()返回空数据，表示接收完毕，退出循环。

data = b''.join(buffer)语句中，b''是一个空字节，join()是连接列表的函数，buffer 是一个字节串的列表，使用空字节把 buffer 这个字节列表连接在一起，成为一个新的字节串。这个是 Python 3 新的功能，以前 join()函数只能连接字符串，现在可以连接字节串。

4. 当接收完数据后，调用 close()方法关闭 socket，这样，一次完整的网络通信就结束了。

```
s.close()                     #关闭连接
```

5. 接收到的数据包括 HTTP 头和网页本身，我们只需把 HTTP 头和网页分开，将 HTTP 头打印出来，网页内容保存到文件：

```
header, html = data.split(b'\r\n\r\n', 1) #以'\r\n\r\n'分割，且仅仅分割 1 次
print(header.decode('utf-8'))
#decode('utf-8')以 utf-8 编码将字节串转换成字符串
#把接收的数据写入文件：
with open('当当.html', 'wb') as f:
#以写方式打开文件'当当.html'，即可以写入信息
    f.write(html)
```

现在，只需要在浏览器中打开这个当当.html 文件，就可以看到当当网的首页了。

目前一些网站（如新浪网）现已改成使用 HTTPS 安全传输协议。HTTPS 在 HTTP 的基础上加入了 SSL 协议，SSL 协议依靠证书来验证服务器的身份，并为浏览器和服务器之间的通信加密。读者可以尝试自己编写代码通过 HTTPS 协议（该协议需要使用 SSL 模块）访问新浪网首页。

7.3.2 TCP 服务器端编程

与客户端编程相比，服务器端编程要更加复杂一些。服务器端进程首先要绑定一个

端口并监听来自其他客户端的连接。如果某个客户端的连接发送过来了,服务器端就与该客户端建立 socket 连接,然后就可以通过这个 socket 连接进行通信了。

所以,服务器会打开固定端口(如 80)进行监听,每接入一个客户端连接,就创建该 socket 连接。由于服务器会有大量来自客户端的连接,所以,服务器要能够区分一个 socket 连接是和哪个客户端绑定的。可通过服务器地址、服务器端口、客户端地址、客户端端口来确定唯一的 socket。

但是服务器还需要同时响应多个客户端的请求,因此,每个连接都需要一个新的进程或者新的线程来处理。否则,服务器单次就只能服务一个客户端了。

【例 7-2】编写一个简单的 TCP 服务器端程序,可接收客户端的连接请求,并将客户端发过来的字符串加上"Hello"再发回去。

完整的 TCP 服务器端程序如下:

```python
import socket                                       #导入 socket 模块
import threading                                    #导入 threading 线程模块
def tcplink(sock, addr):
    print('接收一个来自%s:%s的连接请求' % addr)
    sock.send(b'Welcome!')                          #发给客户端Welcome!信息
    while True:
        data = sock.recv(1024)                      #接收客户端来的信息
        time.sleep(1)                               #延时1秒
        if not data or data.decode('utf-8') == 'exit':
            #如果没有数据或收到'exit'信息
            break                                   #终止循环
        sock.send(('Hello, %s!' % data.decode('utf-8')).encode('utf-8'))#收到信息后加上'Hello'发回
    sock.close()                                    #关闭连接
    print('来自 %s:%s的连接关闭了.' % addr)
s = socket.socket(socket.AF_INET, socket.SOCK_STREAM)
s.bind(('127.0.0.1', 8888))                         #监听本机 8888 端口
s.listen(5)                                         #连接的最大数量为 5
print('等待客户端连接...')
while True:
    sock, addr = s.accept()                         #接受一个新连接
    #创建新线程来处理TCP连接:
    t = threading.Thread(target=tcplink, args=(sock, addr))
    t.start()
```

下面对这段代码进行剖析。

1. 首先,在程序中创建一个基于 IPv4 和 TCP 的 socket:

```
s = socket.socket(socket.AF_INET, socket.SOCK_STREAM)
```

然后,绑定监听的地址和端口。服务器可能有多个网卡,可以绑定到某一个网卡的 IP 地址上,也可以用 0.0.0.0 绑定到所有的网络地址,还可以用 127.0.0.1 绑定到本机地址。127.0.0.1 是一个特殊的 IP 地址,表示本机地址,如果绑定到这个地址,客户端必须同时在本机运行才能连接,也就是说,外部的计算机无法连接进来。

2. 端口号需要预先指定。因为我们写的这个服务不是标准服务，所以用 8888 这个端口号。请注意，小于 1024 的端口号必须要有管理员权限才能绑定。

```
#监听本机8888端口
s.bind(('127.0.0.1', 8888))
```

3. 紧接着，调用 listen()方法开始监听端口，传入的参数指定等待连接的最大数量为 5：

```
s.listen(5)
print('等待客户端连接...')
```

4. 接下来，服务器端程序通过一个无限循环接受来自客户端的连接，accept()会等待并返回一个客户端的连接。

```
while True:
    #接受一个新连接:
    sock, addr = s.accept()
    #sock是新建的socket对象，服务器通过它与对应客户端通信，addr是IP址
    #创建新线程来处理TCP连接:
    t = threading.Thread(target=tcplink, args=(sock, addr))
    t.start()
```

每个连接都必须创建新线程（或进程）来处理，否则，单线程在处理连接的过程中，无法接受其他客户端的连接：

```
def tcplink(sock, addr):
    print('接收一个来自%s:%s的连接请求' % addr)
    sock.send(b'Welcome!')                    #发给客户端Welcome!信息
    while True:
        data = sock.recv(1024)                #接收客户端发来的信息
        time.sleep(1)                         #延时1秒
        if not data or data.decode('utf-8') == 'exit':
            #如果没数据或收到'exit'信息
            break                             #终止循环
        sock.send(('Hello, %s!' % data.decode('utf-8')).encode('utf-8'))#收到信息加上'Hello'发回
    sock.close()                              #关闭连接
    print('来自 %s:%s的连接关闭了.' % addr)
```

5. 连接建立后，服务器首先发一条欢迎消息，然后等待客户端数据，并加上'Hello'再发送给客户端。如果客户端发送了 exit 字符串，就直接关闭连接。

若要测试这个服务器端程序，则还需要编写一个客户端程序：

```
import socket                                 #导入socket模块
s = socket.socket(socket.AF_INET, socket.SOCK_STREAM)
s.connect(('127.0.0.1', 8888))                #建立连接
#打印接收到的欢迎消息:
print(s.recv(1024).decode('utf-8'))
for data in [b'Michael', b'Tracy', b'Sarah']:
    s.send(data)                              #客户端程序发送人名数据给服务器端
```

```
        print(s.recv(1024).decode('utf-8'))
s.send(b'exit')
s.close()
```

我们需要打开两个命令行窗口，一个运行服务器端程序，另一个运行客户端程序，可以看到运行效果如图 7-6 和图 7-7 所示。

图 7-6　服务器端程序效果

图 7-7　客户端程序效果

需要注意的是，客户端程序运行完毕就退出了，而服务器端程序会继续运行下去，此时需要按组合键【Ctrl+C】退出程序。

可见，在 Python 中用 TCP 进行 socket 编程十分简单。对于客户端，要主动连接服务器的 IP 地址和指定端口；对于服务器，要首先监听指定端口，然后，对每一个新的连接，创建一个线程或进程来处理。通常，服务器端程序会持续运行下去。还需注意，同一个端口，被一个 socket 绑定后，就不能被其他的 socket 绑定。

7.4　UDP 编程

TCP 可建立可靠连接，并且通信双方都可以以流的形式发送数据。相对于 TCP，UDP 则是面向无连接的协议。

使用 UDP 时，不需要建立连接，只需要知道对方的 IP 地址和端口号，就可以直接发数据包。但是，无法保证数据包的可靠到达。虽然用 UDP 传输数据不可靠，但它的优点是传输速度快，对于不要求可靠到达的数据，就可以使用 UDP 协议。

通过 UDP 传输数据与 TCP 类似，使用 UDP 的通信双方也分为客户端和服务器端。

【例 7-3】编写一个简单的 UDP 演示下棋程序。服务器端把 UDP 客户端发来的下棋（x,y）坐标信息显示出来，并把（x,y）坐标加 1 后（模拟服务器端下棋），再发给 UDP 客户端。

服务器首先需要绑定 8888 端口：

```
import socket                                          #导入 socket 模块
s = socket.socket(socket.AF_INET, socket.SOCK_DGRAM)
```

```
s.bind(('127.0.0.1', 8888))                                    #绑定端口
```
创建 socket 时，SOCK_DGRAM 指定了这个 socket 的类型是 UDP。绑定端口与 TCP 相同，但是不需要调用 listen()方法，而是直接接收来自任何客户端的数据：

```
print('Bind UDP on 8888...')
while True:
    #接收数据：
    data, addr = s.recvfrom(1024)
    print('Received from %s:%s.' % addr)
    print('received:',data)
    p=data.decode('utf-8').split(",")
    #decode()解码，将接收的字节串转换成字符串
    x=int(p[0])
    y=int(p[1])
    print(p[0],p[1])
    pos=str(x+1)+","+str(y+1)              #模拟服务器端下棋位置
    s.sendto(pos.encode('utf-8'),addr)  #发回客户端
```

recvfrom()方法返回数据和客户端的地址与端口，这样，服务器收到数据后，直接调用 sendto()就可以通过 UDP 把数据发送到客户端。

客户端使用 UDP 时，首先仍然创建基于 UDP 的 socket，然后，无须调用 connect()，直接通过 sendto()向服务器发送数据：

```
import socket                                                  #导入socket模块
s = socket.socket(socket.AF_INET, socket.SOCK_DGRAM)
x=input("请输入 x 坐标")
y= input("请输入 y 坐标")
data=str(x)+","+str(y)
s.sendto(data.encode('utf-8'), ('127.0.0.1', 8888))
#encode()编码，将字符串转换成传送的字节串
#接收服务器加 1 后的坐标数据：
data2, addr = s.recvfrom(1024)
print("接收服务器加 1 后坐标数据： " , data2.decode('utf-8'))  #decode()解码
s.close()
```

从服务器接收数据仍然调用 recvfrom()方法。

仍然用两个命令行分别启动服务器端和客户端进行测试，看到运行效果如图 7-8 和图 7-9 所示。

图 7-8　服务器端程序效果

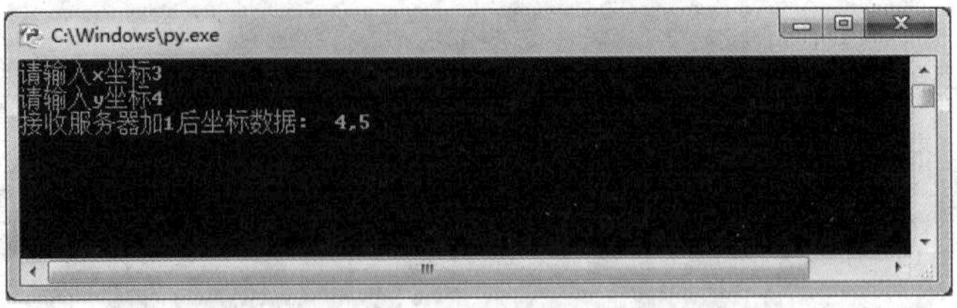

图 7-9 客户端程序效果

在上例中，我们模拟服务器端和客户端两方下棋过程中的通信过程，在后面章节中还会介绍基于 UDP 的网络五子棋游戏，开发出真正实用的网络程序。

7.5 多线程编程

线程是操作系统可以调度的最小执行单位，能够执行并发处理。操作系统通常将程序拆分成两个或多个并发运行的线程，即同时执行多个操作。例如，使用线程同时监视用户并发输入，并执行后台任务等。

7.5.1 进程和线程

1．概念

进程是操作系统中正在执行的应用程序的一个实例，操作系统把不同的进程（即不同程序）分离开来。每一个进程都有自己的地址空间，在一般情况下，包括文本区域、数据区域和堆栈。文本区域存储处理器执行的代码，数据区域存储变量和进程执行期间使用的动态分配的内存；堆栈区域存储活动过程调用的指令和本地变量。

每个进程至少包含一个线程，它从程序开始执行，直到退出程序，主线程结束，该进程也被从内存中卸载。主线程在运行过程中还可以创建新的线程，实现多线程的功能。

线程就是一段顺序程序。但是线程不能独立运行，只能在程序中运行。

不同的操作系统实现进程和线程的方法也不同，但大多数是在进程中包含线程，Windows 就是这样。一个进程中可以存在多个线程，线程可以共享进程的资源（如内存）。而不同的进程之间不能共享资源。

2．多线程的优点

多线程类似于同时执行多个不同程序，多线程运行有如下优点。

（1）使用线程可以把占据长时间的程序中的任务放到后台去处理。

（2）用户界面可以更美观、友好，如用户单击了一个按钮去触发某些事件，可以弹出一个进度条显示事件处理的进度。

（3）程序的运行速度可能加快。

（4）在一些等待的任务实现上，如用户输入、文件读写和网络收发数据等，线程就比较实用了。在这种情况下我们可以释放一些珍贵的资源，如内存占用等。

线程在执行过程中与进程还是有区别的。每个独立的线程有一个程序运行的入口、顺序执行序列和程序的出口。但是线程不能独立地执行，必须依存在应用程序中，由应用程序提供多个线程的执行控制。

每个线程都有自己的一组 CPU 寄存器，称为线程的上下文，该上下文反映了上次运行该线程的 CPU 寄存器的状态。

3．线程的状态

在操作系统内核中，线程可以被标记成如下几种状态。

初始化（Init）：创建线程时，操作系统在内部会将其标识为初始化状态。此状态只在系统内核中使用。

就绪（Ready）：线程已经准备好被执行。

延迟就绪（Deferred Ready）：表示线程已经被选择在指定的处理器上运行，但还没有被调度。

备用（Standby）：表示该线程已经被选择为下一个在指定的处理器上运行的线程。当该处理器上运行的线程因等待资源等原因被挂起时，调度器将备用线程切换到处理器上运行。只有一个线程可以是备用状态。

运行（Running）：表示调度器将线程切换到处理器上运行，它可以运行一个线程周期（Quantum），然后将处理器让给其他线程。

等待（Waiting）：线程可以因为等待一个同步执行的对象或等待资源等原因切换到等待状态。

过渡（Transition）：表示线程已经准备好被执行，但它的内核堆已经被从内存中移除。一旦其内核堆被加载到内存中，线程就会变成运行状态。

终止（Terminated）：当线程被执行完成后，其状态会变成终止。系统会释放线程中的数据结构和资源。

7.5.2 创建线程

在 Python 中创建线程有两种方式：使用函数或者使用类来创建线程对象。

1．使用 start_new_thread()函数创建线程

调用_thread 模块中的 start_new_thread()函数可以产生新线程。格式如下：

```
_thread.start_new_thread ( function, args[, kwargs] )
```

参数说明：
- function 为线程运行的函数；
- args 为传递给线程函数的参数，必须是元组（tuple）类型；
- kwargs 为可选参数；

start_new_thread()创建一个线程并运行指定的函数，当函数返回时，线程自动结束。也可以在线程函数中调用_thread.exit()，它抛出 SystemExit exception，达到退出线程的目的。

【例 7-4】使用 thread 模块中的 start_new_thread()函数来创建线程。

```
import _thread
import time
```

```python
#为线程定义一个函数
def print_time( threadName, delay):
    count = 0
    while count < 5:
        time.sleep(delay)
        count += 1
        print ("%s: %s" % (threadName, time.ctime(time.time())))

#创建两个线程
try:
    _thread.start_new_thread( print_time, ("Thread-1", 2, ))
    _thread.start_new_thread( print_time, ("Thread-2", 4, ))
except:
    print ("Error: unable to start thread")

while 1:
    pass
```

执行以上程序的输出结果如下:

```
Thread-1: Tue Aug  2 10:00:53 2016
Thread-2: Tue Aug  2 10:00:55 2016
Thread-1: Tue Aug  2 10:00:56 2016
Thread-1: Tue Aug  2 10:00:58 2016
Thread-2: Tue Aug  2 10:00:59 2016
Thread-1: Tue Aug  2 10:01:00 2016
```

Python 通过两个标准模块 _thread 和 threading 提供对线程的支持。_thread 提供了低级别的、原始的线程以及一个简单的锁。

2. 使用 Thread 类创建线程

threading 线程模块封装了 _thread 模块,并提供了更多功能,虽然可以使用 _thread 模块中的 start_new_thread()函数创建线程,但一般建议使用 threading 模块。

threading 模块提供了 Thread 类来创建和处理线程,格式如下:

线程对象= threading.Thread(target=线程函数,args=(参数列表), name=线程名, group=线程组)。

线程名和线程组都可以省略。

创建线程后,通常需要调用线程对象的 setDaemon()方法将线程设置为守护线程。主线程执行完后,如果还有其他非守护线程,则主线程不会退出,会被无限挂起;若将线程声明为守护线程之后,队列中的线程运行完了,则整个程序不用等待就可以退出。

setDaemon()函数的使用方法如下:

线程对象.setDaemon(是否设置为守护线程)

setDaemon()函数必须在运行线程之前被调用。调用线程对象的 start()方法可以运行线程。

【例 7-5】使用 threading.Thread 类创建线程。

```
import threading
def f(i):
    print(" I am from a thread, num = %d \n" %(i))
def main():
    for i in range(1,10):
        t = threading.Thread(target=f,args=(i,))
        t.setDaemon(True)      #设置为守护进程，主线程可以在线程一结束就退出
        t.start()
if __name__ == "__main__":
    main()
```

程序定义了一个函数 f()，用于打印参数 i。在主程序中依次使用 1~10 作为参数创建 10 个线程来运行函数 f()。以上程序的执行结果如下：

```
I am from a thread, num = 2
 I am from a thread, num = 1
 I am from a thread, num = 5
 I am from a thread, num = 3
 I am from a thread, num = 6
 I am from a thread, num = 7
 I am from a thread, num = 8
>>>
 I am from a thread, num = 9
 I am from a thread, num = 4
```

从上述程序中可以看出，虽然线程的创建和启动是有顺序的，但是线程是并发运行的，所以哪个线程先执行完是不确定的。从运行结果可以看出，输出的数字也是没有规律的。而且在"I am from a thread, num = 9"语句前有一个">>>"，说明主程序在此处已经退出了。

Thread 类还提供了以下方法。

- run()：用以表示线程活动的方法。
- start()：启动线程活动。
- join([time])：可以阻塞进程直到线程执行完毕。参数 timeout 指定超时时间（单位为秒），超过指定时间 join([time]) 就不再阻塞进程了。
- isAlive()：返回线程是否活动。
- getName()：返回线程名。
- setName()：设置线程名。

threading 模块提供的其他方法如下。

- threading.currentThread()：返回当前的线程变量。
- threading.enumerate()：返回一个包含正在运行的线程的 list。正在运行指线程启动后、结束前，不包括启动前和终止后的线程。
- threading.activeCount()：返回正在运行的线程数量，与 len(threading.enumerate())

有相同的结果。

【例 7-6】 编写自己的线程类 myThread 来创建线程对象。

分析：自己的线程类直接从 threading.Thread 类继承，然后重写 __init__ 方法和 run 方法就可以创建线程对象。

```python
import threading
import time
exitFlag = 0

class myThread (threading.Thread):   #继承父类 threading.Thread
    def __init__(self, threadID, name, counter):
        threading.Thread.__init__(self)
        self.threadID = threadID
        self.name = name
        self.counter = counter
    def run(self):
    #把要执行的代码写到 run()函数里面，线程在创建后会直接运行 run()函数
        print ("Starting " + self.name)
        print_time(self.name, self.counter, 5)
        print ("Exiting " + self.name)

def print_time(threadName, delay, counter):
    while counter:
        if exitFlag:
            thread.exit()
        time.sleep(delay)
        print ("%s: %s" % (threadName, time.ctime(time.time())))
        counter -= 1

#创建新线程
thread1 = myThread(1, "Thread-1", 1)
thread2 = myThread(2, "Thread-2", 2)
#开启线程
thread1.start()
thread2.start()
print ("Exiting Main Thread")
```

以上程序的执行结果如下：

```
Starting Thread-1  Exiting Main Thread  Starting Thread-2
Thread-1: Tue Aug  2 10:19:01 2016
Thread-2: Tue Aug  2 10:19:02 2016
Thread-1: Tue Aug  2 10:19:02 2016
Thread-1: Tue Aug  2 10:19:03 2016
```

```
Thread-2: Tue Aug  2 10:19:04 2016
Thread-1: Tue Aug  2 10:19:04 2016
Thread-1: Tue Aug  2 10:19:05 2016
Exiting Thread-1
Thread-2: Tue Aug  2 10:19:06 2016
Thread-2: Tue Aug  2 10:19:08 2016
Thread-2: Tue Aug  2 10:19:10 2016
Exiting Thread-2
```

7.5.3 线程同步

如果多个线程共同对某个数据进行修改，则可能出现不可预料的结果，为了保证数据的正确性，需要对多个线程进行同步。

使用 Threading 的 Lock（指令锁）和 Rlock（可重入锁）对象可以实现简单的线程同步，这两个对象都有 acquire 方法（申请锁）和 release 方法（释放锁），对于那些需要每次只允许一个线程操作的数据，可以将其操作放到 acquire 和 release 方法之间。

例如，一个列表里所有元素都是 0，线程"set"从后向前把所有元素改成 1，而线程"print"负责从前往后读取列表并将其打印。

那么，可能线程"set"开始修改时，线程"print"便来打印列表了，输出就成了一半 0 和一半 1，这就是数据的不同步。为了避免这种情况，就引入了锁的概念。

锁有两种状态——锁定和未锁定。每当一个线程（如"set"）要访问共享数据时，必须先获得锁定；如果已经有别的线程（如"print"）获得锁定了，那么就让线程"set"暂停，也就是同步阻塞；等到线程"print"访问完毕，释放锁以后，再让线程"set"继续。

经过这样的处理，打印列表时要么全部输出 0，要么全部输出 1，不会再出现输出一半 0 一半 1 的尴尬情形。

【例 7-7】使用指令锁实现多个线程同步。

```
import threading
import time

class myThread (threading.Thread):
    def __init__(self, threadID, name, counter):
        threading.Thread.__init__(self)
        self.threadID = threadID
        self.name = name
        self.counter = counter
    def run(self):
        print ("Starting " + self.name)
        #获得锁，成功获得锁定后返回 True
        #若可选的 timeout 参数一直未被填写，则将一直阻塞直到获得锁定
```

```python
                #否则超时后将返回False
                threadLock.acquire()        #线程一直阻塞直到获得锁
                print(self.name,"获得锁")
                print_time(self.name, self.counter, 3)
                print(self.name,"释放锁")
                threadLock.release()        #释放锁

def print_time(threadName, delay, counter):
    while counter:
        time.sleep(delay)
        print ("%s: %s" % (threadName, time.ctime(time.time())))
        counter -= 1

threadLock = threading.Lock()        #创建一个指令锁
threads = []
#创建新线程
thread1 = myThread(1, "Thread-1", 1)
thread2 = myThread(2, "Thread-2", 2)
#开启新线程
thread1.start()
thread2.start()

#添加线程到线程列表
threads.append(thread1)
threads.append(thread2)

#等待所有线程完成
for t in threads:
    t.join()        #可以阻塞主程序直到线程执行完毕后，主程序结束
print ("Exiting Main Thread")
```

以上程序执行结果如下：

```
Starting Thread-1Starting Thread-2
Thread-1 获得锁
Thread-1: Tue Aug  2 11:13:20 2016
Thread-1: Tue Aug  2 11:13:21 2016
Thread-1: Tue Aug  2 11:13:22 2016
Thread-1 释放锁
Thread-2 获得锁
Thread-2: Tue Aug  2 11:13:24 2016
Thread-2: Tue Aug  2 11:13:26 2016
```

```
Thread-2: Tue Aug  2 11:13:28 2016
Thread-2 释放锁
Exiting Main Thread
```

7.5.4 定时器

定时器（Timer）是 Thread 的派生类，用于在指定时间后调用一个函数，具体方法如下：

```
timer = threading.Timer(指定时间 t, 函数 f)
timer.start()
```

执行 timer.start()后，程序会在指定时间 t 后启动线程执行函数 f。

【例 7-8】使用定时器 Timer 的例子。

```
import threading
import time
def func():
    print(time.ctime())                    #打印出当前时间
print(time.ctime())
timer = threading.Timer(5, func)
timer.start()
```

该程序可实现延迟 5 秒后调用 func()方法的功能。

7.6 程序设计的步骤

7.6.1 数据通信协议设计和判断输赢的算法

1. 数据通信协议

网络五子棋游戏设计的难点在于与对方需要通信。这里使用了面向非连接的 socket 编程。socket 编程用于开发 C/S 结构程序，在这类应用中，客户端和服务器端通常需要先建立连接，然后发送和接收数据，交互完成后需要断开连接。本章的通信采用基于 UDP 的 socket 编程实现。虽然两台计算机不分主次，但我们设计时假设一台作为服务器端（黑方），等待其他玩家加入。其他玩家想加入时输入服务器端主机的 IP 即可。为了区分通信中传送的是何种信息（如"输赢信息""下的棋子位置信息""结束游戏"等），需要在发送信息的首部加上标识。因此定义了如下协议。

（1）move|下的棋子位置坐标（x,y）

例如，"move|7,4"表示对方下子位置的坐标（7，4）。

（2）over|哪方赢的信息

例如，"over |黑方你赢了"表示黑方赢了。

（3）exit|

表示对方离开了，游戏结束。

（4）join|

连接服务器。

当然可以根据程序功能增加协议，如悔棋、文字聊天等协议，本程序没有设计"悔棋""文字聊天"功能，所以未定义相应的协议。读者可以自己完善程序。

程序中接收的信息都是字符串，通过字符串.split("|")获取消息类型（move、join、exit或者over），从中区分出"输赢信息 over""下的棋子位置信息 move"等，代码如下：

```python
def receiveMessage():#接收消息函数
    global s
    while True:
        #接收客户端发送的消息
        global addr
        data, addr = s.recvfrom(1024)
        data=data.decode('utf-8')
        a=data.split("|")                           #分割数据
        if not data:
            print('client has exited!')
            break
        elif a[0] == 'join':                        #连接服务器请求
            print('client 连接服务器!')
            label1["text"]='client 连接服务器成功，请你走棋！'
        elif a[0] == 'exit':                        #对方退出信息
            print('client 对方退出!')
            label1["text"]='client 对方退出，游戏结束！'
        elif a[0] == 'over':                        #对方赢棋
         print('对方赢棋!')
            label1["text"]=data.split("|")[0]
            showinfo(title="提示",message=data.split("|")[1] )
        elif a[0] == 'move':          #客户端走的位置信息，如"move|7,4"
            print('received:',data,'from',addr)
            p=a[1].split(",")
            x=int(p[0])
            y=int(p[1])
            print(p[0],p[1])
            label1["text"]="客户端走的位置"+p[0]+p[1]
            drawOtherChess(x,y)                     #画对方棋子
    s.close()
```

2. 判断输赢的算法

本游戏的关键技术是判断输赢的算法。算法的具体实现大致分为以下几个部分：
（1）判断 X=Y 轴上是否形成五子连珠；
（2）判断 X=-Y 轴上是否形成五子连珠；
（3）判断 X 轴上是否形成五子连珠；
（4）判断 Y 轴上是否形成五子连珠。
只要以上四种情况中的任何一种成立，那么就可以判断输赢。

```
def win_lose( ):#输赢判断
    #扫描整个棋盘，判断是否连成五颗
    a = str(turn)
    print ("a=",a)
    for i in range(0,11):#0--10
        #判断X=Y轴上是否形成五子连珠
        for j in range(0,11):#0--10
            if map[i][j] == a and map[i+1][j+1] == a and map[i+2]
[j+2] == a and map[i+3][j+3] == a and map[i+4][j+4] == a :
                print("X= Y轴上形成五子连珠")
                return True

    for i in range(4,15):#4 To 14
        #判断X= -Y轴上是否形成五子连珠
        for j in range(0,11):#0--10
            if map[i][j] == a and map[i-1][j+1] == a and map[i-
2][j+2] == a and map[i-3][j+3] == a and map[i-4][j+4] == a :
                print("X=-Y轴上形成五子连珠")
                return True

    for i in range(0,15):#0--14
        #判断Y轴上是否形成五子连珠
        for j in range(4,15):#4 To 14
            if map[i][j] == a and map[i][j-1] == a and map[i][j-2]
== a and map[i][j-3] == a and map[i][j-4] == a :
                print("Y轴上形成五子连珠")
                return True

    for i in range(0,11):#0--10
        #判断X轴上是否形成五子连珠
        for j in range(0,15):#0--14
            if map[i][j] == a and map[i+1][j] == a and map[i+2][j]
== a and map[i+3][j] == a and map[i+4][j] == a :
                print("X轴上形成五子连珠")
```

```
            return True
    return False
```

判断输赢实际上不用扫描整个棋盘。如果能得到刚下的棋子位置(x, y)，就不用扫描整个棋盘，而仅仅在此棋子附近的横竖斜方向均判断一遍即可。

checkWin(x,y)判断这个棋子是否与其他的棋子连成五子，即用于判断输赢。它是以（x,y）为中心，从横向、纵向、斜方向来统计相连的同色棋子个数。

例如，以水平方向（横向）判断为例，以(x, y)为中心计算水平方向棋子数量时，首先向右最多四个位置，如果同色则count加1；然后向左最多四个位置，如果同色则count加1。统计完成后，如果 count >=5，则说明水平方向连成五子。其他方向同理。对每个方向判断前，因为下子处(x, y)还有己方一个棋子，所以 count 初始值为1。

```
def checkWin(x,y):
    flag = False
    count = 1      #保存共有多少相同颜色的棋子相连
    color = map[x][y]
    #通过循环来做棋子相连的判断
    #横向的判断
    #判断横向是否有五个棋子相连，其特点是纵坐标相同，即map[x][y]中的y相同
    i = 1
    while  color == map[x+i][y] :   #向右统计
        count=count+1
        i=i+1
    i = 1
    while  color == map[x-i][y] :   #向左统计
        count = count+1
        i =i+1
    if  count >= 5 :
        flag = True
    #纵向的判断
    i2 = 1
    count2 = 1
    while color == map[x][y+i2]:
        count2 = count2+1
        i2 = i2+1
    i2 = 1
    while  color == map[x][y-i2]:
        count2 = count2+1
        i2 = i2+1
```

```
        if count2 >= 5:
            flag = True
    #斜方向的判断（右上+左下）
    i3 = 1
    count3 = 1
    while color == map[x+i3][y-i3]:
        count3 = count3+1
        i3 = i3+1
    i3 = 1
    while color == map[x-i3][y+i3]:
        count3 = count3+1
        i3 = i3+1
    if count3 >= 5:
        flag = True

    #斜方向的判断（右下 +左上）
    i4 = 1
    count4 = 1
    while color == map[x+i4][y+i4]:
        count4 = count4+1
        i4 = i4+1
    i4 = 1
    while color == map[x-i4][y-i4]:
        count4 = count4+1
        i4 = i4+1
    if count4 >= 5:
        flag = True
    return flag
```

在本程序中，每走一步棋，就调用 checkWin(x,y) 函数判断是否已经连成五子。如果返回 True，则说明已经连成五子，并显示输赢结果对话框。

掌握了通信协议，以及五子棋输赢判断知识后，就可以开发网络五子棋了。下面首先看看服务器端程序的设计。

7.6.2 服务器端程序设计

1. 主程序

定义含两枚棋子图片的列表 imgs，创建 Window 窗口对象 root，初始化游戏地图 map，绘制 15×15 游戏棋盘，添加显示提示信息的标签 Label，绑定 Canvas 画布的鼠标和按钮左键单击事件。

同时创建 UDP 通信服务器端的 socket，绑定在 8000 端口，启动线程接收客户端的消息 receiveMessage()。最后，root.mainloop()方法是进入窗口的主循环，可用于显示窗口。

```python
from tkinter import *
from tkinter.messagebox import *
import socket
import threading
import os


root = Tk()
root.title("网络五子棋 V2.0--服务器端")
#五子棋--夏敏捷 2016-2-11
imgs= [PhotoImage(file='D:\\python\\bmp\\BlackStone.gif'),
                  PhotoImage(file='D:\\python\\bmp\\WhiteStone.gif')]
turn=0                              #轮到哪一方走棋，0为黑方，1为白方
Myturn=-1                           #保存自己的角色，-1表示还没确定下来
map = [[" "," "," "," "," "," "," "," "," "," "," "," "," "," "," "]for y in range(15)]
cv = Canvas(root, bg = 'green', width = 610, height = 610)
drawQiPan( )                        #绘制大小为15×15的游戏棋盘
cv.bind("<Button-1>", callpos)
cv.pack()
label1=Label(root,text="服务器端....")        #显示提示信息
label1.pack()
button1=Button(root,text="退出游戏")          #按钮
button1.bind("<Button-1>", callexit)
button1.pack()
#创建UDP socket
s = socket.socket(socket.AF_INET,socket.SOCK_DGRAM)
s.bind(('localhost',8000))
addr=('localhost',8000)
startNewThread()                    #启动线程接收客户端的消息 receiveMessage()
root.mainloop()
```

2. 退出函数

退出游戏按钮的单击事件代码很简单，只需发送一个"exit|"命令协议消息，最后调用 os._exit(0)即可结束程序。

```python
def callexit(event):#退出
```

```
    pos="exit|"
    sendMessage(pos)
    os._exit(0)
```

3. 走棋函数

鼠标单击事件可用于完成走棋，判断单击位置是否合法，即不能覆盖已有棋的位置，也不能超出游戏棋盘边界，如果合法则将此位置信息记录到 map 列表（数组）中。

由于是网络对战，第一次走棋时要确定自己是白方还是黑方，而且还要判断是否轮到自己走棋。这里使用两个变量 Myturn、turn 解决这一问题。

```
Myturn=-1                              #保存自己的角色
```

Myturn 为-1 则表示还没确定下来，第一次走棋时修改。

turn 保存轮到谁走棋的信息，如果 turn 是 0 则轮到黑方，turn 是 1 则轮到白方。

最后是本游戏的关键——判断输赢。程序调用 win_lose() 函数判断输赢。判断在前述四种情况下是否连成五子，返回 True 或 False。根据当前走棋方 turn 的值（0 为黑方，1 为白方），得出哪一方胜利。

一方走完后，就轮到另一方走棋。

```
def callpos(event):#走棋
    global turn
    global Myturn
    if Myturn==-1:   #第一次走棋时,确定自己是白方还是黑方
        Myturn=turn
    else:
        if(Myturn!=turn):
            showinfo(title="提示",message="还没轮到自己走棋")
            return
    #print ("clicked at", event.x, event.y,turn)
    x=(event.x)//40   #换算棋盘坐标
    y=(event.y)//40
    print ("clicked at", x, y,turn)
    if map[x][y]!=" ":
        showinfo(title="提示",message="已有棋子")
    else:
        img1= imgs[turn]
        cv.create_image((x*40+20,y*40+20),image=img1)    #绘制己方棋子
        cv.pack()
        map[x][y]=str(turn)
        
        pos=str(x)+","+str(y)
        sendMessage("move|"+pos)
        print("服务器走棋的位置",pos)
```

```
            label1["text"]="服务器走棋的位置"+pos

            #输出输赢信息
            if win_lose( )==True:
                if turn==0 :
                        showinfo(title="提示",message="黑方赢了")
                        sendMessage("over|黑方赢了")
                else:
                        showinfo(title="提示",message="白方赢了")
                        sendMessage("over|白方赢了")
            #换另一方走棋
            if turn==0 :
                turn=1
            else:
                turn=0
```

4. 绘制对方棋子

轮到对方走棋时，根据 turn 知道对方角色，从 socket 获取对方走棋的坐标(x,y)，从而绘制出对方棋子。绘制出对方棋子后，换另一方走棋。

```
def drawOtherChess(x,y):#绘制对方棋子
        global turn
        img1= imgs[turn]
        cv.create_image((x*40+20,y*40+20),image=img1)
        cv.pack()
        map[x][y]=str(turn)
        #换另一方走棋
        if turn==0 :
                turn=1
        else:
                turn=0
```

5. 绘制棋盘

drawQiPan( )绘制大小为 15×15 的五子棋棋盘。

```
def drawQiPan( ):#绘制棋盘
    for i in range(0,15):
        cv.create_line(20,20+40*i,580,20+40*i,width=2)
    for i in range(0,15):
        cv.create_line(20+40*i,20,20+40*i,580,width=2)
    cv.pack()
```

6. 判断输赢

win_lose()从四个方向扫描整个棋盘，判断同色棋子是否连成五颗。代码见前文判断输赢的算法。

```
def win_lose( ):#判断输赢
    略
```

7. 输出 map 地图

如下代码主要用于显示当前棋子信息。

```
def print_map( ):#输出 map 地图
    for j in range(0,15):#0~14
        for i in range(0,15):#0~14
            print (map[i][j],end=' ')
        print ('w')
```

8. 接收消息

本程序关键部分就是接收消息 data，从 data 字符串.split("|")中分割出消息类型（move、join、exit 或者 over）。如果是'join'，则是客户端连接服务器的请求信息；如果是'exit'，则是对方客户端退出的信息；如果是' move '，则是客户端走棋的位置信息；如果是' over '，则是对方客户端赢的信息。这里重点是处理对方走棋的信息，如"move|7,4"，通过字符串.split(",")分割出（x,y）坐标。

```
def receiveMessage():
    global s
    while True:
        #接收客户端发送的消息
        global addr
        data, addr = s.recvfrom(1024)
        data=data.decode('utf-8')
        a=data.split("|")                    #分割数据
        if not data:
            print('client has exited!')
            break
        elif a[0] == 'join':                 #连接服务器的请求
            print('client 连接服务器!')
            label1["text"]='client 连接服务器成功,请你走棋!'
        elif a[0] == 'exit':                 #对方退出信息
            print('client 对方退出!')
            label1["text"]='client 对方退出,游戏结束!'
        elif a[0] == 'over':                 #对方赢棋信息
            print('对方赢棋信息!')
            label1["text"]=data.split("|")[0]
```

```
                    showinfo(title="提示",message=data.split("|")[1] )
            elif a[0] == 'move':                #客户端走棋的位置信息 "move|7,4"
                print('received:',data,'from',addr)
                p=a[1].split(",")
                x=int(p[0])
                y=int(p[1])
                print(p[0],p[1])
                label1["text"]="客户端走的位置"+p[0]+p[1]
                drawOtherChess(x,y)                              #绘制对方棋子
        s.close()
```

9. 发送消息

发送消息的代码实现十分简单，只需调用 socket 的 sendto()函数，即可将按协议写的字符串信息发出。

```
def sendMessage(pos):                #发送消息
    global s
    global addr
    s.sendto(pos.encode(),addr)
```

10. 启动线程接收客户端的消息

```
#启动线程接收客户端的消息
def startNewThread( ):
            #启动一个新线程来接收客户器端的消息
            #thread.start_new_thread(function,args[,kwargs])函数原型，
            #其中，function 参数是将要调用的线程函数，args 是传递给线程函数的参数，
            #它必须是个元组类型，而 kwargs 是可选的参数
            #receiveMessage 函数不需要参数，传一个空元组即可
            thread=threading.Thread(target=receiveMessage,args=())
            thread.setDaemon(True)
            thread.start()
```

至此，就完成了服务器端程序的设计。图 7-10 所示为服务器端走棋过程打印的输出信息。网络五子棋客户端程序的设计基本与服务器端代码相似，主要区别在消息的处理上。下面再来看看客户端程序的设计。

7.6.3 客户端程序设计

1. 主程序

定义含两个棋子图片的列表 imgs，创建 Window 窗口对象 root，初始化游戏地图 map，绘制大小为 15×15 的游戏棋盘，添加显示提示信息的标签 Label，绑定 Canvas 画布的鼠标和按钮左键单击事件。

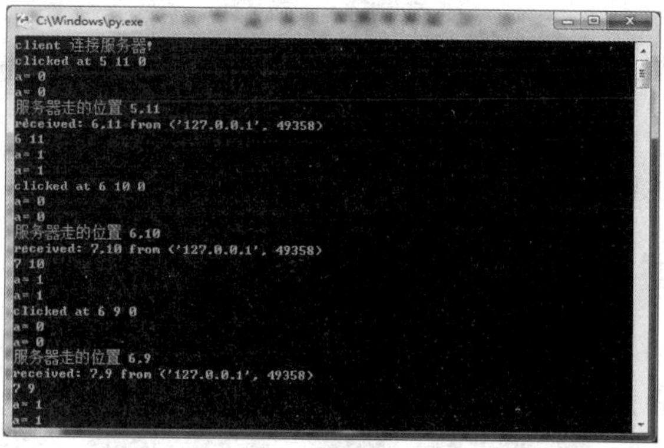

图 7-10　走棋过程打印的输出信息

同时创建 UDP 通信客户端的 socket，若不指定端口，则会自动绑定某个空闲端口。客户端 socket 需要指定服务器端的 IP 和端口号，并发出连接服务器端的请求。

启动线程接收服务器端的消息 receiveMessage()，root.mainloop()方法是进入窗口的主循环，可用于显示窗口。

```
from tkinter import *
from tkinter.messagebox import *
import socket
import threading
import os


root = Tk()
root.title(" 网络五子棋 V2.0--UDP 客户端")
imgs= [PhotoImage(file='D:\\python\\bmp\\BlackStone.gif'),
                PhotoImage(file='D:\\python\\bmp\\WhiteStone.gif')]
turn=0
Myturn=-1

map = [[" "," "," "," "," "," "," "," "," "," "," "," "," "," "," "]for y in range(15)]
cv = Canvas(root, bg = 'green', width = 610, height = 610)
drawQiPan( )
cv.bind("<Button-1>", callback)
cv.pack()
label1=Label(root,text="客户端……")
label1.pack()
button1=Button(root,text="退出游戏")
button1.bind("<Button-1>", callexit)
button1.pack()
#创建 UDP SOCKET
s = socket.socket(socket.AF_INET,socket.SOCK_DGRAM)
port = 8000                    #服务器端口
```

```
host = 'localhost'          #服务器地址'192.168.0.101
pos='join|'                 #"连接服务器"命令
sendMessage(pos)            #发送连接服务器的请求
startNewThread()            #启动线程接收服务器端的消息 receiveMessage()
root.mainloop()
```

2. 退出函数

退出游戏按钮的单击事件代码很简单，只需发送一个"exit|"命令协议消息，最后调用 os._exit(0)即可结束程序。

```
def callexit(event):#退出
    pos="exit|"
    sendMessage(pos)
    os._exit(0)
```

3. 走棋函数

功能同服务器端，区别仅仅在于提示信息不同。

```
def callback(event):#走棋
    global turn
    global Myturn
    if Myturn==-1:  #第一次走棋时确定自己是白方还是黑方
        Myturn=turn
    else:
        if(Myturn!=turn):
            showinfo(title="提示",message="还没轮到自己走棋")
            return
    #print ("clicked at", event.x, event.y,turn)
    x=(event.x)//40  #换算棋盘坐标
    y=(event.y)//40
    print ("clicked at", x, y,turn)
    if map[x][y]!=" ":
        showinfo(title="提示",message="已有棋子")
    else:
        img1= imgs[turn]
        cv.create_image((x*40+20,y*40+20),image=img1)
        cv.pack()
        map[x][y]=str(turn)
        
        pos=str(x)+","+str(y)
        sendMessage("move|"+pos)
        print("客户端走棋的位置",pos)
        label1["text"]="客户端走棋的位置"+pos
```

```
        #输出输赢信息
        if win_lose( )==True:
            if turn==0 :
                showinfo(title="提示",message="黑方你赢了")
                sendMessage("over|黑方你赢了")
            else:
                showinfo(title="提示",message="白方你赢了")
                sendMessage("over|白方你赢了")
        #换另一方走棋
        if turn==0 :
            turn=1
        else:
            turn=0
```

4. 绘制棋盘

drawQiPan( )绘制大小为 15×15 的五子棋棋盘。

```
def drawQiPan( ):#绘制棋盘
    for i in range(0,15):
        cv.create_line(20,20+40*i,580,20+40*i,width=2)
    for i in range(0,15):
        cv.create_line(20+40*i,20,20+40*i,580,width=2)
    cv.pack()
```

5. 判断输赢

win_lose( )从四个方向扫描整个棋盘，判断同色棋子是否连成五颗。功能同服务器端，代码没有区别，已省略。

6. 接收消息

接收消息 data，从 data 字符串.split("|")中分割出消息类型（move、join、exit 或 over）。功能同服务器端几乎没有区别，唯一的区别在于没有'join'消息类型，因为客户端是连接服务器，而服务器不会连接客户端，所以少了一个'join'消息类型判断。代码如下。

```
def receiveMessage():#接收消息
    global s
    while True:
        data = s.recv(1024).decode('utf-8')
        a=data.split("|")                        #分割数据
        if not data:
            print('server has exited!')
            break
        elif a[0] == 'exit':                     #对方退出信息
```

```python
                    print('对方退出!')
                    label1["text"]='对方退出,游戏结束!'
                elif a[0] == 'over':                    #对方赢棋信息
                    print('对方赢棋信息!')
                    label1["text"]=data.split("|")[0]
                    showinfo(title="提示",message=data.split("|")[1] )
                elif a[0] == 'move':                    #服务器走棋的位置信息
                    print('received:',data)
                    p=a[1].split(",")
                    x=int(p[0])
                    y=int(p[1])
                    print(p[0],p[1])
                    label1["text"]="服务器走棋的位置"+p[0]+p[1]
                    drawOtherChess(x,y)             #绘制对方棋子,函数代码同服务器端
    s.close()
```

7. 发送消息

发送消息的代码十分简单,只需调用 socket 的 sendto()函数,即可将按协议写的字符串信息发出。

```python
def sendMessage(pos):                        #发送消息
    global s
    s.sendto(pos.encode(),(host,port))
```

8. 启动线程接收服务器端的消息

```python
#启动线程接收服务器端的消息
def startNewThread( ):
    #启动一个新线程来接收服务器端的消息
    #thread.start_new_thread(function,args[,kwargs])函数原型,
    #其中,function 参数是将要调用的线程函数,args 是传递给线程函数的参数,
    #它必须是元组类型,而 kwargs 是可选的参数
    #receiveMessage 函数不需要参数,只需传一个空元组
    thread=threading.Thread(target=receiveMessage,args=())
    thread.setDaemon(True)
    thread.start()
```

至此,就完成了客户端程序的设计。

思考题

1. 设计简单的网络聊天程序。
2. 设计带有悔棋功能的网络五子棋游戏。
3. 设计网络三子棋(井字棋)游戏。

第 8 章

Python 图像处理——人物拼图游戏

本章讲解操作和处理图像的基础知识，将通过大量实例介绍处理图像所需的 Python 图像处理类库（PIL），并介绍用于读取图像、图像转换和缩放、保存结果等基本图像操作函数。最后应用 Python 图像处理类库（PIL）实现人物拼图游戏。

8.1 游戏介绍

拼图游戏将一幅图片分割成若干拼块并将它们随机打乱顺序，当将所有拼块都放回原位置时，就完成了拼图（游戏结束）。

本人物拼图游戏为 3 行 3 列，拼块以随机顺序排列，玩家用鼠标单击空白块四周的来交换它们位置，直到所有拼块都回到原位置。拼图游戏运行界面如图 8-1 所示。

图 8-1 拼图游戏运行界面

8.2 程序设计的思路

游戏程序首先将图片分割成相应 3 行 3 列的拼块，并按顺序编号。动态地生成一个大小为 3×3 的列表 board，用于存放数字 0~8，其中，每个数字代表一个拼块（3×3 的游戏拼块编号如图 8-2 所示），8 号拼块不显示。

游戏开始时，随机打乱这个数组 board，如 board[0][0]是 5 号拼块，则在左上角显示编号是 5 的拼块。根据玩家用鼠标单击的拼块和空白块所在位置，来交换该 board 数组对应的元素，最后通过元素排列顺序来判断是否已经完成游戏。

图 8-2　拼块编号示意图

8.3　Python 图像处理

8.3.1　Python 图像处理类库

Python 图像处理类库（Python Imaging Library，PIL）提供了通用的图像处理功能，以及大量实用的基本图像操作，如图像缩放、裁剪、旋转、颜色转换等。PIL 是 Python 语言的第三方库，安装 PIL 的方法如下，需要安装库的名字是 pillow。

```
C:\> pip install pillow 或者 pip3 install pillow
```

PIL 支持图像存储、显示和处理，它能够处理几乎所有的图片格式，可以完成对图像的缩放、剪裁、叠加以及向图像添加线条和文字等操作。

PIL 主要可以满足图像归档和图像处理两方面的功能需求。

（1）图像归档：对图像进行批处理、生成图像预览、转换图像格式等。

（2）图像处理：包括图像基本处理、像素处理、颜色处理等。

根据功能的不同，PIL 可分为 21 个与图像相关的类，这些类可以被看作是子库或 PIL 中的模块，部分模块名如下：

Image、ImageChops、ImageCrackCode、ImageDraw、ImageEnhance、ImageFile、ImageFileIO、ImageFilter、ImageFont、ImageGrab、ImageOps、ImagePath、ImageSequence、ImageStat、ImageTk、ImageWin、PSDraw。

其中最常用的有以下模块。

1. Image 模块

Image 模块是 PIL 中最重要的模块，它提供了诸多图像操作的功能，比如，创建、打开、显示、保存图像等功能，合成、裁剪、滤波等功能，获取图像属性（如图像直方图、通道数等）功能。

PIL 中的 Image 模块提供 Image 类，我们可以使用 Image 类从大多数图像格式的文件中读取数据，然后写入最常见的图像格式文件中。若要读取一幅图像，则可以使用如下代码：

```
from PIL import Image
```

```
pil_im = Image.open('empire.jpg')
```
上述代码的返回值 pil_im 是一个 PIL 图像对象。

也可以直接使用 Image.new(mode,size,color=None)创建图像对象，color 的默认值是黑色。

```
newIm = Image.new ('RGB', (640, 480), (255, 0, 0))    #新建一个 image 对象
```
这里我们新建一个红色背景，大小为(640, 480)的 RGB 空白图像。

图像的颜色转换可以使用 Image 类的 convert() 方法来实现。若要读取一幅图像，并将其转换成灰度图像，只需要加上 convert('L')，比如：

```
pil_im = Image.open('empire.jpg').convert('L')        #转换成灰度图像
```

2. ImageChops 模块

ImageChops 模块包含一些算术图形操作，称为通道操作（channel operations）。这些操作可用于诸多目的，如图像特效、图像组合、算法绘图等。通道操作只用于位图像（如 "L" 模式和 "RGB" 模式）。大多数通道操作有一个或者两个图像参数，返回一个新的图像。

每张图片都由一个或者多个数据通道构成，以 RGB 图像为例，每张图片都由三个数据通道构成，分别为 R、G 和 B 通道。而对于灰度图像，则只有一个通道。

ImageChops 模块的使用方法如下：

```
from PIL import Image
im = Image.open('D:\\1.jpg')
from PIL import ImageChops
im_dup = ImageChops.duplicate(im)          #复制图像，返回给定图像的复制文件
print(im_dup.mode)                         #输出模式：'RGB'
im_diff = ImageChops.difference(im,im_dup)
              #返回两幅图像逐像素差的绝对值形成的图像
im_diff.show()
```
由于图像 im_dup 是由 im 复制而来的，所以它们的差为 0，图像 im_diff 显示时为黑图。

3. ImageDraw 模块

ImageDraw 模块为 image 对象提供了基本的图形处理功能，例如，它可以为图像添加几何图形。

ImageDraw 模块的使用方法如下：

```
from PIL import Image, ImageDraw
im = Image.open('D:\\1.jpg')
draw = ImageDraw.Draw(im)
draw.line((0,0)+im.size, fill = 128)
draw.line((0, im.size[1], im.size[0], 0), fill=128)
im.show()
```
上述代码的作用是在原有图像上绘制两条对角线。

4. ImageEnhance 模块

ImageEnhance 模块包括一些用于图像增强的类。它们分别为 Color 类、Brightness 类、Contrast 类和 Sharpness 类。

ImageEnhance 模块的使用方法如下：

```
from PIL import Image, ImageEnhance
im= Image.open('D:\\1.jpg')
enhancer = ImageEnhance.Brightness(im)
im0= enhancer.enhance(0.5)
im0.show()
```

上述代码的作用是使图像 im0 的亮度为图像 im 的一半。

5. ImageFile 模块

ImageFile 模块为图像打开和保存功能提供了支持。

6. ImageFilter 模块

ImageFilter 模块包括各种滤波器的预定义集合，常与 Image 类的 filter 方法一起使用。该模块包含了如下的图像增强的滤波器：BLUR、CONTOUR、DETAIL、EDGE_ENHANCE、EDGE_ENHANCE_MORE、EMBOSS、FIND_EDGES、SMOOTH、SMOOTH_MORE 和 SHARPEN。

ImageFilter 模块的使用方法如下：

```
from PIL import Image
im = Image.open('D:\\1.jpg')
from PIL import ImageFilter
imout = im.filter(ImageFilter.BLUR)
print(imout.size)
#图像的尺寸大小(300, 450)，是一个二元组，即水平和垂直方向上的像素数
imout.show()
```

7. ImageFont 模块

ImageFont 模块定义了一个同名的类，即 ImageFont 类。这个类的实例中存储着 bitmap 字体，需要与 ImageDraw 类的 text 方法一起使用。

Image 模块是 PIL 中最重要的模块，它提供了一个相同名称的类，即 Image 类，用于表示 PIL 图像。Image 类提供了很多方法对图像进行处理，接下来对 image 类的方法进行介绍。

8.3.2 复制和粘贴图像区域

我们可以使用 crop()方法从一幅图像中裁剪指定区域，代码如下：

```
from PIL import Image
im= Image.open("D:\\test.jpg")
```

```
box = (100,100,400,400)
region = im.crop(box)
```
该区域使用四元组来指定。四元组的坐标依次是（左，上，右，下）。PIL 中指定坐标系的左上角坐标为（0，0）。我们可以旋转上面代码中获取的区域，然后使用 paste()方法将该区域放回，具体实现代码如下：

```
region = region.transpose(Image.ROTATE_180)   #逆时针旋转180
im.paste(region,box)
```

8.3.3 调整尺寸和旋转

若要调整一幅图像的尺寸，我们可以调用 resize() 方法。该方法的参数是一个元组，用来指定新图像的大小，方法如下：

```
out = im.resize((128,128))
```
若要旋转一幅图像，则可以使用逆时针方式表示旋转角度，然后调用 rotate()方法：
```
out = im.rotate(45)                            #逆时针旋转45度
```

8.3.4 转换成灰度图像

对于彩色图像，不管其图像格式是 PNG，还是 BMP，或者是 JPG，在 PIL 中，使用 Image 模块的 open()函数将其打开后，返回的图像对象的模式都是"RGB"。而对于灰度图像，不管其图像格式是 PNG，还是 BMP，或者 JPG，打开后，其模式都为"L"。

PNG、BMP 和 JPG 彩色图像格式之间的互相转换都可以通过 Image 模块的 open()和 save()函数来完成。具体来说，在打开这些图像时，PIL 会将它们解码为三通道的 "RGB"图像。用户可以基于这个"RGB"图像，对其进行处理。处理完毕后，使用函数 save()，就可以将处理结果保存成 PNG、BMP 和 JPG 三种格式中的任何一种。这样也就完成了几种格式之间的转换。当然，对于不同格式的灰度图像，也可通过类似途径完成，只是 PIL 解码后是模式为"L"的图像。

在这里，详细介绍一下 Image 模块的 convert()函数，可用于不同模式图像之间的转换。

convert()函数有 3 种形式的定义，分别如下：

```
im.convert(mode)
im.convert('P', **options)
im.convert(mode, matrix)
```
这 3 种形式定义的函数使用不同的参数，将当前的图像转换为新的模式（PIL 中有九种不同模式。分别为 1、L、P、RGB、RGBA、CMYK、YCbCr、I、F），并产生新的图像作为返回值。下面的代码可将图像转换为灰度图。

```
from PIL import Image              #或直接使用import Image
im = Image.open('a.jpg')
im1 = im.convert('L')              #将图像转换成灰度图
```
模式 L"为灰色图像，它的每个像素用 8 个 bit 表示，0 表示黑，255 表示白，其他数字表示不同的灰度。在 PIL 中，从模式 "RGB" 转换为 "L" 模式是按照下面的公式进行的：

```
L = R * 299/1000+G * 587/1000+ B * 114/1000
```

打开图片并转换成灰度图的方法是：

```
im = Image.open('a.jpg').convert('L')
```

如果要将图片转换成黑白图片（为二值图像），那么模式就是 "1"（非黑即白）。但是它每个像素用 8 个 bit 表示，0 表示黑，255 表示白。下面的代码可将彩色图像转换为黑白图像。

```
from PIL import Image        #或直接使用 import Image
im = Image.open('a.jpg')
im1 = im.convert('1')         #将彩色图像转换成黑白图像
```

8.3.5 对像素进行操作

getpixel(x,y)可用于获取指定像素的颜色，如果图像为多通道，则返回一个元组，该方法执行起来比较慢。如果用户需要使用 Python 处理图像中大部分的数据，则可以使用像素访问对象（通过 load()创建这个读取和修改像素的对象，这个对象就如同一个二维列表）或者方法 getdata()。putpixel(xy, color)可改变单个像素点的颜色。

```
img=Image.open("smallimg.png")
img.getpixel((4,4))                #获取(4,4)位置的像素的颜色
img.putpixel((4,4),(255,0,0))      #改变(4,4)位置的像素点为红色
img.save("img1.png","png")
```

说明：getpixel 得到图片 img 的坐标为(4,4)的像素点；putpixel 将坐标为(4,4)的像素点变为(255,0,0)颜色，即红色。

8.4 程序设计的步骤

8.4.1 Python 处理图片切割

使用 PIL 中的 crop()方法可以从一幅图像中裁剪指定区域。该区域使用四元组来指定，四元组的坐标依次是（左、上、右、下）。PIL 中指定坐标系的左上角坐标为（0,0）。具体实现代码如下：

```
from PIL import Image
img = Image.open(r'c:\woman.jpg')           #r 表示原义字符串
box = (100,100,400,400)
region = img.crop(box) #裁剪图片
#保存裁剪后的图片
cropImg.save('crop.jpg')
```

在本游戏中，需要把图片分割为 3 列图片块，在上面的基础上再指定不同的区域即可进行裁剪、保存。为了方便使用，可编写 splitimage(src, rownum, colnum, dstpath)函数，实现将指定的 src 图片文件分隔成 rownum×colnum 数量的小图片块。具体实现代码如下：

```python
import os
from PIL import Image
def splitimage(src, rownum, colnum, dstpath):
    img = Image.open(src)
    w, h = img.size      #图片大小
    if rownum <= h and colnum <= w:
        print('Original image info: %sx%s, %s, %s' % (w, h, img.format, img.mode))
        print('开始处理图片切割, 请稍候……')
        s = os.path.split(src)
        if dstpath == '':          #没有输入路径
            dstpath = s[0]         #使用源图片所在目录s[0]
        fn = s[1].split('.')       #s[1]是源图片文件名
        basename = fn[0]           #主文件名
        ext = fn[-1]               #扩展名
        num = 0
        rowheight = h // rownum
        colwidth = w // colnum
        for r in range(rownum):
            for c in range(colnum):
                box = (c * colwidth, r * rowheight, (c+1) * colwidth, (r+1) * rowheight)
                img.crop(box).save(os.path.join(dstpath, basename+'_'+str(num)+'.'+ext))
                num = num+1
        print('图片切割完毕, 共生成 %s 张小图片.' % num)
    else:
        print('不合法的行列切割参数！')

src = input('请输入图片文件路径: ')
#src ="c:\woman.png"
if os.path.isfile(src):
    dstpath = input('请输入图片输出目录(不输入路径则表示使用源图片所在目录): ')
    if (dstpath == '') or os.path.exists(dstpath):
        row = int(input('请输入切割行数: '))
        col = int(input('请输入切割列数: '))
        if row > 0 and col > 0:
            splitimage(src, row, col, dstpath)
        else:
```

```
                        print('无效的行列切割参数!')
            else:
                print('图片输出目录 %s 不存在!' % dstpath)
else:
        print('图片文件 %s 不存在!' % src)
```

运行结果如下：

```
请输入图片文件路径: c:\ woman.png
请输入图片输出目录(不输入路径则表示使用源图片所在目录):
请输入切割行数: 3
请输入切割列数: 3
Original image info: 283x212, PNG, RGBA
开始处理图片切割，请稍候……
图片切割完毕，共生成 9 张小图片。
```

8.4.2 游戏逻辑的实现

1. 定义常量及加载图片

定义常量及加载图片的代码如下：

```python
from tkinter import *
from tkinter.messagebox import *
import random
#定义常量
#画布的尺寸
WIDTH = 312
HEIGHT = 450
#图像块的边长
IMAGE_WIDTH = WIDTH // 3
IMAGE_HEIGHT = HEIGHT // 3
#游戏的行列数
ROWS = 3
COLS = 3
#移动步数
steps = 0
#保存所有图像块的列表
board = [[0, 1, 2],
         [3, 4, 5],
         [6, 7, 8]]
root = Tk('拼图2017')
root.title("拼图--夏敏捷2017-10-5")
#载入外部事先生成的9个小图像块
Pics = []
for i in range(9):
    filename="woman_"+str(i)+".png"
    Pics.append(PhotoImage(file=filename))
```

2. 图像块（拼块）类

每个图像块（拼块）都是 Square 对象，具有 draw 功能，因此，可将本拼块图片绘制到 Canvas 上。orderID 属性是每个图像块（拼块）对应的编号。实现图像块（拼块）类的代码如下：

```python
#图像块（拼块）类
class Square:
    def __init__(self, orderID):
        self.orderID = orderID
    def draw(self, canvas, board_pos):
        img = Pics[self.orderID]
        canvas.create_image(board_pos, image=img)
```

3. 初始化游戏

random.shuffle(board)只能按行打乱二维列表，所以使用一维列表来实现打乱图像块的功能，再根据编号生成对应的图像块（拼块）到 board 列表中。

```python
def init_board():
    #打乱图像块
    L=list(range(9))         #L 列表中[0,1,2,3,4,5,6,7,8 ]
    random.shuffle(L)
    #填充拼图板
    for i in range(ROWS):
        for j in range(COLS):
            idx = i * ROWS+j
            orderID = L[idx]
            if orderID is 8:             #8号拼块不显示，所以存为None
                board[i][j] = None
            else:
                board[i][j] = Square(orderID)
```

4. 绘制游戏界面的各个元素

游戏界面中还存在着各个元素，如黑框等，绘制各元素的代码如下：

```python
def drawBoard(canvas):
    #绘制黑框
    canvas.create_polygon((0, 0, WIDTH, 0, WIDTH, HEIGHT, 0, HEIGHT),
width=1,outline='Black')
    #绘制所有图像块
    for i in range(ROWS):
        for j in range(COLS):
            if board[i][j] is not None:
                board[i][j].draw(canvas, (IMAGE_WIDTH*(j+0.5),
IMAGE_HEIGHT*(i+0.5) ))
```

5. 鼠标事件

将单击位置换算成拼图板上的棋盘坐标，如果单击空位置，则所有图像块都不移动；否则依次检查被单击的当前图像块的上、下、左、右是否有空位置，如果有，就移动当前图像块。实现鼠标事件的代码如下：

```python
def mouseclick(pos):
    global steps
    #将单击位置换算成拼图板上的棋盘坐标
    r = int(pos.y // IMAGE_HEIGHT)
    c = int(pos.x // IMAGE_WIDTH)
    if r < 3 and c < 3:      #单击位置在拼图板内才移动图片
        if board[r][c] is None: #单击空位置，则所有图像块不移动
            return
        else:
            #依次检查被单击的当前图像块的上、下、左、右是否有空位置，如果有就
            #移动当前图像块
            current_square = board[r][c]
            if r-1 >= 0 and board[r-1][c] is None:     #判断上面
                board[r][c] = None
                board[r-1][c] = current_square
                steps += 1
            elif c+1 <= 2 and board[r][c+1] is None:   #判断右边
                board[r][c] = None
                board[r][c+1] = current_square
                steps += 1
            elif r+1 <= 2 and board[r+1][c] is None:   #判断下面
                board[r][c] = None
                board[r+1][c] = current_square
                steps += 1
            elif c-1 >= 0 and board[r][c-1] is None:   #判断左边
                board[r][c] = None
                board[r][c-1] = current_square
                steps += 1
        #print(board)
        label1["text"]="步数: "+str(steps)
        cv.delete('all')    #清除Canvas画布上的内容
        drawBoard(cv)
        if win():
            showinfo(title="恭喜",message="你成功了! ")
```

6. 判断输赢

判断拼块的编号是否有序，如果不是有序的，则返回False。代码如下：

```python
def win():
```

```
        for i in range(ROWS):
                for j in range(COLS):
                        if board[i][j] is not None and board[i][j].orderID!=i * ROWS + j:
                                return False
        return True
```

7. 重置游戏

重置游戏的代码如下:

```
def play_game():
    global steps
    steps = 0
    init_board()
```

8. "重新开始"按钮的单击事件

实现"重新开始"按钮单击事件的代码如下:

```
def callBack2():
    print("重新开始")
    play_game()
    cv.delete('all')    #清除canvas画布上的内容
    drawBoard(cv)
```

9. 主程序

该游戏主程序的代码如下:

```
#设置窗口
cv = Canvas(root, bg = 'green', width =WIDTH, height = HEIGHT)
b1=Button(root,text="重新开始",command=callBack2,width=20)
label1=Label(root,text="步数: "+str(steps) ,fg="red",width=20)
label1.pack()
cv.bind("<Button-1>", mouseclick)
cv.find
cv.pack()
b1.pack()
play_game()
drawBoard(cv)
root.mainloop()
```

至此,就完成了人物拼图游戏的设计。

思考题

1. 实现 5×5 人物拼图游戏。
2. 实现 $n×n$ 人物拼图游戏。

实战篇

第 9 章

人机对战井字棋游戏

9.1 游戏介绍

人机对战井字棋游戏的规则是，对战在九宫方格内进行，如果一方首先沿某方向（横、竖、斜）连成 3 子，则获得胜利。游戏中输入方格位置的代号，形式如下：

0	1	2
3	4	5
6	7	8

游戏运行过程如图 9-1 所示。

```
玩家是否先走（y/n）: y
玩家先走.
 0 | 1 | 2
 3 | 4 | 5
 6 | 7 | 8
玩家走哪个位置? (0 - 8):1
 0 | X | 2
 3 | 4 | 5
 6 | 7 | 8
电脑机器人下棋位置... 4
 0 | X | 2
 3 | O | 5
 6 | 7 | 8
玩家走哪个位置? (0 - 8):2
 0 | X | X
 3 | O | 5
 6 | 7 | 8
电脑机器人下棋位置.. 0
 O | X | X
 3 | O | 5
 6 | 7 | 8
玩家走哪个位置? (0 - 8):3
 O | X | X
 X | O | 5
 6 | 7 | 8
电脑机器人下棋位置... 8
 O | X | X
 X | O | 5
 6 | 7 | O
电脑机器人赢!
按任意键退出游戏.
```

图 9-1　人机对战井字棋游戏运行界面

9.2 程序设计的思路

在游戏中，board 棋盘存储玩家、电脑机器人的落子信息，未落子处为 EMPTY。人机对战需要实现电脑机器人的智能性，下面是为这个电脑机器人设计的简单策略：

（1）如果有一步棋可以让电脑机器人在本轮获胜，就选那一步走；

（2）否则，如果有一步棋可以让玩家在本轮获胜，就选那一步走；

（3）否则，电脑机器人应该选择最佳空位置来走。最优位置就是中间那个位置，次优位置是四个角的位置，剩下的就都算第三优位置。

在程序中定义一个元组 BEST_MOVES 存储最佳方格位置，代码如下：

```
#按优劣顺序排序的下棋位置
BEST_MOVES = (4, 0, 2, 6, 8, 1, 3, 5, 7)  #最佳下棋位置顺序表
```

按上述规则设计程序，就可以实现电脑机器人的智能性。

井字棋输赢判断比较简单，这里只有 8 种方式（即三颗同色的棋子排成一条直线）。每种获胜方式都被写成一个元组，就可以得到这样的嵌套元组 WAYS_TO_WIN。

```
#所有赢的可能情况，例如，(0, 1, 2)就是第一行，(0, 4, 8)，(2, 4, 6)就是对角线
WAYS_TO_WIN = ((0, 1, 2), (3, 4, 5), (6, 7, 8), (0, 3, 6),
               (1, 4, 7), (2, 5, 8), (0, 4, 8), (2, 4, 6) )
```

通过遍历，就可以判断哪一方是否获胜。

9.3 程序设计的步骤

下面就是井字棋游戏的代码。

```
#Tic-Tac-Toe 井字棋游戏
#全局常量
X = "X"
O = "O"
EMPTY = " "
```

1. 确定谁先走

```
#询问玩家是否先走
def ask_yes_no(question):
    response = None
    while response not in ("y", "n"):   #如果输入不是"y"或"n"，继续重新输入
        response = input(question).lower()
    return response
#询问谁先走，先走方为 X，后走方为 O
#函数返回电脑机器人、玩家的角色代号
def pieces():
```

```python
        go_first = ask_yes_no("玩家你是否先走 (y/n): ")
        if go_first == "y":
            print("\n玩家你先走.")
            human = X
            computer = O
        else:
            print("\n电脑机器人先走.")
            computer = X
            human = O
        return computer, human
```

2. 产生保存走棋信息的列表并显示棋盘

```python
#产生保存走棋信息的列表board
def new_board():
    board = []
    for square in range(9):
        board.append(EMPTY)
    return board
#显示棋盘
def display_board(board):
    board2=board[:]      #创建副本,修改不影响原来的列表board
    for i in range(len(board)):
        if board[i]==EMPTY:
            board2[i]=i
    print("\t", board2[0], "|", board2[1], "|", board2[2])
    print("\t", "---------")
    print("\t", board2[3], "|", board2[4], "|", board2[5])
    print("\t", "---------")
    print("\t", board2[6], "|", board2[7], "|", board2[8], "\n")
```

3. 产生可以合法走棋位置的序列

```python
#产生可以合法走棋位置的序列(也就是还未下过棋子的位置)
def legal_moves(board):
    moves = []
    for square in range(9):
        if board[square] == EMPTY:
            moves.append(square)
    return moves
```

4. 玩家走棋

```python
def human_move(board, human):       #玩家走棋
```

```python
        legal = legal_moves(board)
        move = None
        while move not in legal:
          move = ask_number("你走哪个位置? (0-8):", 0, 9)
          if move not in legal:
              print("\n 此位置已经落过了")
        #print("Fine...")
        return move
#输入位置数字
def ask_number(question, low, high):
    response = None
    while response not in range(low, high):
        response = int(input(question))
    return response
```

5. 电脑机器人走棋

```python
#电脑机器人走棋
def computer_move(board, computer, human):
    board = board[:]        #创建副本，修改不影响原来的列表board
    #按优劣顺序排序的下棋位置
    BEST_MOVES = (4, 0, 2, 6, 8, 1, 3, 5, 7)  #最佳下棋位置顺序表
    #如果电脑机器人能赢，就走那个位置
    for move in legal_moves(board):
        board[move] = computer
        if winner(board) == computer:
            print("电脑机器人下棋位置……" ,move)
            return move
        #取消走棋方案
        board[move] = EMPTY
    #如果玩家能赢，就走（堵住）那个位置
    for move in legal_moves(board):
        board[move] = human
        if winner(board) == human:
            print("电脑机器人下棋位置……" ,move)
            return move
        #取消走棋方案
        board[move] = EMPTY
    #若不是上面的情况，也就是这一轮无法获胜时，则从最佳下棋位置表中挑出第一个合法
    #位置
    for move in BEST_MOVES:
```

```
            if move in legal_moves(board):
                print("电脑机器人下棋位置……" ,move)
                return move
```

6. 判断输赢

如果满足某种赢的情况，则返回赢方代号（X 或 O）；如果棋盘没有空位置，则返回 "TIE"代表和局；否则返回 False，表示游戏继续。

```
def winner(board):
    #所有赢的可能情况,例如,(0, 1, 2)就是第一行,(0, 4, 8), (2, 4, 6)就是对角线
    WAYS_TO_WIN = ((0, 1, 2), (3, 4, 5), (6, 7, 8), (0, 3, 6),
                   (1, 4, 7), (2, 5, 8), (0, 4, 8), (2, 4, 6) )
    for row in WAYS_TO_WIN:
        if board[row[0]] == board[row[1]] == board[row[2]] != EMPTY:
            winner = board[row[0]]
            return winner                    #返回赢方
    #棋盘没有空位置
    if EMPTY not in board:
        return "TIE"                         #"平局和棋,游戏结束"
    return False
```

7. 主函数

主函数是一个循环，实现玩家和电脑机器人的轮流下棋。当判断 winner(board)为 False 时继续游戏，否则结束循环。游戏结束后输出输赢或和棋信息。

```
def main():
    computer, human = pieces()
    turn = X
    board = new_board()
    display_board(board)
    while not winner(board):        #若返回 False 则继续,否则结束循环
        if turn == human:
            move = human_move(board, human)
            board[move] = human
        else:
            move = computer_move(board, computer, human)
            board[move] = computer
        display_board(board)
        turn = next_turn(turn)      #转换角色
    #游戏结束后输出输赢或和棋信息
    the_winner = winner(board)
    if the_winner == computer:
```

```
            print("电脑赢!\n")
        elif the_winner == human:
            print("玩家赢!\n")
        elif the_winner == "TIE":                    #"平局和棋"
            print("平局和棋,游戏结束\n")
#转换角色
def next_turn(turn):
    if turn == X:
        return O
    else:
        return X
```

8. 主程序

```
#主程序很简单,只需调用main()函数
#start the program
main()
input("按任意键退出游戏.")
```

9.4 窗体版游戏

前面的程序是控制台字符界面,游戏交互性差,下面我们将其改进为窗体版图形界面游戏。设计的思路基本不变,仅仅把下棋位置改成由鼠标单击来确定,不用输入位置代号。同时在格子中显示"X""O"棋子图案。运行界面如图 9-2 所示。

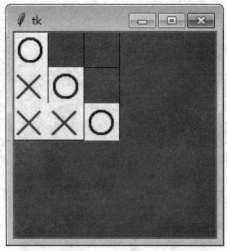

图 9-2 井字棋游戏窗体版运行界面

在设计时,为了信息传递的方便,采用 3 个全局变量 computer、human 和 board。

```python
from tkinter import *
from tkinter.messagebox import *
#全局常量
X = "X"
O = "O"
EMPTY = " "
computer = X
human = O
#询问玩家是否先走棋
def ask_yes_no(question):
    response = None
    while response not in ("y", "n"):    #如果输入不是"y"或"n"，则继续重新输入
        response = input(question).lower()
    return response
#询问哪一方先走，先走方为X，后走方为O
#函数返回电脑机器人、玩家的角色代号
def pieces():
    global computer, human
    go_first = ask_yes_no("玩家是否先走 (y/n): ")
    if go_first == "y":
        print("\n玩家先走.")
        human = X
        computer = O
    else:
        print("\n电脑机器人先走.")
        computer = X
        human = O
    return computer, human
#产生保存走棋信息的列表board
def new_board():
    board = []
    for square in range(9):
        board.append(EMPTY)
    return board

#产生可以合法走棋位置的序列（也就是还未下过棋子的位置）
def legal_moves(board):
    moves = []
    for square in range(9):
        if board[square] == EMPTY:
```

```python
            moves.append(square)
    return moves
#判断输赢
def winner(board):
    #所有赢的可能情况,例如,(0, 1, 2)就是第一行,(0, 4, 8),(2, 4, 6)就是对角线
    WAYS_TO_WIN = ((0, 1, 2), (3, 4, 5), (6, 7, 8), (0, 3, 6),
                   (1, 4, 7), (2, 5, 8), (0, 4, 8), (2, 4, 6) )
    for row in WAYS_TO_WIN:
        if board[row[0]] == board[row[1]] == board[row[2]] != EMPTY:
            winner = board[row[0]]
            return winner            #返回赢方
    #棋盘没有空位置
    if EMPTY not in board:
        return "TIE"                  #"平局和棋,游戏结束"
    return False

#电脑机器人走棋
def computer_move(board, computer, human):
    board = board[:]       #创建副本,修改不影响原来的列表board
    #按优劣顺序排序的下棋位置
    BEST_MOVES = (4, 0, 2, 6, 8, 1, 3, 5, 7) #最佳下棋位置顺序表
    #如果电脑机器人能赢,就走那个位置
    for move in legal_moves(board):
        board[move] = computer
        if winner(board) == computer:
            print("电脑机器人下棋位置……" ,move)
            return move
        #取消走棋方案
        board[move] = EMPTY
    #如果玩家能赢,就走(堵住)那个位置
    for move in legal_moves(board):
        board[move] = human
        if winner(board) == human:
            print("电脑下棋位置……" ,move)
            return move
        #取消走棋方案
        board[move] = EMPTY
    #若不是上面情况,也就是这一轮双方都不能取胜
    #则从最优下棋位置表中挑出第一个合法位置
    for move in BEST_MOVES:
```

```
            if move in legal_moves(board):
                print("电脑机器人下棋位置……" ,move)
                return move
```

可以看到,以上代码与之前的代码相比,基本没有改变。下面看看有改动的部分。

1. 绘制整个游戏区域图形(显示棋盘和棋子)

绘制整个游戏区域图形的具体方法就是按照地图 board 存储图形代号,从 imgs 列表获取对应图像,显示到 Canvas 上。而棋盘比较简单,直接绘制 6 条直线即可。

```
def DrawQipan():        #绘制棋盘
    cv.create_line(0,40,120,40)
    cv.create_line(0,80,120,80)
    cv.create_line(0,120,120,120)
    cv.create_line(40,0,40,120)
    cv.create_line(80,0,80,120)
    cv.create_line(120,0,120,120)
    cv.pack()
def drawGameImage(board):  #显示棋子
    for square in range(9):
        if board[square] == X:
            img1= imgs[0]               #从 imgs 列表获取对应图像 X
            i=square%3
            j=square//3
            cv.create_image((i*40+20,j*40+20),image=img1) #显示到 Canvas 上
            cv.pack()
        elif board[square] == O:
            img1= imgs[1]               #从 imgs 列表获取对应图像 O
            i=square%3
            j=square//3
            cv.create_image((i*40+20,j*40+20),image=img1) #显示到 Canvas 上
            cv.pack()
```

2. 玩家走棋

玩家走棋时,判断此位置是否已经落过子了,如果是合法位置才能落子。玩家走完后,判断输赢,winner(board)返回 False 后,则继续游戏(即电脑机器人可以自动完成走棋并显示)。如果游戏结束,则显示输赢结果。

```
def callback(event):    #走棋 picBoard_MouseClick
    global computer, human, board
    print ("clicked at", event.x, event.y)
    x=(event.x)//40    #换算棋盘坐标
    y=(event.y)//40
```

```
        print ("clicked at", x, y )
        legal = legal_moves(board)
        move=y*3+x
        #print(move,"合法位置",legal)
        if move not in legal:
            print("\n 此位置已经落过子了")
            return
        board[move] = human
        if human==O:
            img= imgs[1]                              #从 imgs 列表获取对应图像 O
        else:
            img= imgs[0]                              #从 imgs 列表获取对应图像 X
        cv.create_image((x*40+20,y*40+20),image=img) #显示到 Canvas 上
        cv.pack()
        if not  winner(board):                        #若返回 False，则继续游戏
            #转换角色
            move = computer_move(board, computer, human)
            board[move] = computer
            drawGameImage(board)


        the_winner = winner(board)
        #如果游戏结束，输出输赢或和棋信息
        if the_winner == computer:
            print("电脑机器人赢!\n")
            showinfo(title="提示",message="电脑机器人赢了")
        elif the_winner == human:
            print("玩家赢!\n")
            showinfo(title="提示",message="玩家赢了")
        elif the_winner == "TIE":     #"平局和棋"
            print("平局和棋，游戏结束\n")
            showinfo(title="提示",message="平局和棋，游戏结束")
```

3. 主程序

窗体版主程序不再需要一个循环实现玩家和电脑机器人的轮流下棋。当判断 winner(board)为 False 时继续游戏，否则结束循环。游戏结束后输出输赢或和棋信息。

```
#start the program
root = Tk()
imgs= [PhotoImage(file='Image\\X.gif'),PhotoImage(file='Image\\O.gif') ]
cv = Canvas(root, bg = 'green', width = 226, height = 226)
cv.pack()
```

```
cv.focus_set()          #将焦点设置到cv上
computer, human = pieces()
turn = X                          #'X'先走
DrawQipan()                       #绘制棋盘
board = new_board()               #产生保存走棋信息的列表board
if turn == human:                 #如果玩家先走,则什么也不处理,等待单击事件
    pass
else:                             #如果电脑机器人先走,则电脑机器人自动走棋
    move = computer_move(board, computer, human)
    board[move] = computer
#display_board(board)
drawGameImage(board)              #显示棋子
cv.bind("<Button-1>", callback)   #绑定左键单击事件函数callback
root.mainloop()                   #消息循环
```

玩家先走的一次运行结果如图9-3所示。

```
玩家是否先走 (y/n): y
玩家先走.
clicked at 7 59
clicked at 0 1
电脑机器人下棋位置……4
clicked at 96 63
clicked at 2 1
电脑机器人下棋位置……0
clicked at 81 101
clicked at 2 2
电脑机器人下棋位置……2
clicked at 65 105
clicked at 1 2
电脑机器人下棋位置……1
电脑机器人赢!
```

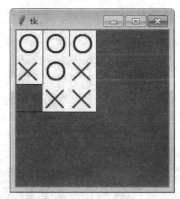

图9-3 井字棋游戏窗体版运行界面

至此,就完成了窗体版人机对战井字棋游戏的设计。

第 10 章

连连看游戏

10.1 游戏介绍

"连连看"是一个桌面小游戏,曾风靡一时,吸引了众多程序员开发出多种版本的"连连看"。"连连看"考验的是玩家的眼力,在有限的时间内,玩家只要把所有能连接的相同图案,两个一对地找出来。每找出一对,它们就会自动消失,只要把所有的图案全部消除完即可获得胜利。两个图案之间能够连接,指的是:无论横向或者纵向,从一个图案到另一个图案之间的连线不能超过两个弯,并且,连线不能从尚未消失的图案上经过。

连连看游戏的规则总结如下:
- 两个选中的方块是相同的;
- 两个选中的方块之间连接线的折点不超过两个(连接线由 x 轴和 y 轴的平行线组成)。

本章开发的连连看游戏,游戏界面如图 10-1 所示。

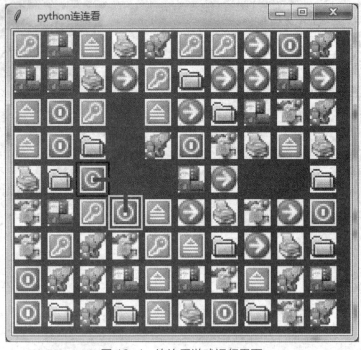

图 10-1 连连看游戏运行界面

本游戏增加智能查找功能,当玩家自己无法找到可消去图案时,可以用右键点击画面,则会出现提示可以消去的两个方块(被加上红色边框线)。

10.2 程序设计的思路

1. 图标方块布局

首先,游戏中有 10 种图标方块,如图 10-2 所示,而且每种方块的数量为 10 个,我们可以先按顺序把每种图标方块(数字编号)排列好放入列表的临时地图(tmpMap)中。然后用 random.shuffle 打乱列表元素的顺序,依次从 tmpMap 中取一个图标方块放入地图(map)中。实际上程序内部是不需要识别图标方块的图像的,只需用一个索引号(ID)来表示即可。软件运行界面上画出来的图标图形实际上是根据地图中的索引号取资源里的图片画的。如果索引号的值为空(""),则说明此处已经被消除掉了。

图 10-2 连连看运行界面上的 10 种图标方块

```
    imgs= [PhotoImage(file='H:\\连连看\\gif\\bar_0'+str(i)+'.gif') for i in
range(0,10) ] #所有图标图案
```

所有图标图案存储在列表 imgs 中,地图(map)中存储的是图标的索引号。如果是 bar_02.gif 图标,则在地图(map)实际存储的是 2;如果是 bar_08.gif 图标,则在地图(map)实际存储的是 8。

```
#初始化地图,将地图中所有方块区域位置置为空方块状态
map = [[" " for y in range(Height)]for x in range(Width)]
#存储图像对象
image_map = [[" " for y in range(Height)]for x in range(Width)]
cv = Canvas(root, bg = 'green', width = 610, height = 610)
def create_map( ):#产生 map 地图
    global map
    #生成随机地图
    #将所有匹配成对的图标索引号放进一个临时的地图中
    tmpMap = []
    m=(Width)*(Height)//10
    print('m=',m)
    for x in range(0,m):
```

```
            for i in range(0,10):    #每种方块有10个
                tmpMap.append(x)
    random.shuffle(tmpMap)    #生成随机地图
    for x in range(0,Width):
        for y in range(0,Height):
            map[x][y]=tmpMap[x*Height+y]  #从上面的临时地图中获取
```

2. 连通算法

分析后可知，连接的情况一般可分三种，如图 10-3 所示。

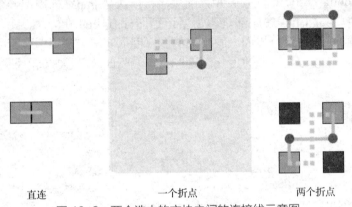

直连　　　　　　一个折点　　　　　　两个折点

图 10-3　两个选中的方块之间的连接线示意图

（1）直连方式

直连方式要求两个选中方块的 x 坐标或 y 坐标相同，即在一条直线上，并且之间没有其他任何图案的方块。直连方式是三种连接方式中最简单的。

（2）一个折点

一个折点其实相当于两个方块划出一个矩形，这两个方块是一对对角顶点，如果另外两个顶点中的某个顶点（即折点）可以同时和这两个方块直连，那就说明可以"一折连通"。

（3）两个折点

这种方式的两个折点（z1,z2）必定在两个目标点（两个选中的方块）p1、p2 所在的 x 方向或 y 方向的直线上。

按 p1（x1,y1）点向四个方向探测，如向右探测，则每次向右前进一格，判断 z1(x1+1,y1)与 p2（x2,y2）点可否通过一个折点连通。如果可以形成连通，则两个折点连通；否则，直到超过图形右边界区域，则还需判断两个折点在选中方块的右侧，即两个折点在图案区域之外连通情况是否存在。此时判断可以简化为判断 p2 点（x2,y2）是否可以水平直通到边界。

经过上面的分析，两个方块是否可以消除的算法流程图如图 10-4 所示。根据图 10-4 所示的流程图，选中的两个方块（分别在（x1,y1）、（x2,y2）位置）是否可以消除的判断实现如下。把该功能封装在 IsLink()方法里面，其代码如下：

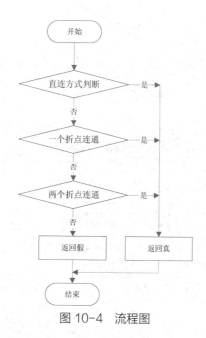

图 10-4 流程图

```
'''
判断选中的两个方块是否可以消除
'''
def IsLink(p1,p2):
    if lineCheck(p1, p2):
        return True
    if OneCornerLink(p1, p2):      #一个转弯（折点）的连通方式
        return True
    if TwoCornerLink(p1, p2):      #两个转弯（折点）的连通方式
        return True
    return False
```

直连方式分为 x 坐标或 y 坐标相同的情况，同行或同列情况消除的原理是，如果两个相同的被消除方块之间的空格数 spaceCount 比它们之间的列差或行差小 1，则两者可以连通。

```
class Point:
    #点类
    def __init__(self,x,y):
        self.x=x
        self.y=y



'''
* x 代表列，y 代表行
* param p1 第一个保存上次选中点坐标的点对象
* param p2 第二个保存上次选中点坐标的点对象
```

```python
'''
#直接连通
def lineCheck(p1, p2):
    absDistance = 0
    spaceCount = 0
    if (p1.x == p2.x or p1.y == p2.y) : #是否为同行或同列的情况
        print("是同行或同列的情况------")
        #同列的情况
        if (p1.x == p2.x and p1.y != p2.y) :
            print("同列的情况")
            #绝对距离(中间隔着的空格数)
            absDistance = abs(p1.y - p2.y) - 1
            #正负值
            if  p1.y - p2.y > 0 :
                zf = -1
            else:
                zf = 1
            for i in range(1,absDistance+1):
                if (map[p1.x][p1.y + i * zf]==" "):
                    #空格数加1
                    spaceCount += 1
                else:
                    break;#遇到阻碍就不用再探测了
        elif (p1.y == p2.y and p1.x != p2.x):           #同行的情况
            print(" 同行的情况")
            absDistance = abs(p1.x - p2.x) - 1
            #正负值
            if  p1.x - p2.x > 0 :
                zf = -1
            else:
                zf = 1
            for i in range(1,absDistance+1):
                if (map[p1.x + i * zf][p1.y]==" "):
                    #空格数加1
                    spaceCount += 1
                else:
                    break;#遇到阻碍就不用再探测了
        if (spaceCount == absDistance) :
            #可连通
            print(absDistance,spaceCount)
            print("行/列可直接连通")
            return True
```

```
            else:
                print("行/列不能消除! ")
                return False
        else:
            #不是同行或同列的情况,所以直接返回 False
            return False;
```

一个折点连通的情况通过使用 OneCornerLink()实现判断。其实相当于两个方块划出一个矩形,这两个方块是一对对角顶点,两个黑色目标方块的连通情况如图 10-5 所示,右上角打叉的位置就是折点。左下角打叉的位置不能与左上角黑色目标方块连通,所以不能作为折点。

如果找到,则把折点置于 linePointStack 列表中。

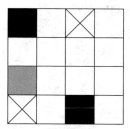

图 10-5 一个折点连通示意图

```
#第二种情形,一个折点连通(直角连通)
'''
一个折点连通
@param first:选中的第一个点
@param second:选中的第二个点
'''
def OneCornerLink(p1, p2):
    #第一个直角检查点
    checkP = Point(p1.x, p2.y)
    #第二个直角检查点
    checkP2 = Point(p2.x, p1.y)
    #第一个直角点检测
    if (map[checkP.x][checkP.y]==" "):
        if (lineCheck(p1, checkP) and lineCheck(checkP, p2)):
            linePointStack.append(checkP)
            print("直角消除 ok",checkP.x,checkP.y)
            return True
    #第二个直角点检测
    if (map[checkP2.x][checkP2.y]==" "):
        if (lineCheck(p1, checkP2) and lineCheck(checkP2, p2)):
            linePointStack.append(checkP2)
```

```
                        print("直角消除 ok",checkP2.x,checkP2.y)
                        return True
        print("不能直角消除")
        return False
```

两个折点连通（双直角连通）的情形通过使用 TwoCornerLink()实现判断。双直角连通判定可分为两个步骤。

（1）在 p1 点周围四个方向寻找空块 checkP 点。

（2）调用 OneCornerLink(checkP, p2) 检测 checkP 与 p2 点可否形成一个折点连通性。

两个折点连通即遍历 p1 点周围四个方向的空格，使之成为 checkP 点，然后调用 OneCornerLink(checkP, p2)判定其是否为真，如果为真则可以双直角连同，否则当所有的空格都遍历完而没有为真的，则表示失败。

如果为真则把两个折点置于 linePointStack 列表中。

```
'''
#第三种，两个折点连通（双直角连通）
@param p1 第一个点
@param p2 第二个点
'''
def TwoCornerLink(p1, p2):
    checkP = Point(p1.x, p1.y)
    #四向探测开始
    for i in range(0,4):
        checkP.x=p1.x
        checkP.y=p1.y
        #向下探测
        if (i == 3):
            checkP.y+=1
            while (( checkP.y < Height) and  map[checkP.x][checkP.y]==" "):
                linePointStack.append(checkP)
                if (OneCornerLink(checkP, p2)):
                    print("向下探测 OK")
                    return True
                else:
                    linePointStack.pop()
                checkP.y+=1
        #向右探测
        elif (i == 2):
            checkP.x+=1
            while (( checkP.x < Width) and  map[checkP.x][checkP.y]==" "):
                linePointStack.append(checkP)
```

```
                if (OneCornerLink(checkP, p2)):
                    print("向右探测OK")
                    return True
                else:
                    linePointStack.pop()
                checkP.x+=1
        #向左探测
        elif (i == 1):
            checkP.x-=1
            while (( checkP.x >=0) and map[checkP.x][checkP.y]==" "):
                linePointStack.append(checkP)
                if (OneCornerLink(checkP, p2)):
                    print("向左探测OK")
                    return True
                else:
                    linePointStack.pop()
                checkP.x-=1
        #向上探测
        elif (i == 0):
            checkP.y -=1
            while ((checkP.y >=0) and map[checkP.x][checkP.y]==" "):
                linePointStack.append(checkP)
                if (OneCornerLink(checkP, p2)):
                    print("向上探测OK")
                    return True
                else:
                    linePointStack.pop()
                checkP.y-=1
    #四个方向都搜寻完，没找到适合的checkP点
    print( "在两直角连接的情形下，未找到适合的checkP点")
    return False;
```

注意，上面代码在测试两个折点是否连通时，并没有考虑两个折点都在游戏区域外部的情况，有些连连看游戏不允许折点在游戏区域外侧（即边界外）。如果允许出现这种情况的话，则对上面代码进行如下修改：

```
        #向下探测
        if (i == 3):
            checkP.y+=1
            while (( checkP.y < Height) and map[checkP.x][checkP.y]==" "):
                linePointStack.append(checkP)
                if (OneCornerLink(checkP, p2)):
                    print("向下探测OK")
```

```
                return True
            else:
                linePointStack.pop()
        checkP.y+=1
    #补充两个折点都在游戏区域底侧外部的情形
    if checkP.y==Height:  #出了底部，则仅需判断p2能否也达到底部边界
        z=Point(p2.x, Height-1)    #底部边界点
        if lineCheck(z,p2) : #两个折点在区域外部的底侧
            linePointStack.append(Point(p1.x, Height))
            linePointStack.append(Point(p2.x, Height))
            print("向下探测到游戏区域外部OK")
            return True
```

其余3个方向的边界外部两个折点连通情况的判断与向下探测的情形类似，请读者自行思考添加。

3. 智能查找功能的实现

在地图上自动查找出一组相同图案可以消除的方块，可采用遍历算法。下面我们通过图10-6来分析此算法。

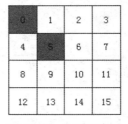

图10-6 匹配示意图

在图中查找相同图案的方块时，将按方块地图（map）的下标位置对每个方块进行查找，一旦找到一组图案相同可以抵消的方块则马上返回。查找相同图案方块组时，必须先确定第一个选定方块（如0号方块），然后在这个基础上做遍历查找第二个选定方块，即从1开始按照1、2、3、4、5、6、7……顺序进行查找第二个选定方块，并判断选定的两个方块是否可连通抵消，假如0号方块与5号方块连通，则经历(0,1)、(0,2)、(0,3)、(0,4)、(0,5)等5组数据的判断对比，成功后立即返回。

如果找不到匹配的第二个选定方块，则如图10-7（a）所示编号加1重新选定第一个选定方块（即1号方块）进入下一轮，然后在这个基础上做遍历查找第二个选定方块，即如图10-7（b）所示从2号开始按照2、3、4、5、6、7……顺序进行查找第二个选定方块，直到搜索到最后一块（即15号方块）。那么，为什么从2开始查找第二个选定方块，而不是0号开始呢？因为将1号方块选定为第一个选定方块前，0号方块已经作为第一个选定方块对后面的方块进行可连通的判断了，它必然不会与后面的方块连通。

如果找不到与1号方块连通且相同的，则编号加1重新选定第一个选定方块（即2号方块）进入下一轮，从3号开始按照3、4、5、6、7……顺序进行查找第二个选定方块。

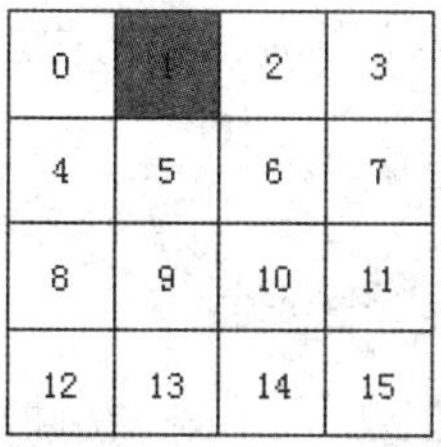

（a）0号方块找不到匹配方块，选定1号 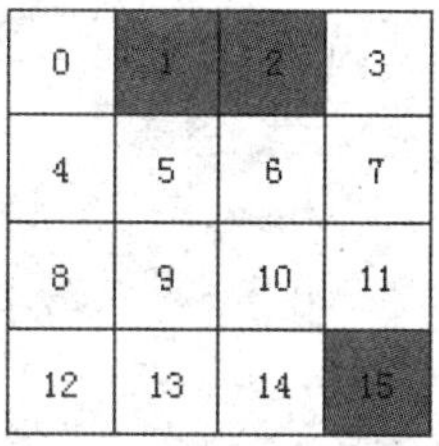　　（b）从2号开始找匹配

图 10-7　匹配示意图

按照上面设计的算法，整个流程图如图 10-8 所示。

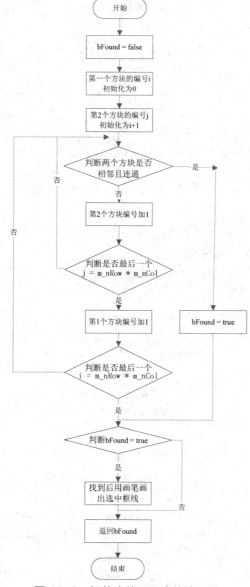

图 10-8　智能查找匹配方块流程图

根据流程图，把自动查找出一组图案相同可以抵消的方块的功能封装在 Find2Block() 方法里面，其代码如下：

```python
def find2Block(event):#自动查找
    global firstSelectRectId,SecondSelectRectId
    m_nRoW=Height
    m_nCol=Width
    bFound = False;
    #第一个方块从地图的0位置开始
    for i in range(0, m_nRoW* m_nCol):
        #若找到，则跳出循环
        if (bFound):
            break
        #算出对应的虚拟行列位置
        x1 = i % m_nCol
        y1 = i // m_nCol
        p1=Point(x1,y1)
        #跳过无图案的方块
        if (map[x1][y1] == ' '):
            continue
        #第二个方块从前一个方块的后面开始
        for j in range( i +1 , m_nRoW* m_nCol):
            #算出对应的虚拟行列位置
            x2 = j % m_nCol
            y2 = j // m_nCol
            p2=Point(x2,y2)
            #第二个方块不为空，且与第一个方块的图标相同
            if (map[x2][y2] != ' ' and IsSame(p1,p2)):
                #判断是否可以连通
                if (IsLink(p1, p2)):
                    bFound = True;
                    break
    #找到后
    if (bFound):   #p1（x1,y1）与 p2（x2,y2）连通
        print('找到后',p1.x,p1.y,p2.x,p2.y)
        #绘制选定（x1,y1）处的框线
        firstSelectRectId=cv.create_rectangle(x1*40,y1*40,x1*40+40,y1*40+40,width=2,outline="red")
        #绘制选定（x2,y2）处的框线
        secondSelectRectId=cv.create_rectangle(x2*40,y2*40,x2*40+40,y2*40+40,outline="red")
```

```
            #t=Timer(timer_interval,delayrun)#定时函数自动消除
            #t.start()
    return bFound
```

10.3 程序设计的步骤

1. 设计点类 Point

点类 Point 的设计比较简单，主要用于存储方块所在棋盘坐标（x,y）。代码如下：

```
class Point:              #点类
    def __init__(self,x,y):
        self.x=x
        self.y=y
```

2. 设计游戏主逻辑

整个游戏在 Canvas 对象中，调用 create_map( )将图标图案随机放到地图中，地图（map）中记录的是图案的数字编号。最后调用 print_map()按地图（map）中记录的图案信息将图 10-2 中图标图案绘制在 Canvas 对象中，生成游戏开始的界面。同时绑定 Canvas 对象鼠标左键和右键事件，并进入窗体显示线程。

```
imgs= [PhotoImage(file='H:\\连连看\\gif\\bar_0'+str(i)+'.gif') for i in range(0,10) ] #所有图标图案
Select_first=False              #是否已经选中第一块
firstSelectRectId=-1            #被选中第一块地图对象
SecondSelectRectId=-1           #被选中第二块地图对象
linePointStack=[]               #存储连接的折点棋盘坐标
Line_id=[]
Height=9
Width=10
map = [[" " for y in range(Height)]for x in range(Width)]
image_map = [[" " for y in range(Height)]for x in range(Width)]
cv = Canvas(root, bg = 'green', width = 610, height = 610)
cv.bind("<Button-1>", callback)          #鼠标左键事件
cv.bind("<Button-3>", find2Block)        #鼠标右键事件
cv.pack()
create_map()      #产生 map 地图
print_map()       #打印 map 地图
root.mainloop()
```

3. 编写函数代码

print_map( )按地图（map）中记录的图案信息将图 10-2 中图标图案显示在 Canvas 对

象中，生成游戏开始时的界面。

```
def print_map( ):#输出 map 地图
    global image_map
    for x in range(0,Width):
        for y in range(0,Height):
            if(map[x][y]!=' '):
                img1= imgs[int(map[x][y])]
                id=cv.create_image((x*40+20,y*40+20),image=img1)
                image_map[x][y]=id
    cv.pack()
    for y in range(0,Height):
        for x in range(0,Width):
            print (map[x][y],end=' ')
        print(",",y)
```

用户在窗口中上单击时，由屏幕像素坐标(event.x, event.y)计算被单击方块的棋盘位置坐标 (x,y)。判断是否是第一次选中方块，若是第一次选中，则仅仅对选定方块加上蓝色示意框线；若是第二次选中方块，则加上黄色示意框线，同时要判断图案是否相同且连通。假如连通则绘制出选中方块之间的连接线，延时 0.3 秒后，清除第一个选定方块和第二个选定方块图案，并清除选中方块之间的连接线。假如不连通，则清除选定两个方块示意框线。

Canvas 对象鼠标右键事件用于调用智能查找功能 Find2Block()。

```
def find2Block(event):#自动查找
    ……    //见前文程序设计的思路
```

Canvas 对象鼠标左键事件的代码如下：

```
def callback(event):#鼠标左键事件代码
    global Select_first,p1,p2
    global firstSelectRectId,SecondSelectRectId
    #print ("clicked at", event.x, event.y,turn)
    x=(event.x)//40   #换算棋盘坐标
    y=(event.y)//40
    print ("clicked at", x, y)


    if map[x][y]==" ":
        showinfo(title="提示",message="此处无方块")
    else:
        if Select_first==False:
            p1=Point(x,y)
            #绘制选定 (x1,y1)处的框线
            firstSelectRectId=cv.create_rectangle(x*40,y*40,x*40+40,y*40+40,outline="blue")
```

```
                Select_first = True
        else:
                p2=Point(x,y)
                #判断第二次单击的方块是否已被第一次单击选取,如果是,则返回。
                if (p1.x == p2.x) and (p1.y == p2.y):
                        return
                #绘制选定(x2,y2)处的框线
                print('第二次单击的方块',x,y)
                SecondSelectRectId=cv.create_rectangle(x*40,y*40,x*40+
40,y*40+40,outline="yellow")
                print('第二次单击的方块',SecondSelectRectId)
                cv.pack()
                if IsSame(p1,p2) and IsLink(p1,p2):     #判断是否连通
                        print('连通',x,y)
                        Select_first = False
                        #绘制选中方块之间的连接线
                        drawLinkLine(p1,p2)
                        t=Timer(timer_interval,delayrun)#定时函数
                        t.start()
                else:                           #不能连通则取消选定的两个方块
                        cv.delete(firstSelectRectId)    #清除第一个选定框线
                        cv.delete(SecondSelectRectId)   #清除第二个选定框线
                        Select_first = False
```

IsSame(p1,p2)判断 p1 (x1, y1)与 p2(x2, y2)处的方块图案是否相同。

```
def IsSame(p1,p2):
    if map[p1.x][p1.y]==map[p2.x][p2.y]:
        print ("clicked at IsSame")
        return True
    return False
```

以下是绘制方块之间的连接线和清除连接线的方法。

drawLinkLine(p1,p2)绘制(p1,p2)所在两个方块之间的连接线。判断 linePointStack 列表长度,如果为 0,则是直接连通。linePointStack 列表长度为 1,则是一折连通,linePointStack 存储的是一折连通的折点。linePointStack 列表长度为 2,则是二折连通,linePointStack 存储的是二折连通的两个折点。

```
def drawLinkLine(p1,p2):  #绘制连接线
    if ( len(linePointStack)==0 ):
        Line_id.append(drawLine(p1,p2))
    else:
        print(linePointStack,len(linePointStack))
        if ( len(linePointStack)==1 ):
```

```
            z=linePointStack.pop()
            print("一折连通点 z",z.x,z.y)
            Line_id.append(drawLine(p1,z))
            Line_id.append(drawLine(p2,z))
        if ( len(linePointStack)==2 ):
            z1=linePointStack.pop()
            print("二折连通点 z1",z1.x,z1.y)
            Line_id.append(drawLine(p2,z1))
            z2=linePointStack.pop()
            print("二折连通点 z2",z2.x,z2.y)
            Line_id.append(drawLine(z1,z2))
            Line_id.append(drawLine(p1,z2))
```

drawLine(p1,p2)绘制(p1,p2)之间的直线。

```
def  drawLine(p1,p2):
    print("drawLine p1,p2",p1.x,p1.y,p2.x,p2.y)
    id=cv.create_line(p1.x*40+20,p1.y*40+20,p2.x*40+20,p2.y*40+20,width=5,fill='red')
    #cv.pack()
    return id
```

undrawConnectLine()删除 Line_id 记录的连接线。

```
def undrawConnectLine():
    while len(Line_id)>0:
        idpop=Line_id.pop()
        cv.delete(idpop)
```

clearTwoBlock()清除(p1,p2)之间连线及所在方块的图案。

```
def clearTwoBlock():#清除连线及方块的图案
    #清除第一个选定框线
    cv.delete(firstSelectRectId)
    #清除第二个选定框线
    cv.delete(SecondSelectRectId)
    #清空记录方块的值
    map[p1.x][p1.y] = " "
    cv.delete(image_map[p1.x][p1.y])
    map[p2.x][p2.y] = " "
    cv.delete(image_map[p2.x][p2.y])
    Select_first = False
    undrawConnectLine()#清除选中方块之间的连接线
```

delayrun()函数是定时函数，延时 timer_interval（0.3 秒）后清除(p1,p2)之间连线及所在方块的图案。

```
timer_interval=0.3 #0.3 秒
```

```
def delayrun():
    clearTwoBlock()#清除连线及方块
```

IsWin()检测是否尚有非未被消除的方块，即地图 map 中元素值非空(" ")，如果没有，则表示已经赢得了游戏。

```
'''
#检测是否已经赢得了游戏
'''
def  IsWin()
    #检测是否尚有非未被消除的方块
    #(非 BLANK_STATE 状态)
    for y in range(0,Height):
        for x in range(0,Width):
            if map[x][y] != " "):
                return False;
    return True;
```

至此，就完成了连连看游戏的设计。

第 11 章

推箱子游戏

11.1 游戏介绍

经典的推箱子游戏是一款来自日本的古老游戏,目的是在游戏中训练玩家的逻辑思维能力。游戏玩法是:在一个狭小的仓库中,要求玩家把木箱放到指定的位置,因为稍不小心就会出现箱子无法移动或者通道被堵住的情况,所以玩家需要巧妙地利用有限的空间和通道,合理安排移动的次序和位置,才能顺利地完成任务。

推箱子游戏的功能如下:游戏运行时载入相应的地图,屏幕中出现一个推箱子的工人,其周围是围墙 、人可以走的通道 、几个可以移动的箱子 和箱子放置的目的地 。玩家通过按上下左右键控制工人 推箱子,当把所有的箱子都推到了目的地后出现过关信息,并显示下一关。若推错了,则玩家需要按空格键重新玩这关。直到通过全部关卡。

本章开发推箱子游戏,推箱子游戏的界面如图 11-1 所示。

图 11-1 推箱子游戏界面

本游戏使用的图片元素含义如下:

目的地　　工人　　箱子　　通道　　围墙　　箱子已在目的地

11.2 程序设计的思路

首先我们来确定一下开发难点。对工人的操作很简单，就是四个方向移动，工人移动，箱子也移动，所以对按键处理也比较简单。当箱子到达目的地位置时，就会产生游戏过关事件，此处需要一个逻辑判断。那么，仔细思考一下，这些所有的事件都发生在一张地图中。这张地图包括了箱子的初始化位置、箱子最终放置的位置和围墙障碍等。每一关的地图都要更换，这些元素的位置也要改变。因此，每关的地图数据是最关键的，它决定了每关的不同场景和物体位置。

因此，我们可重点分析地图，先把地图想象成一个网格，每个格子就是工人每次移动的步长，也是箱子移动的距离，这样问题就简单了很多。首先我们设计一个 7×7 的二维列表 myArray，按照这样的框架来思考。对于格子的 x、y 两个屏幕像素坐标，可以由二维列表下标换算。

格子的状态值分别用常量 Wall(0)代表墙，Worker(1)代表人，Box(2)代表箱子，Passageway(3)代表路，Destination(4)代表目的地，WorkerInDest(5)代表人在目的地，RedBox(6)代表放到目的地的箱子。文件中存储的原始地图中格子的状态值采用相应的整数形式存放。

在玩家通过键盘控制工人推箱子的过程中，需要按游戏规则判断是否响应该按键指示。下面分析一下工人将会遇到什么情况，以便归纳出所有的规则和对应的算法。为了描述方便，可以假设工人移动趋势方向向右，其他方向原理是一致的。P1、P2 分别代表工人移动趋势方向前的两个方格。

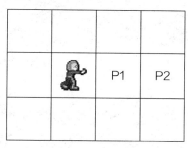

（1）前方 P1 是通道

如果工人前方是通道
{
    工人可以前进到 P1 方格；修改相关位置格子的状态值。
}

（2）前方 P1 是围墙或出界

如果工人前方是围墙或出界（即阻挡工人的路线）
{
    退出规则判断，布局不做任何改变。
}

（3）前方 P1 是目的地

如果工人前方是目的地

{
　　工人可以前进到 P1 方格；修改相关位置格子的状态值。
}

（4）前方 P1 是箱子

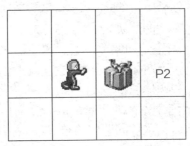

在前面三种情况中，只要根据前方 P1 处的物体就可以判断出工人是否可以移动；而在第 4 种情况中，还需要判断箱子前方 P2 处的物体才能判断出工人是否可以移动。此时有以下几种可能。

① P1 处为箱子，P2 处为墙或出界

如果工人前方 P1 处为箱子，P2 处为墙或出界
{
　　退出规则判断，布局不做任何改变。
}

② P1 处为箱子，P2 处为通道

如果工人前方 P1 处为箱子，P2 处为通道
{
　　工人可以前进到 P1 方格，P2 方格状态为箱子。修改相关位置格子的状态值。
}

③ P1 处为箱子，P2 处为目的地

如果工人前方 P1 处为箱子，P2 处为目的地
{
　　工人可以前进到 P1 方格，P2 方格状态为放置好的箱子。修改相关位置格子的状态值。
}

④ P1 处为放到目的地的箱子，P2 处为通道（请读者考虑为何会出现这种情况）

如果工人前方 P1 处为放到目的地的箱子，P2 处为通道
{
　　工人可以前进到 P1 方格，P2 方格状态为箱子。修改相关位置格子的状态值。
}

⑤ P1 处为放到目的地的箱子，P2 处为目的地（多个箱子，多个目的地）

如果工人前方 P1 处为放到目的地的箱子，P2 处为目的地
{
　　工人可以前进到 P1 方格，P2 方格状态为放置好的箱子。修改相关位置格子的状态值。
}

综合前面的分析，就可以设计出整个游戏的实现流程。

11.3 关键技术

游戏中设计"重玩"的功能是为了便于玩家无法通过时，重玩此关游戏，这时需要将地图信息恢复到初始状态，所以需要复制 7×7 的二维列表 myArray。注意此时需要了解"列表复制——深拷贝"的方法。

下面，我们来看一个实例。

问题描述：已知一个列表 a，生成一个新的列表 b，列表元素对应复制原列表的元素。

```
a=[1,2]
b=a
```

这种做法其实并未真正生成一个新的列表，b 指向的仍然是 a 所指向的对象。这样一来，如果对 a 或 b 的元素进行修改，则 a、b 列表的值会同时发生变化。

解决的方法为：

```
a=[1,2]
b=a[:]         #切片，或者使用 copy 函数 b=copy.copy(a)
```

这样修改 a 对 b 没有影响，修改 b 对 a 没有影响。

但这种方法只适用于简单列表，也就是列表中的元素都是基本类型，如果列表元素还存在列表的话，这种方法就不适用了。原因就是：a[:]这种处理，只是将列表元素的值生成一个新的列表，如果列表元素也是一个列表，如 a=[1,[2]]，那么，这种复制对于元素[2]的处理只是复制[2]的引用，而并未生成[2]的一个新的列表复制。为了证明这一点，下面进行测试：

```
>>> a=[1,[2]]
>>> b=a[:]
>>> b
[1, [2]]
>>> a[1].append(3)
>>> a
[1, [2, 3]]
>>> b
[1, [2, 3]]
```

可见，对 a 的修改影响到了 b。如果需要解决这一问题，则可以使用 copy 模块中的 deepcopy()函数。修改测试如下：

```
>>> import copy
>>> a=[1,[2]]
>>> b=copy.deepcopy(a)
>>> b
[1, [2]]
>>> a[1].append(3)
>>> a
[1, [2, 3]]
>>> b
```

[1, [2]]

明白这一点是非常重要的，因为在本游戏中需要一个新的二维列表（现在状态地图），并且对这个新的二维列表进行操作，同时不会影响原来的二维列表（原始地图）。

11.4 程序设计的步骤

1. 设计游戏地图

整个游戏在一个 7×7 区域中进行，使用 myArray 二维列表存储。其中，方格状态值 0 代表墙，1 代表人，2 代表箱子，3 代表路，4 代表目的地，5 代表人在目的地，6 代表放到目的地的箱子。图 11-1 所示的推箱子游戏界面的对应数据如下：

0	0	0	3	3	0	0
3	3	0	3	4	0	0
1	3	3	2	3	3	0
4	2	0	3	3	3	0
3	3	3	0	3	3	0
3	3	3	0	0	3	0
3	0	0	0	0	0	0

方格状态值采用 myArray1 存储（注意按列存储）：

```
#原始地图
myArray1 = [[0,3,1,4,3,3,3],
            [0,3,3,2,3,3,0],
            [0,0,3,0,3,3,0],
            [3,3,2,3,0,0,0],
            [3,4,3,3,3,0,0],
            [0,0,3,3,3,3,0],
            [0,0,0,0,0,0,0]]
```

为了明确表示方格的状态信息，这里通过定义的变量名（Python 没有枚举类型）来表示，使用 imgs 列表存储图像，并且按照图形代号的顺序存储。

```
Wall = 0
Worker = 1
Box = 2
Passageway = 3
Destination = 4
WorkerInDest = 5
RedBox = 6
#原始地图
myArray1 = [[0,3,1,4,3,3,3],
```

```
                    [0,3,3,2,3,3,0],
                    [0,0,3,0,3,3,0],
                    [3,3,2,3,0,0,0],
                    [3,4,3,3,3,0,0],
                    [0,0,3,3,3,3,0],
                    [0,0,0,0,0,0,0]]
imgs= [PhotoImage(file='bmp\\Wall.gif'),
       PhotoImage(file='bmp\\Worker.gif'),
       PhotoImage(file='bmp\\Box.gif'),
       PhotoImage(file='bmp\\Passageway.gif'),
       PhotoImage(file='bmp\\Destination.gif'),
       PhotoImage(file='bmp\\WorkerInDest.gif'),
       PhotoImage(file='bmp\\RedBox.gif') ]
```

2．绘制整个游戏区域图形

绘制整个游戏区域图形就是按照地图 myArray 存储的图形代号，从 imgs 列表获取对应的图像，显示到 Canvas 上。全局变量 x、y 代表工人当前的位置(x,y)，从地图 myArray 读取时，如果是 1（Worker 值为 1），则记录当前的位置。

```
def drawGameImage( ):
    global x,y
    for i in range(0,7) :#0--6
        for j in range(0,7) :#0--6
            if myArray[i][j] == Worker :
                x=i   #工人当前的位置(x,y)
                y=j
                print("工人当前的位置:",x,y)
            img1= imgs[myArray[i][j]]        #从 imgs 列表获取对应的图像
            cv.create_image((i*32+20,j*32+20),image=img1)
                                             #显示到 Canvas 上
    cv.pack()
```

3．按键事件处理

对游戏中玩家的按键操作，采用 Canvas 对象的 KeyPress 按键事件处理。KeyPress 按键处理函数 callback()根据用户的按键消息，计算出工人移动趋势方向前两个方格位置的坐标(x1, y1)、(x2, y2)，将所有位置作为参数调用 MoveTo(x1, y1, x2, y2)判断并对地图进行更新。如果用户按空格键则恢复游戏界面到原始地图状态，实现"重玩"功能。

```
def callback(event) :#按键处理
    #(x1, y1)、(x2, y2)分别代表工人移动趋势方向前的两个方格
    global x,y,myArray
    print ("按下键: " )
```

```
            print ("按下键: ", event.char)
            KeyCode = event.keysym
            #工人当前的位置(x,y)
            if KeyCode=="Up":#分析按键消息
            #向上
                    x1 = x
                    y1 = y - 1
                    x2 = x
                    y2 = y - 2
                    #将所有位置输入以判断并作地图更新
                    MoveTo(x1, y1, x2, y2)
            #向下
            elif KeyCode=="Down":
                    x1 = x
                    y1 = y + 1
                    x2 = x
                    y2 = y + 2
                    MoveTo(x1, y1, x2, y2)
            #向左
            elif KeyCode=="Left":
                    x1 = x - 1
                    y1 = y
                    x2 = x - 2
                    y2 = y
                    MoveTo(x1, y1, x2, y2)
            #向右
            elif KeyCode=="Right":
                    x1 = x + 1
                    y1 = y
                    x2 = x + 2
                    y2 = y
                    MoveTo(x1, y1, x2, y2)
            elif KeyCode=="Space": #空格键
                    print ("按下键: ", event.char)
                    myArray=copy.deepcopy(myArray1)    #恢复原始地图
                    drawGameImage( )
```

IsInGameArea(row, col)判断是否在游戏区域中。

```
def IsInGameArea(row, col) :
    return (row >= 0 and row < 7 and col >= 0 and col < 7)
```

MoveTo(x1,y1,x2,y2)方法是程序中最复杂的部分,实现前面分析的所有规则和对应的算法。

```
def MoveTo(x1, y1, x2, y2) :
    global x,y
    P1=None                          #P1、P2 是移动趋势方向的前两个格子
    P2=None
    if IsInGameArea(x1, y1) :        #判断是否在游戏区域
        P1=myArray[x1][y1]
    if IsInGameArea(x2, y2) :
        P2 = myArray[x2][y2]
    if P1 == Passageway :            #P1 处为通道
        MoveMan(x,y)
        x = x1; y = y1
        myArray[x1][y1] = Worker
    if P1 == Destination :           #P1 处为目的地
        MoveMan(x, y)
        x = x1; y = y1
        myArray[x1][y1] = WorkerInDest
    if P1 == Wall or not IsInGameArea(x1, y1) :
        #P1 处为墙或出界
        return
    if P1 == Box :#P1 处为箱子
        if P2 == Wall or not IsInGameArea(x1, y1) or P2 == Box :            #P2 处为墙或出界
            return

    #以下 P1 处为箱子
    #P1 处为箱子,P2 处为通道
    if P1 == Box and P2 == Passageway :
        MoveMan(x, y)
        x = x1; y = y1
        myArray[x2][y2]= Box
        myArray[x1][y1] = Worker
    if P1 == Box and P2 == Destination :
        MoveMan(x, y)
        x = x1; y = y1
        myArray[x2][y2]= RedBox
        myArray[x1][y1] = Worker
    #P1 处为放到目的地的箱子,P2 处为通道
    if P1 == RedBox and P2 == Passageway :
        MoveMan(x, y)
```

```
                    x = x1; y = y1
                    myArray[x2][y2] = Box
                    myArray[x1][y1] = WorkerInDest
        #P1 处为放到目的地的箱子,P2 处为目的地
        if P1 == RedBox and P2 == Destination :
                    MoveMan(x, y)
                    x = x1; y = y1
                    myArray[x2][y2] = RedBox
                    myArray[x1][y1] = WorkerInDest
        drawGameImage()
        #这里要验证玩家是否过关
        if IsFinish() :
                    showinfo(title="提示",message=" 恭喜你顺利过关" )
                    print("下一关")
```

MoveMan(x, y)移走(x, y)工人，修改格子状态值。

```
def MoveMan(x, y) :
    if myArray[x][y] == Worker :
        myArray[x][y] = Passageway
    elif myArray[x][y] == WorkerInDest :
        myArray[x][y] = Destination
```

IsFinish()验证是否过关。只要方格状态存在目的地（Destination），或人在目的地（WorkerInDest）则表明有没放好的箱子，游戏还未成功；否则，游戏成功。

```
def IsFinish( ):#验证是否过关
    bFinish = True
    for i in range(0,7) :#0--6
        for j in range(0,7) :#0--6
            if (myArray[i][j] == Destination
                or myArray[i][j] == WorkerInDest) :
                bFinish = False
    return bFinish;
```

4. 主程序

```
cv = Canvas(root, bg = 'green', width = 226, height = 226)
myArray=copy.deepcopy(myArray1)
drawGameImage()
cv.bind("<KeyPress>", callback)
cv.pack()
cv.focus_set() #将焦点设置到 cv 上
root.mainloop()
```

至此就完成了推箱子游戏的设计。读者可以思考一下多关推箱子游戏如何开发，如把10关游戏地图信息存储在 map.txt 文件里，需要时从文件中读取下一关的数据即可。

第 12 章

两人麻将游戏

12.1 游戏介绍

麻将起源于中国，它集益智性、趣味性、博弈性于一体，是中国传统文化的一个重要组成部分，不同地区的游戏规则稍有不同。每副麻将有 136 张牌。主要有"饼（文钱）""条（索子）""万（万贯）"等。与其他形式的牌相比，麻将的玩法较为复杂有趣，它的基本打法简单，因此成为中国历史上最能吸引人的博戏形式之一。

1. 麻将术语

麻将术语是"吃""碰""杠""听"，规则分别如下。

（1）吃：如果任何一个玩家手中的牌中的两张再加上上家刚打下的一张牌恰好凑成顺子，那么他可吃牌。

（2）碰：如果某方打出一张牌，而自己手中有两张牌与该牌相同，则可以选择"碰"牌。"碰"牌后，取得对方打出的这张牌，加上自己提供的两张相同牌成为刻子，倒下这个刻子，不能再出；然后再出一张牌。"碰"比"吃"优先，如果你要碰的牌刚好是出牌方下家要吃的牌，则吃牌失败，碰牌成功。

（3）杠：其他人打出一张牌，自己手中有三张相同的牌，即可杠牌。杠分明杠和暗杠两种。

（4）听：当你将你手中的牌都凑成了有用的牌，只需再加上第十四张便可和牌，你就可以进入听牌的阶段。

2. 牌数

共 136 张：

（1）万牌：从一万至九万，各四张，共 36 张。

（2）饼牌：从一饼至九饼，各四张，共 36 张。

（3）条牌：从一条至九条，各四张，共 36 张。

（4）字牌：东、南、西、北，各四张，共 16 张；中、发、白，各四张，共 12 张。

本章设计的是两人麻将程序，可以实现玩家（人）和电脑机器人对下。游戏有"吃碰"功能，和牌判断。为了降低程序复杂度，游戏没有设计"杠"的功能。同时对电脑机器人出牌进行了智能设计，游戏中上方为电脑机器人的牌，下方为玩家的牌，有"吃牌""碰牌""和牌""摸牌"按钮供玩家抉择，游戏初始界面如图 12-1 所示。

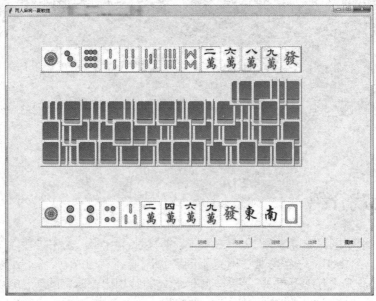

图 12-1　两人麻将游戏运行初始界面

12.2　程序设计的思路

12.2.1　素材图片

设计时麻将牌图片文件按以下规律编号：一饼至九饼为 11.jpg～19.jpg，一条至九条 21.jpg～29.jpg，一万至九万为 31.jpg～39.jpg，字牌与风牌为 41.jpg～49.jpg，如图 12-2 所示。

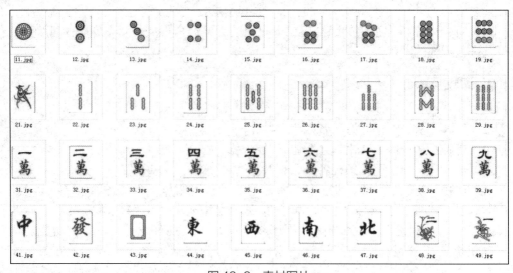

图 12-2　素材图片

12.2.2 游戏逻辑的实现

若玩家自己出过牌 MyTurn = False，则轮到电脑机器人出牌，电脑机器人出完牌则 MyTurn= True，同时摸牌按钮有效，这样又轮到玩家出牌。

```
MyTurn = True                #轮到玩家出牌
Get_btn["state"]=NORMAL    #摸牌有效
```

在游戏过程中，playersCard 列表（数组）记录两个牌手的牌，其中 playersCard[0]记录玩家（0 号牌手）的牌，playersCard[1]记录电脑机器人（1 号牌手）的牌。同理 playersOutCard 数组记录两个牌手出过的牌。所有的牌存入 m_aCards 列表（数组），同时为了便于知道该发哪张牌，这里 k 记录已发出牌的张数，从而知道要摸的牌是 m_aCards[k]。

12.2.3 碰牌、吃牌判断

在游戏过程中，玩家可以"碰牌"和"吃牌"，所以需要判断玩家是否可以"碰或吃"电脑机器人（1 号牌手）刚出的牌，如果能够"碰或吃"，则"碰牌"和"吃牌"及"摸牌"按钮有效。

能否"碰牌"判断比较简单，由于每张牌对应文件的主文件名是 imageID，所以仅仅统计相同 imageID 的牌即可知道是否有两张以上，如果有，则可以"碰牌"。

```
#是否可以碰牌
def canPeng(a,card):   #(List a,Card card)
    n=0
    for i in range(0,len(a)):
        c=a[i]
        if (c.imageID ==card.imageID):
            n+=1
    if n>=2:
        return True
    print("不能碰牌!!!",card.imageID)
    return False
```

能否"吃牌"判断也比较简单，由于牌手手里的牌（a 列表）已经排过序。只需判断下面 3 种情况：

```
1**
*1*
**1
```

1 代表对方刚出的牌，如果符合这 3 种情况则可以"吃牌"。

```
#是否可以吃牌
def canChi(a,card):
    n=0
```

```python
        if card.m_nType==4:              #字牌不用判断吃
            return False
        for i in range(0,len(a)-1):      #1**
            c1=a[i]
            c2=a[i+1]
            if(c1.m_nNum ==card.m_nNum+1 and c1.m_nType==card.m_nType
                and c2.m_nNum ==card.m_nNum+2 and c2.m_nType==card.m_nType):
                return True
        for i in range(0,len(a)-1):      #*1*
            c1=a[i]
            c2=a[i+1]
            if(c1.m_nNum ==card.m_nNum-1 and c1.m_nType==card.m_nType
                and c2.m_nNum ==card.m_nNum+1 and c2.m_nType==card.m_nType):
                return True
        for i in range(0,len(a)-1):      #**1
            c1=a[i]
            c2=a[i+1]
            if(c1.m_nNum ==card.m_nNum-2 and c1.m_nType==card.m_nType
                and c2.m_nNum ==card.m_nNum-1 and c2.m_nType==card.m_nType):
                return True
        print("不能吃牌!!!",card.imageID)
        return False
```

12.2.4 和牌算法

1. 数据结构的定义

麻将由"万""饼（筒）""条（索）""字"四类牌组成，其中，"万"又分为"一万""二万"……"九万"各4张共36张，"饼""条"类似，"字"分为"东""南""西""北""中""发""白"各4张共28张。

这里定义了一个 4×10 的二维列表（相当于其他语言的 4×10 的二维数组 int allPai[4][10]），它记录着手中的牌的全部信息，行号记录类别信息，第 0～3 行分别代表"饼""条""万""字"。

以第 2 行为例，它的第 0 列记录了牌中所有"万"的总数，第 1～9 列分别对应着"一万"～"九万"的个数，"饼""条"类似。"字"不同的是第 1～7 列对应的是"中""发""白""东""南""西""北"的个数，第 8、9 列恒为 0。

根据麻将的规则，数组中的牌总数一定为 $3n+2$，其中 n=0,1,2,3,4。如下面的数组：

```
allPai = [
    [6, 1, 1, 1, 0, 3],
```

```
                        #饼，六个饼牌，"一饼""二饼""三饼"和三个"五饼"
    [5, 0, 2, 0, 3],    #条，五个条牌，两个"二条"和三个"四条"
    [0],                #万，无万牌
    [3, 0, 3]           #字，三个字牌"发"
]
```

它表示手中的牌为："一饼""二饼""三饼""五饼""五饼""五饼"，"二条""二条""四条""四条""四条"，"发""发""发"，共六张"饼"，五张"条"，0 张"万"，三张"字"。

2．算法设计

由于"七对子""十三幺"这种特殊的牌型和牌的依据不是牌的相互组合，而且规则也不尽相同，这里将这类情况排除在外。

尽管能构成"和牌"的形式千变万化，但稍加分析就可以看出它离不开一个模型：它可以分解为"三、三……三、二"的形式（总牌数为 $3n+2$ 张），其中的"三"表示的是"顺"或"刻"（连续三张牌叫做"顺"，如"三饼""四饼""五饼"，"字"牌不存在"顺"；3 张同样的牌称为"刻"，如"三饼""三饼""三饼"）；其中的"二"表示的是"将"（两张相同的牌可作为"将"，如"三饼""三饼"）。

在代码实现中，首先要判断手中的牌是否符合这个模型，这样就用极少的代价排除了大多数情况。具体做法是用 3 除 allPai[i][0]（存储每种牌型数量），其中 i = 0、1、2、3，只有在余数有且仅有一个为 2，其余全为 0 的情况下才可能构成和牌。

对于余数为 0 的牌，它一定要能分解成一个"刻"和"顺"的组合，这是一个递归的过程，由函数 bool Analyze(list，bool)处理。

对于余数为 2 的牌，一定要能分解成一对"将"与"刻"和"顺"的组合，由于任何数目大于等于 2 的牌均有作为"将"的可能，需要对每张牌进行轮询，如果它的数目大于等于 2，去掉这对"将"后再分析它能否分解为"刻"和"顺"的组合，这个过程的开销相对较大，放在程序的最后进行处理。在递归和轮询过程中，尽管每次去掉了某些牌，但最终都会再次将这些牌加上，使得数组中的数据保持不变。

最后分析递归函数 bool Analyze(list，bool)，列表（数组）参数表示一类牌："万""饼""条""字"其中之一，布尔参数指示列表（数组）参数是否是"字"牌，这是因为"字"牌只能构成"刻"而不能构成"顺"。对于列表（数组）中的第一张牌，要构成和牌，它就必须与其他牌构成"顺"或"刻"。

如果数目大于等于 3，那么它们一定是以"刻"的形式组合。例如：当前有三张"五万"，如果它们不构成"刻"，则必须有 3 张"六万"、三张"七万"与其构成三个"顺"（注意此时"五万"是数组中的第一张牌），否则就会剩下"五万"不能组合，而此时的 3 个"顺"实际上也是 3 个"刻"。去掉这 3 张牌，递归调用 bool Analyze(list，bool)函数，成功则和牌。当该牌不是字牌，且它的下两张牌均存在时它还可以构成"顺"，去掉这 3 张牌，递归调用 bool Analyze(list，bool)函数，成功则和牌。如果此时还不能构成和牌，说明该牌不能与其他牌顺利组合，传入的参数不能分解为"顺"和"刻"的组合，不可以构成和牌。

这里根据上述思想单独设计一个类文件（huMain.py）验证和牌算法，代码如下：

```python
class huMain():
    
    def __init__(self):#构造函数
        #定义手中的牌 int allPai[4][10]
        self.allPai = [[6,1,4,1,0,0,0,0,0,0], #饼
                       [3,1,1,1,0,0,0,0,0,0], #条
                       [0,0,0,0,0,0,0,0,0,0], #万
                       [5,2,3,0,0,0,0,0,0,0]] #字
        if self.Win(self.allPai):
            print("Hu!\n")
        else:
            print("Not Hu!\n")
    #判断是否和牌的函数
    def Win(self,allPai):
        jiangPos=0                              # "将"的位置
        jiangExisted=False
        #第一步 是否满足3,3,3,3,2模型
        for i in range(0,4):
            #yuShu                              #余数
            yuShu=allPai[i][0]%3
            if yuShu==1 :
                return False                    #不满足3,3,3,3,2模型
            if yuShu==2 :
                if jiangExisted==True:
                    return False                #不满足3,3,3,3,2模型
                jiangPos=i                      # "将"在哪行
                jiangExisted=True
        
        #不含 "将" 的处理
        for i in range(0,4):
            if i!=jiangPos :
                if not self.Analyze(allPai[i],i==3):
                    return False
        
        #该类牌中要包含 "将",因此要对 "将" 进行轮询,效率较低,可将这一步骤放在最后
        success=False                           #指示除掉 "将" 后能否通过
        for j in range(1,10):                   #对列进行操作,用 j 表示
            if (allPai[jiangPos][j]>=2):
                #除去这两张 "将" 牌
                allPai[jiangPos][j]-=2
```

```python
                allPai[jiangPos][0]-=2
                if self.Analyze(allPai[jiangPos],jiangPos==3) :
                        success=True
                #还原这两张"将"牌
                allPai[jiangPos][j]+=2
                allPai[jiangPos][0]+=2
                if success==True :
                    break
        return success

    #分解成"刻""顺"组合
    def Analyze(self,aKindPai,ziPai):  #(int aKindPai[],Boolean ziPai)
        if aKindPai[0]==0 :
            return True
        #寻找第一张牌
        for j in range(1,10):
            if aKindPai[j]!=0:
                break
        if aKindPai[j]>=3:#作为"刻"牌
            #除去这 3 张"刻"牌
            aKindPai[j]-=3
            aKindPai[0]-=3
            result=self.Analyze(aKindPai,ziPai)
            #还原这 3 张"刻"牌
            aKindPai[j]+=3
            aKindPai[0]+=3
            return result
        #作为顺牌
        if (not ziPai)and(j<8) and(aKindPai[j+1]>0) and(aKindPai[j+2]>0):
            #除去这 3 张"顺"牌
            aKindPai[j]-=1
            aKindPai[j+1]-=1
            aKindPai[j+2]-=1
            aKindPai[0]-=3
            result=self.Analyze(aKindPai,ziPai)
            #还原这 3 张"顺"牌
            aKindPai[j]+=1
            aKindPai[j+1]+=1
            aKindPai[j+2]+=1
```

```
            aKindPai[0]+=3
            return result
    return False
```

12.2.5　实现电脑机器人智能出牌

游戏中有两个牌手，一个是玩家（0号牌手），另一个是电脑机器人（1号牌手）。电脑机器人如果只能随机出牌，则游戏可玩性较差，所以智能出牌是一个设计重点。

为了判断出牌，需要首先计算手中各种牌型的数量。paiArray 二维列表存储同和牌算法数据结构，它记录着手中的牌的全部信息，行号记录类别信息，第 0~3 行分别代表"饼""条""万""字"。此处给出一个智能出牌的算法。

假设 Cards 为手中所有的牌。

① 判断字牌是否单张，即 paiArray 行号为 3 的元素是否为 1，若为 1，则返回在 Cards 的索引号。

② 判断顺子和刻子（三张相同的），若有则在 paiArray 中消去，即无须考虑这些牌。

③ 判断单张非字牌（饼、条、万），若有则找到，返回在 Cards 的索引号。

④ 判断两张牌（饼、条、万，包括字牌），若有则将其找到（即拆双牌），返回 Cards 的索引号。

⑤ 如果以上情况均没出现则随机选出一张牌。当然此种情况一般不会出现。

```
#电脑智能出牌V1.0，计算出牌的索引号
def ComputerCard(cards):
    #计算手中各种牌型的数量
    paiArray = [[0,0,0,0,0,0,0,0,0,0],
                [0,0,0,0,0,0,0,0,0,0],
                [0,0,0,0,0,0,0,0,0,0],
                [0,0,0,0,0,0,0,0,0,0]]
    for i in range(0,14):
        card=cards[i]
        if(card.imageID>10 and card.imageID<20):#饼
            paiArray[0][0]+=1
            paiArray[0][card.imageID-10]+=1
        if(card.imageID>20 and card.imageID<30):#条
            paiArray[1][0]+=1
            paiArray[1][card.imageID-20]+=1
        if(card.imageID>30 and card.imageID<40):#万
            paiArray[2][0]+=1
            paiArray[2][card.imageID-30]+=1
        if(card.imageID>40 and card.imageID<50):#字
            paiArray[3][0]+=1
```

```python
                    paiArray[3][card.imageID-40]+=1
print(paiArray)
#电脑智能选牌
#1.判断字牌是否为单张, 若是则找到
for j in range(1,10):
    if(paiArray[3][j]==1):
        #获取在手中牌的位置下标
        k=ComputerSelectCard(cards,3+1,j)
        return k

#2.判断顺子和刻子(三张相同的)
for i in range(0,3):
    for j in range(1,10):
        if(paiArray[i][j]>=3):#刻子
            paiArray[i][j]-=3
        if(j<=7 and paiArray[i][j]>=1 and paiArray[i][j+1]>=1
            and paiArray[i][j+2]>=1):#顺子
            paiArray[i][j]-=1
            paiArray[i][j+1]-=1
            paiArray[i][j+2]-=1

#3.判断单张非字牌(饼、条、万), 若有则找到
for i in range(0,3):
    for j in range(1,10):
        if(paiArray[i][j]==1):
            #获取在手中牌的位置下标
            k=ComputerSelectCard(cards,i+1,j)
            return k

#4.判断两张牌(饼、条、万, 包括字牌), 若有则找到, 拆双牌
for i in range(3,-1):
    for j in range(1,10):
        if(paiArray[i][j]==2):
            #获取手中牌的位置下标
            k=ComputerSelectCard(cards,i+1,j)
            return k

#5.如果以上情况均没出现则随机选出一张牌
k=random.randint(0,13)    #随机选出一张牌
return k
```

```
#根据牌（花色nType，点数nNum）找到其在a数组中的索引位置
def  ComputerSelectCard(a, nType,nNum):
    for i in range(0,len(a)):
        card=a[i]
        if(card.m_nType==nType  and card.m_nNum==nNum):
            return i
    return -1
```

12.3 关键技术

12.3.1 声音播放

使用 winsound 模块可访问由 Windows 平台提供的基本的声音播放设备。它包含数个声音播放函数和常量。

（1）Beep(frequency, duration)函数

调用该函数可使 PC 喇叭发出蜂鸣声。frequency 参数指定声音的频率，并且必须是在 37~32 767Hz 范围内。duration 参数指定声音应该持续的毫秒数。

（2）PlaySound(sound, flags)函数

调用 Windows 平台 API 中的 PlaySound()函数也可实现声音的播放。sound 参数必须是一个文件名、音频数据形成的字符串或为 None。它的解释依赖于 flags 的值，该值可以是下面描述的常量的按位组合。

SND_FILENAME：sound 参数是一个 WAV 文件的文件名。

SND_LOOP：重复地播放声音。

SND_MEMORY：提供给 PlaySound()的 sound 参数是一个 WAV 文件的内存映像形成的一个字符串。

SND_PURGE：停止播放所有指定声音的实例。

SND_ASYNC：立即返回，允许声音异步播放。

SND_NOSTOP：不中断当前播放的声音。

MB_ICONASTERISK：播放 SystemDefault 声音。

MB_ICONEXCLAMATION：播放 SystemExclamation 声音。

如播放八柄.wav 声音文件的代码如下：

```
import winsound
winsound.PlaySound("res\\sound\\八柄.wav", winsound.SND_FILENAME)
```

12.3.2 返回对应位置的组件

在 Python Tkinter 中，用鼠标单击某组件时，如何得到对应位置的组件呢？

实际上，当鼠标单击时，参数 event 的 event.x 和 event.y 可以获取鼠标的坐标，

event.widget 返回的就是事件发生时所在的组件，也就是被用户所单击的组件。

当用户点选麻将牌时，系统自动调用鼠标按下事件函数，其中，将被单击的麻将牌上移 20 像素。如果此麻将牌已被选过，则下移 20 像素恢复到原来的位置。

```
def btn_MouseDown(event):      #鼠标单击按下事件函数
    #找到相应的麻将牌对象
    card=event.widget          #event.widget 获取触发事件的对象
    card.y-=20                 #上移 20 像素
    card.place(x=event.widget.x,y=event.widget.y)
    if(m_LastCard==None):      #未选过的牌
        m_LastCard=card
        PlayerSelectCard=card
    else:                      #已经选过的牌
        m_LastCard.MoveTo(m_LastCard.getX(), m_LastCard.getY()+20)
                               #下移 20 像素
        m_LastCard=card
        PlayerSelectCard=card
```

12.3.3 对保存麻将牌的列表排序

Python 语言中的列表排序方法有 3 种：reverse 用于反转/倒序排序、sort 用于正序排序、sorted 用于获取排序后的列表。在后两种方法中还可以加入条件参数进行排序。

（1）reverse() 方法

此函数方法将列表中的元素倒序排列，即把原列表中的元素按从右至左的顺序重新存放。例如：

```
>>> x = [1,5,2,3,4]
>>> x.reverse()
>>> x                          #结果是[4, 3, 2, 5, 1]
```

（2）sort() 方法

此函数方法对列表元素进行正向排序，排序后的新列表会覆盖原列表（id 不变），属于就地排序，可节约空间。sort() 排序方法直接修改原列表 list。

```
>>> a = [5,7,6,3,4,1,2]
>>> a.sort()
>>> a                          #结果是[1, 2, 3, 4, 5, 6, 7]
```

（3）sorted() 方法

此函数方法既可以保留原列表，又能得到已经排序好的列表，使用方法如下：

```
>>> a = [5,7,6,3,4,1,2]
>>> b = sorted(a)
>>> a                          #结果是[5, 7, 6, 3, 4, 1, 2]
>>> b                          #结果是[1, 2, 3, 4, 5, 6, 7]
```

注意：使用 sort() 和 sorted() 方法排序时可以加入参数。

List 的元素可以是各种类型，包括字符串、字典和自己定义的类。若不使用内置比较函数，则可以使用参数：

```
sort(cmp=None, key=None, reverse=False)
sorted(cmp=None, key=None, reverse=False)
```

其中，cmp 和 key 都是函数，这两个函数作用于 List 的元素产生一个结果，sorted()方法根据这个结果来排序。reverse 是一个布尔值，表示是否反转比较结果。

cmp(e1, e2)是带两个参数的比较函数，返回值为负数时，则 e1 < e2；返回值为 0 时，则 e1 == e2；返回值为正数时，则 e1 > e2；默认值为 None，即使用内置的比较函数。例如：

```
>>> students = [('张海',20),('李斯',19),('赵大强',31),('王磊',14)]
>>> students.sort(cmp=lambda x,y:cmp(x[1],y[1]))    #按年龄数字大小排序
>>> students
```

运行结果为：[('王磊', 14), ('李斯', 19), ('张海', 20), ('赵大强', 31)]

key 是带一个参数的函数，用来为每个元素提取比较值，默认为 None，即直接比较每个元素。通常地，key 的处理速度比 cmp 快很多，因为 key 对每个元素它只处理一次；而 cmp 会处理多次。例如：

```
>>> students = [('张海',20),('李斯',19),('赵大强',31),('王磊',14)]
>>> students.sort(key=lambda x:x[1])
>>> students
```

运行结果为：[('王磊', 14), ('李斯', 19), ('张海', 20), ('赵大强', 31)]

用元素已经命名的属性作为 key：

```
students.sort(key=lambda student: student.age)    #sort by age
```

用 operator 函数来加快速度，则上面排序等价于：

```
>>> from operator import itemgetter, attrgetter
>>> students.sort( key=itemgetter(2))
>>> students.sort( key=attrgetter('age'))
```

说明：Python 3.0 及以上的版本不再支持 cmp 参数，所以 Python 3.5 只能使用 key、reverse 参数。

在本章中需要按花色理牌手手中的牌，使用的就是 sort()排序，参数 key 使用的是麻将牌的图像 ID 属性。由于麻将牌图像 ID 是有次序的，从而可实现按花色理牌。

```
def  sortPoker2(cards):            #按花色理牌手手中的牌
    n=len(cards)                   #元素（牌）的个数
    cards.sort(key=operator.attrgetter('imageID'))#按麻将牌图像ID属性排序
    print("排序后")
```

12.4 程序设计的步骤

12.4.1 麻将牌类设计

Card.as 为麻将牌类（继承按钮组件 Button），构造函数根据参数 type 指定麻将牌的

类型，参数 num 指定麻将牌的点数。可从牌的类型和牌的点数计算出对应的麻将牌图片。麻将牌的所有图片文件如图 12-2 所示。

Card 麻将牌类可以实现麻将牌的正面显示、背面显示以及移动的功能。

```python
#Card麻将牌类。
'''
    m_bFront 表示是否显示牌正面的标志
    m_nType 表示牌的类型：饼=1，条=2，万=3，字牌=4
    m_nNum 表示牌的点数（1～9）
    FrontURL 表示牌文件的 URL 路径
    imageID 表示牌的图像编号 ID
    cardID表示牌的数组索引 ID
    x,y 表示牌的坐标
'''
#可以实现麻将牌的正面显示、背面显示以及移动的功能
class  Card(Button):
    #构造函数，参数 type 指定牌的类型，参数 num 指定牌的点数
    def __init__(self,cardtype,num,bm,master):
        Button.__init__(self,master)
        self.m_nType = cardtype        #牌的类型：饼=1，条=2，万=3，字牌=4
        self.m_nNum= num               #牌的点数（1～9）
        #根据牌的类型及编号来设置牌文件的路径及文件名
        if self.m_nType==1 :#桶（饼）
            FrontURL = "res/nan/1"
        elif self.m_nType== 2 :#条
            FrontURL = "res/nan/2"
        elif self.m_nType== 3 :#万
            FrontURL = "res/nan/3"
        elif self.m_nType== 4 :#字牌
            FrontURL = "res/nan/4"
        self.img=bm
        self.imageID = self.m_nType * 10 + self.m_nNum #对牌图像编号（ID）
        FrontURL = FrontURL + str(self.m_nNum)         #URL 地址
        FrontURL = FrontURL + ".png"
        self["width"]=51           #麻将牌方块的宽度
        self["height"]=67          #麻将牌方块的高度
        self["text"]=str(self.imageID)+ ".png"
        self.setFront(False)
        #self.MoveTo(100, 100)
        self.bind("<ButtonPress>",btn_MouseDown)
        self.cardID=0
```

```python
    def __cmp__(self, other):
        return cmp(self.imageID, other.imageID)

    def setFront(self, b):                  #是否显示牌的正面
        self.m_bFront = b
        if (b==True):
            self["image"]=self.img          #显示牌的正面图片
        else:
            self["image"]=back              #显示牌的背面图片

    def MoveTo(self, x1, y1):               #移到指定(x1, y1)位置
        self.place(x=x1, y=y1)
        self.x=x1                           #牌的坐标
        self.y=y1

    def getX(self):
        return self.x
    def getY(self):
        return self.y
    def getImageID(self):                   #对牌图像进行编号（ID）
        return imageID
#------------------------------------Card end
```

12.4.2 设计游戏主程序

导入包及相关的类：

```python
from tkinter import *
import random
from threading import Timer
import time
import operator
import winsound        #声音模块
from tkinter.messagebox import *
```

创建窗口对象，imgs 存储麻将图片，代码如下：

```python
win = Tk()#创建窗口对象
win.title("两人麻将--夏敏捷")#设置窗口标题
win.geometry("995x750")
imgs= []                                    #存储麻将的正面图片
back=PhotoImage(file='res\\bei.png')        #存储麻将的背面图片
```

```
m_aCards=[]                          #存储所有136张麻将牌的列表
playersCard=[[],[]]                  #记录两个牌手拿到的牌
playersOutCard=[[],[]]               #记录两个牌手出过的牌
k=0                                  #记录已发出牌的个数
m_LastCard=None                      #用户是否选过牌
PlayerSelectCard=None                #用户选中的牌
MyTurn = True                        #轮到玩家出牌(游戏开始玩家先出牌)
```

实例化"摸牌""碰牌""吃牌""出牌""和牌"按钮,由于还未发牌,所以这些按钮均设置为无效,代码如下:

```
#功能按钮
Get_btn=Button(win,text="摸牌", command=OnBtnGet_Click )
Peng_btn=Button(win,text="碰牌",command=OnBtnChi_Click )
Chi_btn=Button(win,text="吃牌", command=OnBtnChi_Click )
Out_btn=Button(win,text="出牌", command=OnBtnOut_Click )
Win_btn=Button(win,text="和牌", width=70,height=27)

Win_btn.place(x=500,y=600,width=70,height=27)
Chi_btn.place(x=600,y=600,width=70,height=27)
Peng_btn.place(x=700,y=600,width=70,height=27)
Out_btn.place(x=800,y=600,width=70,height=27)
Get_btn.place(x=900,y=600,width=70,height=27)
#Get_btn.pack_forget()                #隐藏button
#Get_btn["state"]=DISABLED            #摸牌按钮无效
Peng_btn["state"]=DISABLED            #碰牌按钮无效
Chi_btn["state"]=DISABLED             #吃牌按钮无效
Out_btn["state"]=DISABLED             #出牌按钮无效
Win_btn["state"]=DISABLED             #和牌按钮无效
BeginGame()                           #开始游戏,玩家先出牌
win.mainloop()
```

BeginGame()函数加载136张麻将牌到舞台,同时重置游戏,完成洗牌功能即随机交换m_aCards中的两张牌。并将136张麻将牌背面显示在舞台上,设置两位牌手初始26张麻将牌的位置。

```
def BeginGame():                      #开始游戏,玩家先出牌
    MyTurn = True
    LoadCards()                       #加载136张麻将牌到舞台
    random.shuffle(m_aCards)          #洗牌操作,将列表中的元素打乱,达到洗牌的目的
    ResetGame()                       #发初始的26张牌给玩家和电脑机器人
```

LoadCards()创建136张麻将牌,并将牌添加到游戏舞台和m_aCards列表(数组)中。

```
def LoadCards():                      #加载136张麻将牌到游戏舞台
```

```python
    for m_nType in range(1,4):          #1～3分别代表饼、条、万
        for num in range(1,10):         #1～9代表一饼～九饼（条和万）
            #根据牌的类型及编号来设置牌文件的路径及文件名
            if m_nType==1 :             #饼
                FrontURL = "res/nan/1"
            elif m_nType== 2 :          #条
                FrontURL = "res/nan/2"
            elif m_nType== 3 :          #万
                FrontURL = "res/nan/3"

            FrontURL = FrontURL + str(num)#URL 地址
            FrontURL = FrontURL + ".png"
            imgs.append(PhotoImage(file=FrontURL))
            for n in range(1,5):        #1～4，代表每种牌 4 张
                card= Card(m_nType, num,imgs[len(imgs)-1],win)
                                        #创建"饼条万"牌
                #card.MoveTo(100+num*60,100+m_nType*80)
                m_aCards.append(card)   #将牌添加到列表（数组）

    cardtype = 4 #字牌
    for num in range(1,8):              #1～7,代表 7 种牌
        FrontURL = "res/nan/4"
        FrontURL = FrontURL + str(num)  #URL 地址
        FrontURL = FrontURL + ".png"
        imgs.append(PhotoImage(file=FrontURL))
        for n in range(1,5):            #1～4，代表每种牌 4 张
            card= Card(cardtype, num,imgs[len(imgs)-1],win) #创建字牌
            #card.MoveTo(100+num*60,100+4*80)
            #card["state"]=DISABLED
            m_aCards.append(card)       #将牌添加到列表（数组）
```

ResetGame()首先在洗牌操作后，将 136 张麻将牌背面显示在舞台上，并实现发牌功能。发给两位牌手 26 张麻将牌，并设置 26 张初始麻将牌的位置。

```python
def ResetGame():                        #发给两位牌手 26 张麻将牌
    playersCard[0]=[]                   #玩家手中的牌
    playersCard[1]=[]                   #电脑机器人手中的牌
    for n in range(0,len(m_aCards)):    #重新设置 136 牌在场景中的位置
        m_aCards[n].x=90+20*(n%34)
        m_aCards[n].y=170+55*(n-n%34)/34
        m_aCards[n].MoveTo(m_aCards[n].x, m_aCards[n].y)
        #m_aCards[n].setComponentZOrder(m_aCards[n], n)
```

```
            m_aCards[n].setFront(False)        #显示麻将牌背面
    #开始发牌
    ShiftCards()
    m_LastCard = None                 #上次用户所选择的卡片
    playersOutCard[0]=[]              #玩家出过的牌
    playersOutCard[1]=[]              #电脑机器人出过的牌
```

ShiftCards()发给两位牌手 26 张麻将牌，每位牌手得到 13 张牌以后，需要调用 sortPoker2(cards)按花色理手中的牌。

```
def ShiftCards():
    global k
    for k in range(0,26):             #发牌，设置最初发的26张麻将牌的位置
        Shift(k)
    print("玩家按花色理手中的牌")
    sortPoker2(playersCard[0])        #玩家按花色理手中的牌
    print("电脑机器人按花色理手中的牌")
    sortPoker2(playersCard[1])        #电脑机器人按花色理手中的牌
    OuterPlayerNum = 0                #出牌人数为0
    k=26                              #发牌数量
```

Shift()发牌函数设置最初 26 张麻将牌的位置。同时对发给玩家的麻将牌加上 "<ButtonPress>"事件进行监听，当鼠标单击麻将牌时，系统将调用 btn_MouseDown 事件函数。对发给电脑机器人的麻将牌则无须监听。

```
def Shift(k):       #设置每张麻将牌的位置
    #global k
    #print ('running',k)
    i = k%2
    j = (k-k%2)/2
    if i==0 :#玩家自己
        m_aCards[k].setFront( True )       #显示麻将牌正面
        m_aCards[k].MoveTo(80 + 55 * j, 500)
        #监听每张麻将牌，当单击麻将牌时，系统将调用btn_MouseDown
        m_aCards[k].bind("<ButtonPress>",btn_MouseDown)
    elif i==1 :#玩家的对家(电脑机器人)
        m_aCards[k].MoveTo(80 + 55 * j, 80)
        m_aCards[k].setFront(True)         #显示麻将牌正面
    playersCard[(k%2)].append(m_aCards[k])  #按顺序存储到记录两个玩家的牌的数组
```

sortPoker2(ArrayList cards)按花色理玩家手中的牌 cards。由于 imageID 是按照花色编号的，因此按照 imageID 从大到小排序即可。

```
def sortPoker2(cards):                #按花色理玩家手中的牌
    n=len(cards)                      #元素（牌）的个数
    #排序
```

```
            cards.sort(key=operator.attrgetter('imageID'))
            print("排序后")
            for index in range(0,n):        #重新设置各张牌在场景中的位置
                print(cards[index].imageID)
                newx=90 + 55 * index
                y=cards[index].getY()
                cards[index].MoveTo(newx, y)
                cards[index].cardID=index
```

玩家手中的牌可以响应鼠标单击，当用户点选麻将牌时，系统将调用 btn_MouseDown 事件函数。event.widget 可以获取用户点选的麻将牌对象，将此牌上移 20 像素。如果已经选过牌，则还需要将已经选过的牌下移 20 像素。

```
#当用户点选麻将牌时，系统自动调用此函数
def btn_MouseDown(event):        #鼠标单击按下事件函数
    global m_LastCard,PlayerSelectCard
    if event.widget["state"]==DISABLED:
        return
    if(event.widget.m_bFront ==False):
        return
    #找到相应的麻将牌对象
    card=event.widget            #event.widget获取触发事件的对象
    card.y-=20
    card.place(x=event.widget.x,y=event.widget.y)
    if(m_LastCard==None):        #未选过的牌
        m_LastCard=card
        PlayerSelectCard=card
    else:                        #已经选过的牌
        m_LastCard.MoveTo(m_LastCard.getX(), m_LastCard.getY()+20)
                                 #下移20像素
        m_LastCard=card
        PlayerSelectCard=card
```

以下是四个按钮的单击事件处理。

在"摸牌"按钮单击事件中，将 m_aCards[k]牌移动到玩家手牌所在位置，并按花色排序理牌。调用 ComputerCardNum(playersCard[0])计算玩家手中各种牌型的数量并判断出是否和牌。如果和牌则游戏结束。

```
def OnBtnGet_Click():                         #摸牌按钮事件
    global k
    global playersCard,MyTurn
    #玩家按花色理手中的牌
    m_aCards[k].MoveTo(90 + 55 * 13, 500)
    m_aCards[k].setFront(True)                #显示麻将牌正面
```

```
        print("玩家手中牌1111",len(playersCard[0]))
        playersCard[0].append(m_aCards[k])        #第14张牌
        #监听第14张牌
        m_aCards[k].bind("<ButtonPress>",btn_MouseDown)
        print("玩家手中牌2222",len(playersCard[0]))
        sortPoker2(playersCard[0])                #按顺序存储到记录牌手的牌的数组
        result1=ComputerCardNum(playersCard[0])   #计算手中各种牌型的数量,判断和牌
        if(result1):                              #和牌
            Win_btn["state"]=NORMAL
            showinfo(title="恭喜",message="玩家 Win!")
            return                                #玩家不需要再出牌
        k=k+1                                     #下一张要摸的牌在 m_aCards 中的索引号
        Out_btn["state"]=NORMAL                   #出牌按钮有效
        Chi_btn["state"]=DISABLED                 #吃牌按钮无效
        Peng_btn["state"]=DISABLED                #碰牌按钮无效
        Get_btn["state"]=DISABLED                 #摸牌按钮无效
        MyTurn=True
```

在"出牌"按钮单击事件中,将被选中的牌 PlayerSelectCard 移到左侧,并从 playersCard[0]中删除被选中的牌 PlayerSelectCard。现在轮到电脑机器人出牌,ComputerOut( ) 用于实现电脑机器人智能出牌。

```
    def OnBtnOut_Click():
        global MyTurn
        global PlayerSelectCard,m_LastCard,MyTurn
        print("出牌")
        if(MyTurn == False):                      #没轮到自己出牌
            return
        if(PlayerSelectCard==None):               #还没选择出的牌
            showinfo(title="提示",message="还没选择出的牌")
            return
        print(PlayerSelectCard)
        if not(PlayerSelectCard==None):
            Out_btn["state"]=DISABLED             #出牌按钮无效
            playersOutCard[0].append(PlayerSelectCard);
            PlayerSelectCard.x=len(playersOutCard[0])*25-25; #移动被选中的牌
            PlayerSelectCard.y=420;
            PlayerSelectCard.MoveTo(PlayerSelectCard.x,
PlayerSelectCard.y);
            #outCardOrder(playersOutCard[0]);     #整理玩家出的牌
            #玩家牌减少
            print(PlayerSelectCard.cardID)
```

```
            del(playersCard[0][PlayerSelectCard.cardID])
            #playersCard[0].remove(PlayerSelectCard);
            m_LastCard=None
            PlayerSelectCard=None
            MyTurn = False
            Out_btn["state"]=DISABLED
            ComputerOut( )                              #电脑机器人智能出牌
            fun2()                                       #游戏顺序逻辑控制
```

对于"碰牌"和"吃牌"，这里不再区分处理，仅将对家的牌加入玩家的 playersCard[0] 列表（数组）中。然后对玩家 playersCard[0]记录的牌进行排序，达到理牌的目的。最后计算手中各种牌型的数量，判断是否和牌，如果和牌，则"出牌"按钮无效；否则"出牌"按钮有效。玩家选择牌后可以出牌。代码如下：

```
def OnBtnChi_Click():#吃牌按钮单击事件
    global MyTurn
    card=playersOutCard[1][len(playersOutCard[1])-1];
    card.MoveTo(90 + 55 * 13, 500);
    card.setFront( True );#显示麻将牌正面
    playersCard[0].append(card);#第14张牌
    #监听第14张牌
    #card.bind("<ButtonPress>",btn_MouseDown)#不绑定事件，则可以防止此牌被
    #玩家再次出
    print("碰吃的牌是" ,card.imageID)
    sortPoker2(playersCard[0]);#按顺序存储到记录玩家的牌的列表（数组）中
    result1=ComputerCardNum(playersCard[0]);#计算手中各种牌型的数量,判断和牌
    if(result1):#和牌了
        Win_btn["state"]=NORMAL
        Out_btn["state"]= DISABLED       #出牌按钮无效
        showinfo(title="恭喜",message="玩家 Win!")
        return #玩家不需要再出牌
    Out_btn["state"]=NORMAL              #出牌按钮有效
    Get_btn["state"]=DISABLED            #摸牌按钮无效
    Chi_btn["state"]=DISABLED            #吃牌按钮无效
    Peng_btn["state"]=DISABLED           #碰牌按钮无效
    MyTurn=True
```

fun2()实现游戏过程中的出牌顺序控制逻辑。游戏中有两个牌手，一个是玩家（0号牌手），另一个是电脑机器人（1号牌手）。当玩家出牌后，自动调用 ComputerOut( )实现电脑机器人智能出牌，这时又轮到玩家出牌，需要判断玩家是否可以"吃"或"碰"电脑机器人出的牌，如果可以，则"吃牌"和"碰牌"按钮有效。

```
def fun2():#出牌顺序控制
    MyTurn = True         #轮到玩家出牌
```

```
            Get_btn["state"]=NORMAL  #摸牌按钮有效
        if(len(playersOutCard[1])>0):
            #取电脑机器人出的牌,即最后一张
            card=playersOutCard[1][len(playersOutCard[1])-1]
            #判断玩家是否可以吃碰电脑机器人出的牌
            if(canPeng(playersCard[0],card)):#玩家是否可以碰牌
                Peng_btn["state"]=NORMAL  #碰牌按钮有效
            if (canChi(playersCard[0],card)):#玩家是否可以吃牌
                Chi_btn["state"]=NORMAL  #吃牌按钮有效
            #若不能吃、碰,则只能直接摸牌
            if ( not canChi(playersCard[0],card)and not canPeng
(playersCard[0],card)):
                Peng_btn["state"]=DISABLED
                Chi_btn["state"]=DISABLED
                #OnBtnGet_Click() ;#直接摸牌
        else: #电脑机器人没出过牌直接摸牌
            Get_btn["state"]=NORMAL  #摸牌按钮有效
```

为了实现在不能吃、碰的情况下自动摸牌,且无须玩家单击"摸牌"按钮后才摸牌,可以将上面的"直接摸牌"行注释取消掉。但是,当可以进行吃、碰选择时,这时还是可以让玩家选择"摸牌"按钮,因为玩家可以放弃"吃或碰"。

ComputerOut(Order:int)实现电脑机器人的智能出牌,首先将 m_aCards[k]牌移动到电脑机器人的牌所在位置,并按花色排序理牌。调用 ComputerCardNum(playersCard[0])计算手中各种牌型的数量并判断是否和牌。如果和牌,则游戏结束;否则,调用 ComputerCard(playersCard[1])智能出牌。

```
def ComputerOut( ): #电脑机器人智能出牌
    global k,MyTurn
    #电脑机器人摸牌
    m_aCards[k].MoveTo(90 + 55 * 13, 80);
    m_aCards[k].setFront( True );#显示麻将牌正面
    playersCard[1].append(m_aCards[k]);#第 14 张牌
    
    result1=ComputerCardNum(playersCard[1]);#计算电脑机器人手中各种牌型的
数量,判断是否和牌
    if(result1):#和牌了
        showinfo(title="遗憾",message="电脑 Win!")
        return;#电脑机器人不需要再出牌
    
    i = ComputerCard(playersCard[1]);#智能出牌
    #i=0;#总是出第一张牌,没有智能出牌
    card= playersCard[1][i]
```

```
        del(playersCard[1][i])
        #加到电脑机器人出过牌的数组
        playersOutCard[1].append(card)
        #outCardOrder(playersOutCard[1]);#整理出过的牌
        card.setFront( True );#显示麻将牌正面
        playSound(card)     #根据电脑机器人出的牌选择播放的声音文件

        #电脑机器人按花色理手牌
        sortPoker2(playersCard[1]);
        card.x=len(playersOutCard[1])*25-25;
        card.y=10;
        card.MoveTo(card.x, card.y);
        k=k+1 #发过牌的总数
        MyTurn=True   #轮到玩家
```

playSound(card)用于播放对应牌的声音文件,代码如下:

```
def playSound(card):
    #music="res/sound/二条.wav";
    #根据牌的类型及编号来设置牌文件的路径及文件名
    music="res/sound/"+toChineseNumString(card.m_nNum);
    if card.m_nType==1:          #饼
        music += "饼.wav";
    elif card.m_nType==2:        #条
        music += "条.wav";
    elif card.m_nType==3:        #万
        music += "万.wav";
    elif card.m_nType==4:        #字牌
        music = "res/sound/give.wav";
    winsound.PlaySound(music, winsound.SND_FILENAME)
```

由于声音文件命名是汉字(如"一万.mp3""二万.mp3"),所以在电脑机器人出牌时,toChineseNumString(n:int)可将牌面的数字转换成汉字,代码如下:

```
def toChineseNumString(n):
    if n==1 :
        music = "一"
    elif n==2:
        music = "二"
    elif n==3 :
        music = "三"
    elif n==4:
        music = "四"
    elif n==5 :
```

```
            music = "五"
    elif n==6:
            music = "六"
    elif n==7 :
            music = "七"
    elif n==8:
            music = "八"
    elif n==9 :
            music = "九"
    return music
```

在和牌算法中，需要计算每种花色麻将牌的数量以及每种牌型的数量，ComputerCardNum(cards)根据 cards 计算出数据，并按和牌的数据结构存入 paiArray 中，再调用和牌算法类中的 Win(paiArray)判断是否和牌。

```
def ComputerCardNum(cards):           #玩家手中的牌playersCard[0]
    #计算手中各种牌型的数量
    paiArray =  [[0,0,0,0,0,0,0,0,0,0],
                 [0,0,0,0,0,0,0,0,0,0],
                 [0,0,0,0,0,0,0,0,0,0],
                 [0,0,0,0,0,0,0,0,0,0]]
    print("玩家手中的牌",len(cards))
    for i in range(0,14):
            card=cards[i]
            if(card.imageID>10 and card.imageID<20):#饼
                    paiArray[0][0]+=1
                    paiArray[0][card.imageID-10]+=1
            if(card.imageID>20 and card.imageID<30):#条
                    paiArray[1][0]+=1
                    paiArray[1][card.imageID-20]+=1
            if(card.imageID>30 and card.imageID<40):#万
                    paiArray[2][0]+=1
                    paiArray[2][card.imageID-30]+=1
            if(card.imageID>40 and card.imageID<50):#字
                    paiArray[3][0]+=1
                    paiArray[3][card.imageID-40]+=1
    print(paiArray)
    hu =huMain()                   #和牌算法类
    result=hu.Win(paiArray)        #是否和牌判断
    return result
```

两人麻将游戏还有许多细节需要完善。例如，"碰牌"和"吃牌"功能，需要记录哪几张牌用于"吃"和"碰"，这几张牌就不能再出。这当然可以通过在 Card 类里增加

Selected 属性真假来记录是否用于"吃"和"碰"。这样玩家在出牌时判断牌的 Selected 属性的真假就可以知道此牌是否能出。还有"杠"的处理，本游戏没有考虑在内，读者可以进一步去完善。游戏运行界面如图 12-3 所示。

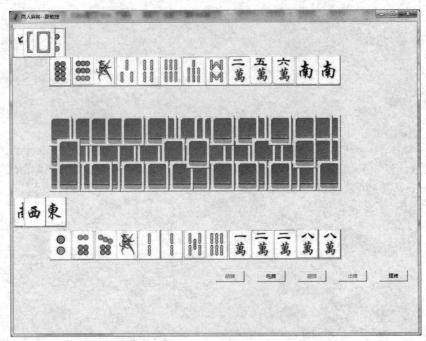

图 12-3　两人麻将游戏运行界面

第13章

贪吃蛇游戏

13.1 游戏介绍

游戏说明：在该游戏中，玩家操纵一条贪吃的蛇在长方形场地里行走，贪吃蛇按玩家所按的方向键转向折行，蛇头吃到豆（食物）后，分数加 1 分，蛇身会变长，如果贪吃蛇头碰上墙壁或者自身的话，游戏就结束了（当然也可能是减去一条生命）。在游戏过程中，由字母 P 键控制"暂停"或"继续"。游戏运行界面如图 13-1 所示。

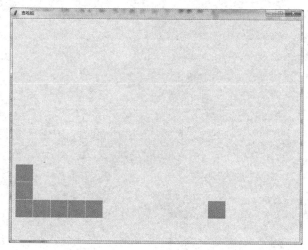

图 13-1　贪吃蛇游戏运行界面

13.2 程序设计的思路

游戏画面由 16×12 的方格构成。豆（食物）和组成蛇的块均在屏幕上占据一个方格。在该游戏设计中主要用到的四个类如下。

SnakeGame 类：主要处理键盘输入事件和蛇的移动游戏逻辑。
Grid 类：表示蛇运动的场地，在场地上可以显示蛇身的方块和豆（食物）。
Food 类：抽象了豆的属性和动作，随机放置和绘制豆（食物）。
Snake 类：抽象了贪吃蛇的属性和动作，调用 Block 类来组成蛇，一条蛇可以看成由许多"块"（或称节）拼凑而成，块是蛇身上最小的单位。

13.3 程序设计的步骤

13.3.1 Grid 类（场地类）

游戏的主场地默认由 16×12 的方格组成（800×600 像素）。每个格子的大小为 50×50 像素，组成蛇身的"块"以及豆（食物）都是一个格子。draw(self, pos, color)绘制的方格既可以是蛇身的"块"也可以是豆（食物）。

grid_list(self)方法可获取游戏场地的所有格子，以计算蛇身的有效位置，并可以用来判断是否出界。

```python
from tkinter import *
from tkinter.messagebox import *
from random import randint
import sys
class Grid(object):
    def __init__(self,master=None,window_width=800,window_height=600,grid_width=50,offset=10):
        self.height = window_height
        self.width = window_width
        self.grid_width = grid_width
        self.offset = offset
        self.grid_x = self.width//self.grid_width    #计算格子X方向的数量
        self.grid_y = self.height//self.grid_width   #计算格子Y方向的数量
        self.bg = "#EBEBEB"
        self.canvas = Canvas(master, width=self.width+2*self.offset,
                                     height=self.height+2*self.offset,
                                     bg=self.bg)#设置画布大小
        self.canvas.pack()
        self.grid_list()            #获取游戏场地的所有格子，可以用来判断出界与否
    def draw(self, pos, color): #绘制方格
        x = pos[0]*self.grid_width + self.offset
        y = pos[1]*self.grid_width + self.offset
        self.canvas.create_rectangle(x, y, x+self.grid_width,
y+self.grid_width,fill=color,outline=self.bg)
    def grid_list(self):
        grid_list = []
        for y in range(0,self.grid_y):
            for x in range(0,self.grid_x):
                grid_list.append((x,y))
```

```
        self.grid_list = grid_list
```

13.3.2 Food 类（豆类）

游戏开始时，首先会在场地的特定位置出现一个豆，豆会不断地被蛇吃掉，当豆被吃掉后，原豆消失，并在新的位置出现豆。这些豆都是由豆（Food）类创建的对象。

```
class Food(object):
    def __init__(self, Grid):
        self.grid = Grid
        self.color = "#23D978"
        self.set_pos()
    def set_pos(self):
        x = randint(0,self.grid.grid_x - 1)     #随机的新位置
        y = randint(0,self.grid.grid_y - 1)
        self.pos = (x, y)
    def display(self):                           #显示豆
        self.grid.draw(self.pos,self.color)
```

13.3.3 Snake 类（蛇类）

Snake 类的构造函数 __init__(self, Grid)根据游戏开始时蛇运动的默认方向（向上）和给定的参数，确定组成蛇身的初始五个"块"的位置坐标，然后把各块添加到 Body 中去；并初始化蛇的速度为 0.3 秒移动一次和吃到豆的标志为 False。

move(self, food) 采用"添头去尾"的方式实现蛇的移动。根据蛇的运行方向，在蛇头前面增加一个块。在蛇头前增加的块的位置坐标由原来的蛇头块位置坐标和蛇的运动方向决定。如果没有吃到豆，则同时去掉蛇尾；如果吃到豆，则设置吃到豆的标志为 True。这样就可实现蛇的移动。在蛇的移动过程中计算蛇身是否在有效位置（即出界或碰到自身）。

```
class Snake(object):
    def __init__(self, Grid):                    #构造函数
        self.grid = Grid
        self.body = [(10,6),(10,7),(10,8) ,(10,9),(10,10)]
            #蛇身初始有五个"块"（或称节）
        self.direction = "Up"                    #运动方向
        self.status = ['run','stop']             #游戏状态——运行或暂停（结束）
        self.speed = 300                         #速度（每 0.3 秒移动一次）
        self.color = "#5FA8D9"
        self.gameover = False
        self.hit = False                         #判断是否吃到豆
```

```python
        def available_grid(self):         #计算蛇身的有效位置,可用来判断是否出界和碰到自身
            return [i for i in self.grid.grid_list if i not in self.body[1:]]
        def change_direction(self, direction):    #转向
            self.direction = direction
        def display(self):                 #显示蛇
            for (x,y) in self.body:
                self.grid.draw((x,y),self.color)
        def move(self, food):              #蛇的移动
            head = self.body[0]
            if self.direction == 'Up':     #向上
                new = (head[0], head[1]-1)
            elif self.direction == 'Down': #向下
                new = (head[0], head[1]+1)
            elif self.direction == 'Left': #向左
                new = (head[0]-1,head[1])
            else:
                new = (head[0]+1,head[1]) #向右
            if not food.pos == head:       #没吃到豆
                pop = self.body.pop()      #去掉蛇尾
                self.grid.draw(pop,self.grid.bg)
            else:                          #吃到豆
                self.hit = True
            self.body.insert(0,new)        #添加到蛇身中
            if not new in self.available_grid():
                #计算蛇身不在有效位置,即出界或碰到自身
                self.status.reverse()      #游戏状态反转,即运行或暂停(结束)反转
                self.gameover = True       #游戏结束标志
            else:
                self.grid.draw(new,color=self.color)   #绘制新块
```

13.3.4 SnakeGame(游戏逻辑)类

该类的功能是依次显示场地内的所有对象,包括场地边框、豆和蛇;还要检查蛇是否吃到豆,如果豆被蛇吃掉,得分增加一分,并显示新豆。在游戏结束时用消息框显示得分。

绑定的 key_release 事件方法 key_release(self, event)包含与此事件相关的数据。event 参数中的 event.keysym 用于获取按键的键值。根据按键情况,调用蛇的 change_direction() 方法,改变蛇的运行方向。如果按键为字母 P 键,则改变游戏的状态。

```python
class SnakeGame(Frame):
```

```python
    def __init__(self,master=None):
        Frame.__init__(self, master)
        self.score = 0
        self.master = master
        self.grid = Grid(master=master)
        self.snake = Snake(self.grid)
        self.food = Food(self.grid)
        self.display_food()
        self.bind_all("<KeyRelease>", self.key_release)
        self.snake.display()

    def display_food(self):
        while(self.food.pos in self.snake.body):
            self.food.set_pos()
        self.food.display()
    def run(self):
        if not self.snake.status[0] == 'stop':
            self.snake.move(self.food)
            if self.snake.hit == True:           #吃到豆
                self.display_food()              #重新产生位置
                self.score += 1
                self.snake.hit = False           #没吃到豆

            if self.snake.gameover == True:
                message =  messagebox.showinfo("Game Over", "your score: %d" % self.score)
                if message == 'ok':
                    sys.exit()
            self.after(self.snake.speed,self.run)
    def key_release(self, event):
        key = event.keysym                    #获取按键的键值
        key_dict = {"Up":"Down","Down":"Up","Left":"Right","Right":"Left"}
        #根据当前蛇的运动方向和传递来的参数设置蛇的新运动方向
        #蛇不可以向当前运动方向的反方向走
        if key in key_dict.keys() and not key == key_dict[self.snake.direction]:
            self.snake.change_direction(key)
            self.snake.move(self.food)
        elif key == 'p':
```

```
                    self.snake.status.reverse()
```

以下是主程序。

```
if __name__ == '__main__':
    root = Tk()
    root.title(" 贪吃蛇 ")
    snakegame = SnakeGame(root)
    snakegame.run()
    snakegame.mainloop()
```

至此，贪吃蛇小游戏的设计就完成了。

第 14 章

人机对战黑白棋游戏

14.1 游戏介绍

黑白棋又叫反棋（Reversi）、奥赛罗棋（Othello）、苹果棋、翻转棋，在欧美等国家很流行。该游戏是通过相互翻转对方的棋子，最后以棋盘上哪一方的棋子多来判断胜负。

黑白棋的棋盘是一个有 8×8 方格的棋盘。在下棋时，棋手将棋下在空格中间，而不是像围棋那样下在交叉点上。在开始时，在棋盘正中有两白两黑共四个棋子交叉放置，黑棋总是先下子。游戏开始时的界面如图 14-1 所示。

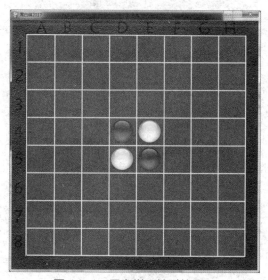

图 14-1 黑白棋开始时的界面

游戏规则如下：

（1）将棋子下在棋盘的空格上，而当自己放下的棋子在横、竖、斜八个方向内有一个自己的棋子，则被夹在中间的异色棋子全部翻转成为自己的棋子；

（2）只有在可以翻转棋子的地方才可以下子；

（3）如果玩家在棋盘上没有地方可以下子，则该玩家的对手可以连下。

胜负判定条件：

（1）双方都没有棋子可以下时，棋局结束，以棋子数目来计算胜负，棋子多的一方获胜；

（2）在棋盘还没有下满时，如果一方的棋子已经被对方吃光，则棋局也结束，将对手棋子吃光的一方获胜。

14.2 程序设计的思路

本程序的核心思想是处理棋盘 64 个格子里面棋子的颜色。按照游戏规则规定黑棋先走，哪一方执黑棋由系统随机选择。设计该游戏的主要难点有如下两个。

（1）按照规则，找出电脑机器人或玩家可以落子的格子。

（2）电脑机器人的 AI 算法。如果电脑机器人在所有落子的选择中，有四个边角，则可落子在边角，因为边角的棋子无法被翻转。如果没有边角，则选择可以翻转对手最多的位置落子。

14.3 程序设计的步骤

```python
from tkinter import *
from tkinter.messagebox import *
import random
root = Tk('人机黑白棋')
#加载图片
imgs= [PhotoImage(file='black.png'), PhotoImage(file='white.png'),
       PhotoImage(file='board.png'),PhotoImage(file='info2.png')]
```

1. 重置棋盘

（1）按照黑白棋的规则，开局时先放置黑白各两个棋子在中间。

（2）用一个 8×8 列表保存棋子。

```python
#重置棋盘
def resetBoard(board):
    for x in range(8):
        for y in range(8):
            board[x][y] = 'none'
    #开局时先放置黑白各两个棋子在中间
    board[3][3] = 'black'
    board[3][4] = 'white'
    board[4][3] = 'white'
    board[4][4] = 'black'


#开局时建立新棋盘
def getNewBoard():
    board = []
```

```
    for i in range(8):
        board.append(['none'] * 8)
return board
```

2. 游戏规则实现

（1）是否允许落子。
（2）落子后的翻转。

```
#是否是合法走法，如果合法，则返回需要翻转的棋子列表
def isValidMove(board, tile, xstart, ystart):
    #如果该位置已经有棋子或者出界了，则返回False
    if not isOnBoard(xstart, ystart) or board[xstart][ystart] != 'none':
        return False
    #临时将tile放到指定的位置
    board[xstart][ystart] = tile
    if tile == 'black':
        otherTile = 'white'
    else:
        otherTile = 'black'
    #要被翻转的棋子
    tilesToFlip = []
    for xdirection, ydirection in [ [0, 1], [1, 1], [1, 0], [1, -1], [0, -1], [-1, -1], [-1, 0], [-1, 1] ]:
        x, y = xstart, ystart
        x += xdirection
        y += ydirection
        if isOnBoard(x, y) and board[x][y] == otherTile:
            x += xdirection
            y += ydirection
            if not isOnBoard(x, y):
                continue
            #一直走到出界或不是对方棋子的位置
            while board[x][y] == otherTile:
                x += xdirection
                y += ydirection
                if not isOnBoard(x, y):
                    break
            #出界了，则没有棋子要翻转OXXXXX
            if not isOnBoard(x, y):
                continue
            #是自己的棋子OXXXXXXO
```

```
                if board[x][y] == tile:
                    while True:
                        x -= xdirection
                        y -= ydirection
                        #回到了起点，则结束
                        if x == xstart and y == ystart:
                            break
                        #需要翻转的棋子
                        tilesToFlip.append([x, y])
    #将前面临时放上的棋子去掉，即还原棋盘
    board[xstart][ystart] = 'none' #restore the empty space
    #没有要被翻转的棋子，则该走法非法
    if len(tilesToFlip) == 0:    #If no tiles were flipped, this is not a valid move.
        return False
    return tilesToFlip


#判断是否出界
def isOnBoard(x, y):
    return x >= 0 and x <= 7 and y >= 0 and y <=7
```

3. 获取可落子的位置

```
def getValidMoves(board, tile):
    validMoves = []
    for x in range(8):
        for y in range(8):
            if isValidMove(board, tile, x, y) != False:
                validMoves.append([x, y])
    return validMoves
```

4. 获取棋盘上黑白双方的棋子数

```
def getScoreOfBoard(board):
    xscore = 0
    oscore = 0
    for x in range(8):
        for y in range(8):
            if board[x][y] == 'black':
                xscore += 1
            if board[x][y] == 'white':
                oscore += 1
```

```
    return {'black':xscore, 'white':oscore}
```

5. 随机决定哪一方先走棋

```
def whoGoesFirst():#决定哪一方先走
    if random.randint(0, 1) == 0:
        return 'computer'
    else:
        return 'player'
```

6. 电脑机器人的 AI 走法

```
#电脑机器人的AI走法
def getComputerMove(board, computerTile):
    #获取所有合法走法
    possibleMoves = getValidMoves(board, computerTile)
    if not possibleMoves:  #如果没有合法走法
        print("电脑机器人没有合法走法")
        return None

    #打乱所有合法走法
    random.shuffle(possibleMoves)
    #[x, y]在角上，则优先走，因为角上的不会被再次翻转
    for x, y in possibleMoves:
        if isOnCorner(x, y):
            return [x, y]
    bestScore = -1
    for x, y in possibleMoves:
        dupeBoard = getBoardCopy(board)
        makeMove(dupeBoard, computerTile, x, y)
        #按照分数选择走法，优先选择翻转后分数最多的走法
        score = getScoreOfBoard(dupeBoard)[computerTile]
        if score > bestScore:
            bestMove = [x, y]
            bestScore = score
    return bestMove

#将一个tile棋子放到(xstart, ystart)
def makeMove(board, tile, xstart, ystart):
    tilesToFlip = isValidMove(board, tile, xstart, ystart)
    if tilesToFlip == False:
        return False
```

```python
            board[xstart][ystart] = tile
    for x, y in tilesToFlip:    #tilesToFlip是需要翻转的棋子列表
        board[x][y] = tile      #翻转棋子
    return True

#复制棋盘
def getBoardCopy(board):
    dupeBoard = getNewBoard()
    for x in range(8):
        for y in range(8):
            dupeBoard[x][y] = board[x][y]
    return dupeBoard

#判断是否在角上
def isOnCorner(x, y):
    return (x == 0 and y == 0) or (x == 7 and y == 0) or (x == 0 and y == 7) or (x == 7 and y == 7)
```

7. 实现电脑机器人走棋

```python
def  computerGo():  #电脑机器人走棋
    global turn
    if (gameOver == False and turn == 'computer'):
        x, y = getComputerMove(mainBoard, computerTile)  #电脑机器人的AI走法
        makeMove(mainBoard, computerTile, x, y)
        savex, savey = x, y
        #玩家没有可行的走法了，则电脑机器人继续走棋，否则切换到玩家走
        if getValidMoves(mainBoard, playerTile) != []:
            turn = 'player'
        else:
            if getValidMoves(mainBoard, computerTile) != []:
                showinfo(title="电脑机器人继续",message="电脑机器人继续")
                computerGo()
```

8. 鼠标事件

（1）玩家用鼠标操纵，完成走棋。
（2）双方轮流走棋。

```python
def callback(event):#玩家走棋
    global turn
    #print ("clicked at", event.x, event.y,turn)
    #x=(event.x)//40   #换算棋盘坐标
```

```
        #y=(event.y)//40
        if (gameOver == False and turn == 'computer'):#没轮到玩家走棋
            return
        col = int((event.x-40)/80)        #换算棋盘坐标
        row = int((event.y-40)/80)
        if mainBoard[col][row]!="none":
            showinfo(title="提示",message="已有棋子")
        if makeMove(mainBoard, playerTile, col, row) == True:
            #将一个玩家棋子放到(col, row)
            if getValidMoves(mainBoard, computerTile) != []:
                turn = 'computer'
        #电脑机器人走棋
        if getComputerMove(mainBoard, computerTile)==None:
            turn = 'player'
            showinfo(title="玩家继续",message="玩家继续")
        else:
            computerGo()
        #重新绘制所有的棋子和棋盘
        drawAll()
        drawCanGo()
        if isGameOver(mainBoard):            #游戏结束，显示双方棋子数量
            scorePlayer = getScoreOfBoard(mainBoard)[playerTile]
            scoreComputer = getScoreOfBoard(mainBoard)[computerTile]
            outputStr = gameoverStr + "玩家:"+str(scorePlayer) + ":"   +
"电脑机器人:"+ str(scoreComputer)
            showinfo(title="游戏结束提示",message=outputStr)
```

9. 重新绘制所有的棋子和棋盘

```
def drawAll():   #重新绘制所有的棋子和棋盘
    drawQiPan()
    for x in range(8):
        for y in range(8):
            if mainBoard[x][y] == 'black':
                cv.create_image((x*80+80,y*80+80),image=imgs[0])
                cv.pack()
            elif mainBoard[x][y] == 'white':
                cv.create_image((x*80+80,y*80+80),image=imgs[1])
                cv.pack()
def drawQiPan( ):  #绘制棋盘
    img1= imgs[2]
```

```
            cv.create_image((360,360),image=img1)
            cv.pack()
```

10. 绘制出提示位置

```
#绘制出提示位置
def drawCanGo():
    list1=getValidMoves(mainBoard, playerTile)
    for m in list1:
        x=m[0]
        y=m[1]
        cv.create_image((x*80+80,y*80+80),image=imgs[3])
        cv.pack()
```

11. 判断是否游戏结束

```
def isGameOver(board):    #判断游戏是否结束
    for x in range(8):
        for y in range(8):
            if board[x][y] == 'none':
                return False
    return True
```

12. 主程序

```
#初始化
gameOver = False
gameoverStr = 'Game Over Score '
mainBoard = getNewBoard()
resetBoard(mainBoard)
turn = whoGoesFirst()
showinfo(title="游戏开始提示",message=turn+"先走!")
print(turn,"先走!")
if turn == 'player':
    playerTile = 'black'
    computerTile = 'white'
else:
    playerTile = 'white'
    computerTile = 'black'
    computerGo()

#设置窗口
cv = Canvas(root, bg = 'green', width =720, height = 780)
```

```
#重新绘制出所有的棋子和棋盘
drawAll()
drawCanGo()
cv.bind("<Button-1>", callback)
cv.pack()
root.mainloop()
```

至此,就完成了人机对战黑白棋游戏的设计。游戏运行效果如图 14-2 所示。

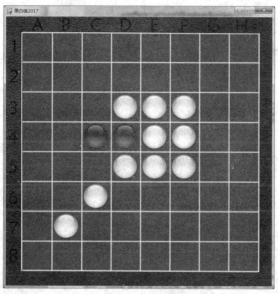

图 14-2 人机黑白棋运行效果

第 15 章

扫雷游戏

15.1 游戏介绍

扫雷游戏主区域由很多个方块组成。在游戏开始时，系统会随机在若干方块中布下地雷。使用鼠标左键随机单击一个方块，方块即被打开并显示出方块中的数字或空白或雷。若方块中有数字，则表示其周围的八个方块中有多少颗雷。如果单击左键点开的方块为空白块（0），即其周围有 0 颗雷，则其周围方块自动打开；如果其周围还有空白块（0），则会引发连锁反应。如果方块下有雷，右键单击即可标记有雷（插上红旗）；如果再次用右键单击该方块则取消标记；如果左键单击有雷方块则失败。其程序运行界面如图 15-1 所示，当用户点开所有无雷方块，并把有雷的方块作上标记，则游戏成功。游戏成功的界面如图 15-2 所示。如果失败，则玩家可以单击"File"菜单中的"New"命令重新开始游戏。

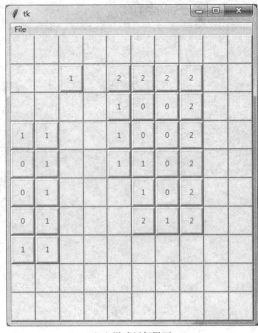

（a）游戏运行界面　　　　　　　　　（b）游戏失败界面

图 15-1　扫雷游戏运行及失败界面

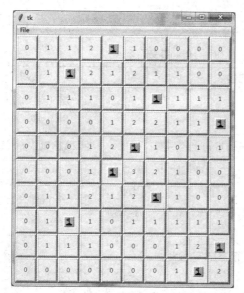

图 15-2　扫雷游戏成功界面

15.2　程序设计的思路

游戏主区域由很多个方块组成，这些方块可以由按钮控件列表（数组）实现。为编程方便此处使用了一个二维按钮列表 buttongroups[][]，每个按钮元素代表一个方块。按钮的'text'属性保存其周围的 8 个方格中雷的个数。

方块状态通过方块按钮的'state'和'text'属性来识别，如果方块被翻开，则按钮控件失效，'state'属性=DISABLED。如果方块被插上红旗，其按钮'text'属性="X"，表示在这个位置插上了红旗。

雷的位置信息采用 items 列表存储。items[r][c]存储第 r 行 c 列的信息，items[r][c]存储 1 为有雷，0 为无雷。

15.3　关键技术

1. grid()方式布局雷块按钮控件

Frame 中采用 grid()方式布局雷块按钮控件。grid()方式采用类似表格的结构组织控件，使用起来非常灵活。grid()方式采用行列确定位置，行列交汇处为一个单元格。在每一列中，列宽由这一列中最宽的单元格确定；在每一行中，行高由这一行中最高的单元格决定。组件（控件）并不是充满整个单元格的，编程人员可以指定单元格中剩余空间的使用，也可以空出这些空间，还可以在水平或竖直或两个方向上填满这些空间。甚至可以连接若干个相临单元格使其为一个更大的空间，这一操作被称为跨越。

使用 grid()方式进行布局的通用格式为：

```
WidgetObject.grid(参数, …)
```

grid()布局参数如表 15-1 所示。

表 15-1　　　　　　　　　　　　grid()布局参数

名称	描述	取值范围
column	组件所在单元格的列号	自然数（起始默认值为 0，而后累加）
columnspan	从组件所在单元格算起在列方向上的跨度	自然数（起始默认值为 0）
ipadx, ipady	组件内部在 x(y)方向上填充的空间大小，默认单位为像素，可选单位为 c（厘米）、m（毫米）、i（英寸）、p（打印机的点，即 1/27 英寸），用法为在值后加上后缀既可	非负浮点数（默认值为 0.0）
padx, pady	组件外部在 x(y)方向上填充的空间大小，默认单位为像素，可选单位为 c（厘米）、m（毫米）、i（英寸）、p（打印机的点，即 1/27 英寸），用法为在值后加上后缀即可	非负浮点数（默认值为 0.0）
row	组件所在单元格的行号	自然数（起始默认值为 0）
rowspan	从组件所在单元格起算行方向上的跨度	自然数（起始默认值为 0）
sticky	组件紧靠所在单元格的某一边角	"n""s""w""e""nw""sw""se""ne""center"（默认为"center"）

例如，self.buttongroups[r][c].grid(row=r,column=c,sticky=(W,E,N,S))，则是指定 self.buttongroups[r][c]按钮在第 r 行 c 列的位置，并且是四个方向都对齐。

具体 grid()方式布局有雷方块按钮控件的代码如下：

```
def createWidgets(self):
    self.rowconfigure(self.model.height,weight=1)
    self.columnconfigure(self.model.width,weight=1)
    self.buttongroups=[[Button(self,height=1,width=2) for j in range(self.model.width)]
                for j in range(self.model.height)]
    for r in range(self.model.width):
        for c in range(self.model.height):
            self.buttongroups[r][c].grid(row=r,column=c,sticky=(W,E,N,S))
            self.buttongroups[r][c].bind('<Button-1>',self.clickevent)
                                                            #左键事件
            self.buttongroups[r][c].bind('<Button-3>',self.Rightclickevent)
                                                            #右键事件
            self.buttongroups[r][c]['padx']=r
            self.buttongroups[r][c]['pady']=c
```

2. 无雷方块拓展(对于周围无雷的空白块)

对于无雷方块拓展，首先判断该方块是否为空白块（其相邻的 8 个方块都不是雷块），如果是，则向这相邻的 8 个方块进行递归拓展，直到不可拓展为止。

```python
def recureshow(self,r,c):
    if 0<=r<=self.model.height-1 and 0<=c<=self.model.width-1:
        if model.checkValue(r,c,0) and self.buttongroups[r][c]['state']==NORMAL and model.countValue(r,c,1)==0:#本身不是雷且周围雷数是零
            self.buttongroups[r][c]['state']=DISABLED #无效按钮
            self.buttongroups[r][c]['bd']=4            #边框为4个像素
            self.buttongroups[r][c]['disabledforeground']='red' #前景色为红色
            self.buttongroups[r][c]['text']='0'
            #递归翻开周围8个button
            self.recureshow(r-1,c-1)
            self.recureshow(r-1,c)
            self.recureshow(r-1,c+1)
            self.recureshow(r,c-1)
            self.recureshow(r,c+1)
            self.recureshow(r+1,c-1)
            self.recureshow(r+1,c)
            self.recureshow(r+1,c+1)
        elif model.countValue(r,c,1)!=0:              #仅仅翻开本身
            self.buttongroups[r][c]['text']=model.countValue(r,c,1)
            self.buttongroups[r][c]['state']=DISABLED
            self.buttongroups[r][c]['bd']=4           #边框为4个像素
            self.buttongroups[r][c]['disabledforeground']='red' #前景色为红色
        else:
            pass
```

15.4 程序设计的步骤

1. 设计数据类 Model

self.items 主要用于存储所有方块所在（r,c）位置的雷信息，有雷为 1，无雷为 0。countValue(self,r,c,value) 统计某个位置（r,c）周围 8 个位置中值为 value 的个数，如果 value=1，则统计的是周围 8 个位置中雷的个数。

```python
class Model:
    def __init__(self,row,col):
        self.width=col              #列数
        self.height=row             #行数
```

```python
        self.items=[[0 for c in range(col)] for r in range(row)]
        #所有方块初始为无雷

    def setItemValue(self,r,c,value):
        """
        设置某个位置（r,c）的值为 value
        """
        self.items[r][c]=value;

    def checkValue(self,r,c,value):
        """
        检测某个位置（r,c）的值是否为 value
        """
        if  self.items[r][c]==value :
            return True
        else:
            return False

    def countValue(self,r,c,value):
        """
        统计某个位置（r,c）周围 8 个位置中，值为 value 的个数
        """
        count=0
        if r-1>=0 and c-1>=0:
            if self.items[r-1][c-1]==1:count+=1
        if r-1>=0 and c>=0:
            if self.items[r-1][c]==1:count+=1
        if r-1>=0 and c+1<=self.width-1:
            if self.items[r-1][c+1]==1:count+=1
        if c-1>=0:
            if self.items[r][c-1]==1:count+=1
        if c+1<=self.width-1 :
            if self.items[r][c+1]==1:count+=1
        if r+1<=self.height-1 and c-1>=0:
            if self.items[r+1][c-1]==1:count+=1
        if r+1<=self.height-1 :
            if self.items[r+1][c]==1:count+=1
        if r+1<=self.height-1 and c+1<=self.width-1:
            if self.items[r+1][c+1]==1:count+=1
        return count
```

2. 设计 Mines 类

继承 Frame 的 Mines 类，可用于实现显示游戏方块，无雷的方块区域拓展，以及标记地雷和输赢判断功能。

```python
class Mines(Frame):
    def __init__(self,m,master=None):
        Frame.__init__(self,master)
        self.model=m
        self.initmine()
        self.grid()
        self.createWidgets()   #产生 model.width* model.height 个按钮组件

    def createWidgets(self):
      #top=self.winfo_toplevel()
      #top.rowconfigure(self.model.height*2,weight=1)
      #top.columnconfigure(self.model.width*2,weight=1)
      self.rowconfigure(self.model.height,weight=1)
      self.columnconfigure(self.model.width,weight=1)
      self.buttongroups=[[Button(self,height=1,width=2) for j in range(self.model.width)]
                 for j in range(self.model.height)]
      for r in range(self.model.width):
        for c in range(self.model.height):
           self.buttongroups[r][c].grid(row=r,column=c,sticky=(W,E,N,S))
           self.buttongroups[r][c].bind('<Button-1>',self.clickevent)
                                                          #左键事件
           self.buttongroups[r][c].bind('<Button-3>',self.Rightclickevent)
                                                          #右键事件
           self.buttongroups[r][c]['padx']=r
           self.buttongroups[r][c]['pady']=c
```

showall(self)函数将地图中所有有雷方块标识出来。

```python
    def showall(self):
      for r in range(model.height):
        for c in range(model.width):
           self.showone(r,c)
    def showone(self,r,c):
      if model.checkValue(r,c,0):
        self.buttongroups[r][c]['text']=model.countValue(r,c,1)
      else:
        self.buttongroups[r][c]['text']='Q'
        self.buttongroups[r][c]['image']=mineImage
```

recureshow(self,r,c)用于实现（r,c）坐标点周围无雷的方块区域的拓展。

```
def recureshow(self,r,c):
    ……见前文
```

在按钮的鼠标左键单击事件中，首先获取行列坐标（r,c），判断（r,c）处是否有雷，若有雷，则所有雷都显示出来，游戏结束；若没有雷，则递归翻开周围雷数是零的方块按钮。最后检测是否获得胜利。

```
def clickevent(self,event):
    """
    左键单击事件
    """
    r=int(str(event.widget['padx']))
    c=int(str(event.widget['pady']))
    if model.checkValue(r,c,1):#有雷
        self.showall()          #有雷,将所有雷都显示出来,游戏结束
    else:#没有雷
        self.recureshow(r,c)    #递归翻开周围雷数是零的方块按钮
        if(self.Victory()):     #检测是否获得胜利
            showinfo(title="提示",message="你赢了")
```

按钮的鼠标右键单击事件中，首先获取行列坐标（r,c），判断（r,c）处是否已标记上红旗图案，若是，则取消红旗标记图案，显示问号标记图案；若未标记过红旗，标记是雷，则显示旗帜。最后检测是否胜利，因为把所有的雷标记出来也是胜利。

```
def Rightclickevent(self,event):
    """
    右键单击事件
    """
    r=int(str(event.widget['padx']))
    c=int(str(event.widget['pady']))
    if(self.buttongroups[r][c]['text']=="X"):   #已标记上红旗,则取消标记
        self.buttongroups[r][c]['image']=askImage
    else:
        self.buttongroups[r][c]['image']=flagImage #标记是雷,显示旗帜图形
        self.buttongroups[r][c]['text']="X"

    if(self.Victory()):                 #检测是否胜利
        showinfo(title="提示",message="你赢了")
```

Victory()用于实现胜利判断并处理。

```
def Victory(self):#检测是否胜利
    for r in range(model.height):
        for c in range(model.width):
            #没翻开且未标示旗帜,则未成功
```

```
                if (self.buttongroups[r][c]['state']==NORMAL and self.
buttongroups[r][c]['text']!="X"):
                    return False
                #不是雷却误标记为雷,则也未成功
                if (model.checkValue(r,c,0) and self.buttongroups[r][c]
['text']=="X"):
                    return False
        return True
```

initmine(self)实现埋雷,每行埋(1,height/width)区间随机数量的雷。

```
    def initmine(self):
        """
        埋雷,每行埋(1,height/width)区间随机数量的雷
        """
        n=random.randint(1,model.height/model.width)
        for r in range(model.height):
          for i in range(n):
            rancol=random.randint(0,model.width-1)
            model.setItemValue(r,rancol,1)
```

initmine(self)以数字形式显示埋雷信息。

```
    def printf(self):
      print ('地图')
      for r in range(model.height):
        for c in range(model.width):
          print (model.items[r][c],end=" ")
        print ('')
```

3. 设计游戏主逻辑

初始化 10×10 游戏区域的 model，存储雷的信息，将 model 传入继承 Frame 的 Mines 类，显示游戏方块，并添加含"New"和"Exit"命令项的菜单 menu 到窗口中。

```
#-*- coding: utf-8 -*-
import random
import sys
from tkinter import *
from tkinter.messagebox import *
def new():     #重新开始游戏
  global m
  m.grid_remove()
  global model
  model=Model(10,10)
  m=Mines(model,root)
```

```python
        m.printf()
        pass
#主程序
if __name__=='__main__':
    model=Model(10,10)
    root=Tk()
    mineImage=PhotoImage(file='D:\\python \mine.gif')
    flagImage=PhotoImage(file='D:\\python\\flag.gif')
    askImage=PhotoImage(file='D:\\python\\\ask.gif')
    #menu
    menu = Menu(root)
    root.config(menu=menu)
    filemenu = Menu(menu)
    menu.add_cascade(label="File", menu=filemenu)
    filemenu.add_command(label="New",command=new)              #"New"命令项
    filemenu.add_separator()
    filemenu.add_command(label="Exit", command=root.quit)     #"Exit"命令项

    #Mines
    m=Mines(model,root)
    m.printf()
    root.mainloop()
```

至此,就完成了扫雷游戏的设计。

第 16 章

中国象棋游戏

中国象棋是一款家喻户晓的棋类游戏，其玩法的多变吸引了无数的玩家。在本章，我们把古老的象棋用计算机来展现。下面介绍用计算机制作"中国象棋"的原理和过程。

16.1 游戏介绍

1. 棋盘

棋子活动的场所，称为"棋盘"，在长方形的平面上，由九条平行的竖线和十条平行的横线相交组成，共 90 个交叉点，棋子就摆在这些交叉点上。中间第五、第六两横线之间未绘制竖线的空白地带，称为"河界"，整个棋盘就被"河界"分为相等的两部分；两方分别有将、帅坐镇，绘制有"米"字方格的地方，叫作"九宫"。

2. 棋子

象棋的棋子共 32 个，分为红黑两组，各 16 个，由对弈双方各执一组，每组兵种是一样的，各分为 7 种。

红方：帅、仕、相、车、马、炮、兵。

黑方：将、士、象、车、马、炮、卒。

其中，帅与将、仕与士、相与象、兵与卒的作用完全相同，仅仅是为了做一个区分。

3. 各棋子的走法说明

（1）将或帅

移动范围：它只能在"九宫"内移动。

移动规则：它每一步只可以水平或垂直移动一点。

（2）士（仕）

移动范围：它只能在王宫内移动。

移动规则：它每一步只可以沿对角线方向移动一点。

（3）象（相）

移动范围：河界的一侧。

移动规则：它每一步只可以沿对角线方向移动两点，另外，在移动的过程中不能够穿越障碍。

（4）马

移动范围：任何位置。

移动规则：每一步只可以沿水平或垂直方向移动一点，再沿对角线方向向左或者向右移动。另外，在移动的过程中不能够穿越障碍。

（5）车

移动范围：任何位置。

移动规则：可以沿水平或垂直方向移动任意个无阻碍的点。

（6）炮

移动范围：任何位置。

移动规则：移动起来和车很相似，但它必须跳过一个棋子来吃掉对方的一个棋子。

（7）兵（卒）

移动范围：任何位置。

移动规则：每步只能向前移动一点。过河以后，它便增加了向左右移动的能力，兵（卒）不允许向后移动。

4. 关于胜、负、和

在对局中，出现下列情况之一，本方输，对方赢：

（1）己方的帅（将）被对方棋子吃掉；

（2）己方发出认输请求；

（3）己方走棋超出步时限制。

16.2 关键技术

1. 移动指定图形对象

使用 move() 方法可以修改图形对象（如一个棋子）的坐标，具体方法如下：

```
Canvas 对象.move(图形对象,x 坐标偏移量,y 坐标偏移量)
```

例如，移动"帅"棋子图片向右 150 像素，向下 150 像素，从矩形左上角移到右下角。

```
from tkinter import *
def callback():                        #事件处理函数
    cv.move(rt1,150,150)               #移动 rt1
root = Tk()
root.title('移动"帅"棋子')              #设置窗口标题
#创建一个 Canvas,设置其背景色为白色
cv = Canvas(root, bg = 'white', width = 260, height = 220)
img1 = PhotoImage(file = '红帅.png')
cv.create_rectangle(40,40,190,190,outline='red',fill='green')
rt1 = cv.create_image((40,40),image=img1)          #绘制"帅"棋子图片
cv.pack()
```

```
button1 = Button(root, text="移动棋子",command=callback,fg="red")
button1.pack()
root.mainloop()
```

为了对比移动图形对象的效果,程序在(40,40,190,190)位置绘制了一个矩形(由绿色填充),单击"移动棋子"按钮后,"帅"棋子 rt1 通过 move()方法移动到矩形右下角,出现图 16-1 所示的效果。

图 16-1 移动指定"帅"棋子图形对象

2. 删除指定图形对象

使用 delete()方法可以删除图形对象(如选中棋子的提示框),具体方法如下:

```
Canvas 对象.delete(图形对象)
```

上例中的最后 1 行改成如下 5 行:

```
def callback2():            #事件处理函数
    cv.delete(rt1)          #删除 rt1
button2 = Button(root, text="删除棋子",command=callback2,fg="red")
button2.pack()
root.mainloop()
```

单击"删除棋子"按钮后,"帅"棋子消失,则出现图 16-2 所示的效果。

图 16-2 删除指定图形对象

16.3 程序设计的思路

1. 棋盘的表示

棋盘的表示就是使用一种数据结构来描述棋盘及棋盘上的棋子，这里使用的是一个二维列表 Map。一个典型的中国象棋棋盘是使用 9×10 的二维列表（数组）表示的。每一个元素代表棋盘上的一个交点。一个没有棋子的交点所对应的元素是-1。一个二维列表（数组）Map 保存了当前棋盘的布局。当 Map[x][y]=i 时，说明(x,y)处是棋子图像 i，否则 Map[x][y]=-1 此处为空（无棋子）。

程序中下棋的棋盘界面通过 DrawBoard()函数在一个 Canvas 对象 cv 上绘制出"棋盘.png"图片。

```
img1=PhotoImage(file='D:\\python\\bmp\\棋盘.png')
def DrawBoard():                    #绘制棋盘
    p1=cv.create_image((0,0),image=img1)
    cv.coords(p1,(360,400))         #指定棋盘图像中心点坐标(360,400)
```

2. 棋子的显示

棋子的显示需要图片，每种棋子图案和棋盘使用的对应图片资源如图 16-3 所示。游戏中红方在南，黑方在北。

图 16-3 棋子图片资源

3. 走棋规则

对于象棋来说，有"马走日""象飞田"等一系列复杂的规则。走法产生是博弈程序中一个相当复杂而且耗费运算时间的方面。不过，通过构造良好的数据结构，可以显著地提高运算的速度。

判断是否能走棋的算法如下。

根据棋子名称的不同，按相应规则判断。

A. 如果为"车"，则检查是否走直线，及中间是否有其他棋子。

B. 如果为"马"，则检查是否走"日"字，是否蹩腿。

C. 如果为"炮"，检查是否走直线，判断是否吃子，如果是吃子，则检查中间是否只有一个棋子，如果不吃则检查中间是否有棋子。

D. 如果为"兵"，检查是否走直线，走一步及向前走，根据是否过河，检查是否横走。

E. 如果为"将"，检查是否走直线，走一步及是否超过范围。

F. 如果为"士"，检查是否走斜线，走一步及是否超出范围。

G. 如果为"象"，检查是否走"田"字，是否蹩腿，及是否超出范围。

那么，如何分辨棋子呢？程序中采用了棋子图形对象进行识别。

在程序中，使用 IsAbleToPut(id, x, y,oldx,oldy)函数判断是否能走棋。这部分代码是最复杂的。其中参数含义如下：

参数 id 代表走的棋子图形对象，因为 dict_ChessName 字典中存储的是 id 对应的棋子名（如"红马"）。qi_name = dict_ChessName[id][1]可获取棋子名（含颜色信息），而字符串[1]可以获取字符串第二个字符，所以 dict_ChessName[id][1]意味取字符串第二个字符，例如，取"红马"第二个字符，则得到"马"。

参数 x、y 代表走棋的目标位置。棋子的原始位置为(oldx,oldy)。

IsAbleToPut(id, x, y,oldx,oldy)函数实现走棋规则判断。

例如，根据"将"或"帅"的走棋规则，它们只能走一格，所以原 x 坐标与新位置 x 坐标之差不能大于 1，原 y 坐标与新位置 y 坐标之差也不能大于 1。

```
if (abs(x - oldx) > 1 or abs(y - oldy) > 1):
    return False;
```

由于不能走出九宫，所以 x 坐标为 3、4、5，且 0≤y≤2 或 7≤y≤9（因为走棋时自己的"将"或"帅"只能在九宫中），否则此步违规，将返回 False。

```
if (x < 3 or x > 5 or (y >= 3 and y <=6)):
    return False;
```

实现"将"或"帅"走棋规则的代码如下：

```
#"将" "帅"走棋判断
if (qi_name == "将" or qi_name == "帅"):
    if ((x - oldx) * (y - oldy) != 0):          #斜线走棋
        return False;
    if (abs(x - oldx) > 1 or abs(y - oldy) > 1):
        return False;
    if (x < 3 or x > 5 or (y >= 3 and y <=6)):
        return False;
    return True;
```

根据"士"的走棋规则，"士"只能走斜线一格，所以原 x 坐标与新位置 x 坐标之差为 1，且原 y 坐标与新位置 y 坐标之差也同时为 1。

```
if (qi_name == "士" or qi_name == "仕"):
    if ((x - oldx) * (y - oldy) == 0):
        return False;
    if (abs(x - oldx) > 1 or abs(y - oldy) > 1):
```

由于"士"不能走出九宫，所以 x 坐标为 3、4、5，且 0≤y≤2 或 7≤y≤9，否则此步违规，将返回 False。

```
if (x < 3 or x > 5 or (y >= 3 and y <=6)):
    return False;
```

根据"炮"的走棋规则，"炮"只能走直线，所以 x、y 不能同时改变，即(x - oldx)×(y - oldy) = 0 保证走直线。然后判断，如果 x 坐标改变了，原位置 oldx 到目标位置 x 之间是否有棋子，如果有棋子则累加其间棋个数 c。根据 c 是否为 1，且目标处是否为非己方棋子，可以判断是否可以走棋。根据同样方法可以判断"炮"的 y 坐标改变时是否可以走棋。

根据"兵"或"卒"的走棋规则，未过河时，只能向前走一步，根据是否过河，检查是否横走。所以 x 与原坐标 oldx 改变的值不能大于 1，同时 y 与原坐标 oldy 改变的值也不能大于 1。例如，红兵如果过河，则 y<5（游戏时红方在南）。

```
#"卒" "兵"走棋判断
if (qi_name == "卒" or qi_name == "兵"):      #红方在南，黑方在北
    if ((x - oldx) * (y - oldy) != 0):       #不是直线走棋
        return False;
    if (abs(x - oldx) > 1 or abs(y - oldy) > 1):
    #走多步，不符合兵仅能走一步的规则
        return False;
    if (y >= 5 and (x - oldx) != 0 and qi_name == "兵"):
    #红兵未过河，且横向走棋
        return False;
    if (y < 5 and (x - oldx) != 0 and qi_name == "卒"):
    #黑卒未过河，且横向走棋
        return False;
    if (y - oldy > 0 and qi_name == "兵"):    #兵后退
        return False;
    if (y - oldy < 0 and qi_name == "卒"):    #卒后退
        return False;
    return True;
```

其余的棋子判断方法与之类似，这里不再一一介绍。

4. 坐标转换

整个棋盘左上角棋盘坐标为(0,0)，右下角棋盘坐标为(8,9)，如图 16-4 所示。例如，"黑车"初始的位置即为(0,0)，"黑将"初始的位置即为(4,0)，"红帅"初始的位置即为(4,9)。在走棋过程中，需要将鼠标像素坐标转换成棋盘坐标，棋盘方格的大小是 76 像素，通过整除 76 解析出棋盘坐标(x,y)。

```
x=(event.x-14)//76    #换算棋盘坐标
y=(event.y-14)//76
```

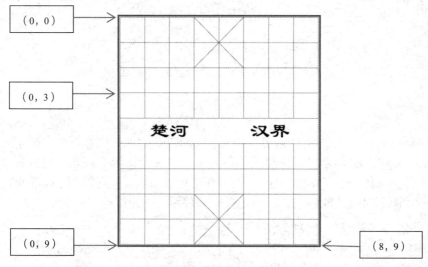

图 16-4　棋盘坐标示意图

16.4　程序设计的步骤

首先导入 tkinter 库。

```
from tkinter import *
from tkinter.messagebox import *
```

创建一个 Canvas，设置其背景色为白色，用 Canvas 显示棋盘和所有棋子。Imgs 是 PhotoImage 对象列表，获取所有的棋子图片。

```
dict_ChessName={}#定义一个字典
```

例如，本游戏中字典 dict_ChessName 存储的内容如下：

{2: '黑车', 3: '黑马', 4: '黑象', 5: '黑仕', 6: '黑将', 7: '黑仕', 8: '黑象', 9: '黑马', 10: '黑车', 11: '黑卒', 12: '黑卒', 13: '黑卒', 14: '黑卒', 15: '黑卒', 16: '黑炮', 17: '黑炮', 18: '红车', 19: '红马', 20: '红相', 21: '红仕', 22: '红帅', 23: '红仕', 24: '红相', 25: '红马', 26: '红车', 27: '红兵', 28: '红兵', 29: '红兵', 30: '红兵', 31: '红兵', 32: '红炮', 33: '红炮'}

字典的 Key 为每个棋子图像的 id，Value 是棋子种类名，例如，图像对象 11 对应的是黑卒。因为首先建立 Canvas 对象 id=0 和棋盘对象 id=1，所以棋子图像的 id 从 2 开始。

```
root = Tk()
#创建一个Canvas，设置其背景色为白色
cv = Canvas(root, bg = 'white', width = 720, height = 800)
chessname=["黑车","黑马","黑象","黑仕","黑将","黑仕","黑象","黑马","黑车","黑卒","黑炮","红车","红马","红相","红仕","红帅","红仕","红相","红马","红车","红兵","红炮"]
imgs= [PhotoImage(file='bmp\\'+chessname[i]+'.png')for i in range(0,22) ]
```

```
chessmap  =  [[-1,-1,-1,-1,-1,-1,-1,-1,-1,-1]for y in range(10)]
dict_ChessName={}       #定义一个字典
LocalPlayer="红"        #LocalPlayer记录自己是红方还是黑方
first=True              #区分第一次还是第二次选中的棋子 IsMyTurn = True
rect1=0
rect2=0
firstChessid=0
```

在程序运行时，首先调用 DrawBoard()和 LoadChess()加载棋盘图片和棋子到 Canvas 中。LoadChess()初始化游戏中各个棋子的位置，红方在南，黑方在北。并且在 chessmap 列表中按坐标记录每个棋子图像的 id。最后绑定 Canvas 鼠标事件函数 callback，也就是鼠标单击游戏画面时的处理函数，在此函数中处理游戏的走棋吃子行为。

```
img1=PhotoImage(file='bmp\\棋盘.png')
def DrawBoard():            #绘制棋盘
    p1=cv.create_image((0,0),image=img1)
    cv.coords(p1,(360,400))
def LoadChess():            #加载棋子
    global chessmap
    #黑方16个棋子
    for i in range(0,9):    #"黑车","黑马","黑象","黑仕","黑将","黑仕","黑象","黑马","黑车"
        img=imgs[i]
        id=cv.create_image((60+76*i,54),image=img)  #76×76 大小的棋盘
        dict_ChessName[id]=chessname[i];            #图像对应的棋子
        chessmap[i][0]=id                           #图像id
    for i in range(0,5):    #5个卒
        img=imgs[9]         #卒图像
        id=cv.create_image((60+76*2*i,54+3*76),image=img)#76×76 大小的棋盘
        chessmap[i*2][3]=id
        dict_ChessName[id]="黑卒";  #图像对应的棋子
    img=imgs[10]            #黑方炮
    id=cv.create_image((60+76*1,54+2*76),image=img)#76×76 大小的棋盘
    chessmap[1][2]=id
    dict_ChessName[id]="黑炮";  #图像对应的棋子
    id=cv.create_image((60+76*7,54+2*76),image=img)#76×76 大小的棋盘
    chessmap[7][2]=id
    dict_ChessName[id]="黑炮";  #图像对应的棋子

    #红方16个棋子
    for i in range(0,9):    #"红车","红马","红相","红仕","红帅","红仕","红相","红马","红车"
        img=imgs[i+11]
```

```python
            id=cv.create_image((60+76*i,54+9*76),image=img)#76×76 大小的棋盘
            dict_ChessName[id]=chessname[i+11];    #图像对应的是哪种棋子
            chessmap[i][9]=id                      #图像 id
    for i in range(0,5):              #5 个兵
        img=imgs[20]                  #兵图像
        id=cv.create_image((60+76*2*i,54+6*76),image=img)#76×76 大小的棋盘
        chessmap[i*2][6]=id                        #图像 id
        dict_ChessName[id]=chessname[20];          #图像对应的棋子
    img=imgs[21]                      #红方炮
    id=cv.create_image((60+76*1,54+7*76),image=img)#76×76 大小的棋盘
    chessmap[1][7]=id
    dict_ChessName[id]="红炮";   #图像对应的棋子
    id=cv.create_image((60+76*7,54+7*76),image=img)#76×76 大小的棋盘
    chessmap[7][7]=id
    dict_ChessName[id]="红炮"; #图像对应的棋子
#————————————————
DrawBoard()             #绘制棋盘
LoadChess()             #加载棋子
#————————————————
print(dict_ChessName)
cv.bind("<Button-1>", callback)
cv.pack()
lable1 = Label(root, fg='red', bg='white',text="红方先走")   #提示信息标签
lable1['text']="红方先走 1"
lable1.pack()root.mainloop()
```

游戏区的单击事件用于处理用户走棋过程。在玩家走棋时，首先需要选中己方棋子（第 1 次选择棋子），所以有必要判断是否单击成对方棋子了。如果是自己的棋子，则 firstChessid 记录玩家选择的棋子，同时棋子被加上红色框线 rect1 示意被选中。

当玩家选择己方棋子后，单击对方棋子（secondChessid 记录玩家第 2 次选择的棋子，被加上黄色框线 rect2），则是吃子，如果将或帅被吃掉，则游戏结束。当然第 2 次选择棋子有可能是玩家改变主意，选择自己的另一棋子，则 firstChessid 重新记录玩家选择的己方棋子。

当玩家选择己方棋子后，若再单击的位置无棋子，则处理没有吃子的走棋过程。调用 IsAbleToPut(CurSelect, x, y)判断是否能走棋，如果符合走棋规则，则移动棋子，修改 chessmap 记录的棋子信息。

```python
def callback(event):#走棋 picBoard_MouseClick
    global LocalPlayer
    global chessmap
    global rect1,rect2                          #选中框图像 id
    global firstChessid,secondChessid
    global x1,x2,y1,y2
```

```python
        global first
        print ("clicked at", event.x, event.y,LocalPlayer)
        x=(event.x-14)//76                          #换算棋盘坐标
        y=(event.y-14)//76
        print ("clicked at", x, y,LocalPlayer)

        if (first):                                 #第1次单击棋子
            x1 = x;
            y1 = y;
            firstChessid=chessmap[x1][y1]
            if not(chessmap[x1][y1]==-1):  #此位置不空，有棋子
                player=dict_ChessName[firstChessid][0]
                #获取单击棋子的颜色，如"红马"取红
                if (player != LocalPlayer):         #颜色不同
                    print ( "单击成对方棋子了!");
                    return
            print("第1次单击",firstChessid)
            first = False;
            rect1=cv.create_rectangle(60+76*x-40,54+y*76-38,60+
76*x+80-40,54+y*76+80-38,outline="red")#绘制选中标记框
        else:    #第2次单击
            x2 = x;
            y2 = y;
            secondChessid=chessmap[x2][y2]
            #目标处如果是自己的棋子,则换上次选择的棋子
            if not(chessmap[x2][y2]==-1):                    #此位置不空，有棋子
                player=dict_ChessName[secondChessid][0]  #获取单击棋子的颜色
                if (player == LocalPlayer): #如果是自己的棋子,则换上次选择的棋子
                    firstChessid=chessmap[x2][y2]
                    print("第2次单击",firstChessid)
                    cv.delete(rect1);#取消上次选择的棋子标记框
                    x1 = x;
                    y1 = y;
                    #设置选择的棋子颜色
                    rect1=cv.create_rectangle(60+76*x-40,54+y*76-
38,60+76*x+80-40,54+y*76+80-38,outline="red")                #绘制选中标记框
                    print("第2次单击",firstChessid)
                    return;
            else:#在落子目标处绘制标记框
                rect2=cv.create_rectangle(60+76*x-40,54+y*76-
38,60+76*x+80-40,54+y*76+80-38,outline="yellow")          #在目标处画框
```

```
                #目标处没有棋子，移动棋子
                print("kkkkk",firstChessid)
                if (chessmap[x2][y2]==" " or chessmap[x2][y2]==-1):
                    #目标处没有棋子，移动棋子
                    print("目标位置无棋子，移动棋子",firstChessid,x2,y2,x1,y1)

                    if (IsAbleToPut(firstChessid, x2, y2,x1,y1)):
                        #判断是否可以走棋
                        print ("can 移动棋子",x1,y1)
                        cv.move(firstChessid,76*(x2-x1),76*(y2-y1));
                        #****************************************
                        #在map中取掉原棋子
                        chessmap[x1][y1]=-1;
                        chessmap[x2][y2]=firstChessid
                        cv.delete(rect1);      #删除选中标记框
                        cv.delete(rect2);      #删除目标标记框
                        #****************************************
                        first = True;
                        SetMyTurn(False);#该对方了
                    else:
                        #错误走棋
                        print( "不符合走棋规则");
                        showinfo(title="提示",message="不符合走棋规则")
                    return;
                else:
                    #目标处有棋子，可以吃子
                    if (not(chessmap[x2][y2]==-1) and IsAbleToPut
(firstChessid, x2, y2,x1,y1)):#可以吃子
                        first = True;
                        print ("can 吃子",x1,y1)
                        cv.move(firstChessid,76*(x2-x1),76*(y2-y1));
                        #****************************************
                        #在map中取走原棋子
                        chessmap[x1][y1]=-1;
                        chessmap[x2][y2]=firstChessid
                        cv.delete(secondChessid);
                        cv.delete(rect1);
                        cv.delete(rect2);
                        #****************************************
                        if (dict_ChessName[secondChessid][1] == "将"):
                            showinfo(title="提示",message="红方你赢了")
```

```
                            return;
                        if (dict_ChessName[secondChessid][1] == "帅"):
                            showinfo(title="提示",message="黑方你赢了")
                            return;
                    #send
                    SetMyTurn(False);#该对方走棋了
                else: #不能吃子
                    print( "不能吃子");
                    lable1['text']="不能吃子"
                    cv.delete(rect2);     #删除目标标记框
```

SetMyTurn()用于设置该哪一方走棋，LocalPlayer 则用于记录是轮到哪一方走棋，并在标签上显示提示信息。

```
def SetMyTurn(flag):
    global LocalPlayer
    IsMyTurn=flag
    if LocalPlayer=="红" :
        LocalPlayer="黑"
        lable1['text']="轮到黑方走"
    else:
        LocalPlayer="红"
        lable1['text']="轮到红方走"
```

def IsAbleToPut(id, x, y,oldx,oldy)用于判断是否能走棋，并返回逻辑值，该代码十分复杂。

```
def IsAbleToPut(id, x, y,oldx,oldy):
    #oldx, oldy 为棋子在棋盘的原坐标
    #x, y 为棋子移动后的新坐标
    qi_name = dict_ChessName[id][1]
    #取字符串中第二个字符,如"黑将"中的"将",从而得到棋子类型
    #"将" "帅"走棋判断
    if (qi_name == "将" or qi_name == "帅"):
        if ((x - oldx) * (y - oldy) != 0):
            return False;
        if (abs(x - oldx) > 1 or abs(y - oldy) > 1):
            return False;
        if (x < 3 or x > 5 or (y >= 3 and y <=6)):
            return False;
        return True;
    #"士"走棋判断
    if (qi_name == "士" or qi_name == "仕"):
        if ((x - oldx) * (y - oldy) == 0):
            return False;
```

```
        if (abs(x - oldx) > 1 or abs(y - oldy) > 1):
            return False;
        if (x < 3 or x > 5 or (y >= 3 and y <=6)):
            return False;
    return True;
#"象"走棋判断
if (qi_name == "象" or qi_name == "相"):
    if ((x - oldx) * (y - oldy) == 0):
        return False;
    if (abs(x - oldx) != 2 or abs(y - oldy) != 2):
        return False;
    if (y < 5 and qi_name == "相" ):#过河
        return False;
    if (y >= 5 and qi_name == "象" ):#过河
        return False;
    i = 0; j = 0;    #i,j必须有初始值
    if (x - oldx == 2):
        i = x - 1;
    if (x - oldx == -2):
        i = x + 1;
    if (y - oldy == 2):
        j = y - 1;
    if (y - oldy == -2):
        j = y + 1;
    if (chessmap[i][j] != -1):#蹩象腿
        return False;
    return True;

#"马"走棋判断
if (qi_name == "马" or qi_name == "马"):
    if (abs(x - oldx) * abs(y - oldy) != 2):
        return False;
    if (x - oldx == 2):
        if (chessmap[x - 1][oldy] != -1):#蹩马腿
            return False;
    if (x - oldx == -2):
        if (chessmap[x + 1][oldy] != -1):#蹩马腿
            return False;
    if (y - oldy == 2):
        if (chessmap[oldx][y - 1] != -1):#蹩马腿
            return False;
```

```python
            if (y - oldy == -2):
                if (chessmap[oldx][y + 1] != -1):#蹩马腿
                    return False;
        return True;
    #"车"走棋判断
    if (qi_name == "车" or qi_name == "车"):
        #判断是否为直线
        if ((x - oldx) * (y - oldy) != 0):
            return False;
        #判断是否隔有棋子
        if (x != oldx):
            if (oldx > x):
                t = x;
                x = oldx;
                oldx = t;
            for i in range(oldx,x+1):
                if (i != x and i != oldx):
                    if (chessmap[i][y] != -1):
                        return False;
        if (y != oldy):
            if (oldy > y):
                t = y;
                y = oldy;
                oldy = t;
            for j in range(oldy,y+1):
                if (j != y and j != oldy):
                    if (chessmap[x][j] != -1):
                        return False;
        return True;
    #"炮"走棋判断
    if (qi_name == "炮" or qi_name == "炮"):
        swapflagx = False;
        swapflagy = False;
        if ((x - oldx) * (y - oldy) != 0):
            return False;
        c = 0;
        if (x != oldx):
            if (oldx > x):
                t = x;
                x = oldx;
                oldx = t;
```

```
                swapflagx = True;
            for i in range(oldx,x+1):
                if (i != x and i != oldx):
                    if (chessmap[i][y] != -1):
                        c = c + 1;
        if (y != oldy):
            if (oldy > y):
                t = y;
                y = oldy;
                oldy = t;
                swapflagy = True;
            for j in range(oldy,y+1):#for (j = oldy; j <= y; j += 1):
                if (j != y and j != oldy):
                    if (chessmap[x][j] != -1):
                        c = c + 1;
        if (c > 1):
            return False; #与目标处间隔一个以上的棋子
        if (c == 0):        #与目标处无间隔的棋子
            if (swapflagx == True):
                t = x;
                x = oldx;
                oldx = t;
            if (swapflagy == True):
                t = y;
                y = oldy;
                oldy = t;
            if (chessmap[x][y] != -1):
                return False;
        if (c == 1):#与目标处间隔一个棋子
            if (swapflagx == True):
                t = x;
                x = oldx;
                oldx = t;
            if (swapflagy == True):
                t = y;
                y = oldy;
                oldy = t;
            if ( chessmap[x][y] == -1):#如果目标处无棋子,则不能走此步
                return False;
        return True;
#"卒" "兵"走棋判断
```

```
            if (qi_name == "卒" or qi_name == "兵"):
                if ((x - oldx) * (y - oldy) != 0):          #不是直线走棋
                    return False;
                if (abs(x - oldx) > 1 or abs(y - oldy) > 1):#走多步
                    return False;
                if (y >= 5 and (x - oldx) != 0 and qi_name == "兵"):
                    #未过河且横向走棋
                    return False;
                if (y < 5 and (x - oldx) != 0 and qi_name == "卒"):
                    #未过河且横向走棋
                    return False;
                if (y - oldy > 0 and qi_name == "兵"):#后退
                    return False;
                if (y - oldy < 0 and qi_name == "卒"):#后退
                    return False;
                return True;
        return True;
```
至此，就完成了中国象棋游戏的设计。运行效果如图 16-5 和图 16-6 所示。目前实现的游戏只支持本机对战，读者可以根据网络五子棋的 UDP 通信知识，完善本游戏从而实现网络版的中国象棋对战。

图 16-5　中国象棋游戏运行初始界面

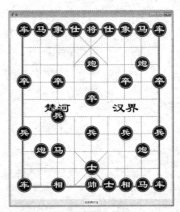

图 16-6　中国象棋游戏运行界面

第 17 章 21 点扑克牌游戏

17.1 游戏介绍

21 点游戏的规则是玩家要取得比庄家更大的点数总和,但玩家的点数超过 21 即输牌,并输掉注码。J、Q、K 算 10 点,A 可算 1 点或 11 点,其余按牌面值计点数。开始时每人发两张牌,一张明,一张暗,凡点数不足二十一点,玩家可选择继续要牌。

本章介绍 21 点扑克牌游戏的开发过程。游戏运行界面如图 17-1 所示。为简化起见,只设置两方玩家,一方为 Dealer(庄家),另一方为 Player(玩家),且都发明牌,无下注过程。Dealer(庄家)的要牌过程由程序自动实现。并要求游戏能够判断输赢。

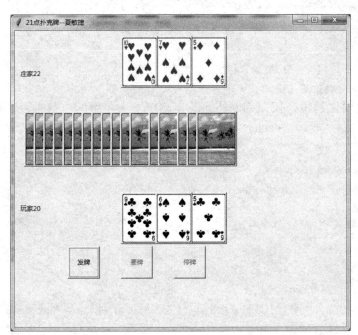

图 17-1 21 点扑克牌游戏运行界面

17.2 关键技术

扑克游戏编程关键有两点:一是扑克牌面的绘制;二是扑克游戏规则的算法实现。

1. 扑克牌设计

在 21 点游戏中,一张牌有如下四个属性:face 为牌面大小,值为 0、1、…、12(分别代表 A、2、3、4、5、6、7、8、9、10、J、Q、K);suitType 为牌面花色,值为 0、1、2、3(分别代表梅花、方块、黑桃、红桃);count 为计算点数;faceUp 用于判断牌面是否向上(False 是背面,True 是正面)。此处用 Card 类设计扑克牌。

为了绘制扑克牌牌面,使用 Button 组件实现显示图片的功能,所以这里 Card 类继承 Button 组件从而使其具有显示扑克牌牌面的功能。

```
if self.faceup:                #判断牌面是否向上
    self["image"]=bm           #显示牌面图形 bm
else:
    self["image"]=back         #显示背面图形 back
```

2. 游戏规则的算法实现

游戏开始时,生成 52 张牌(不含大小王),添加到 Deck 列表(代表一副牌)中,并将 Deck 列表中元素打乱,达到洗牌的目的。TopCard 指定从第几张牌开始发起,每发一张牌则 TopCard 加 1。在游戏过程中通过 Deck[TopCard]可以确定是哪张牌。

```
for i in range(0,4):#0~3     (代表梅花、方块、黑桃、红桃)
    for j in range(0,13):#0~12(代表A,2,3,4,5,6,7,8,9,10,J,Q,K)
        card=Card((j+1)+13*i,0,j,i,win,imgs[i + 4 * j])
        Deck.append(card)
random.shuffle(Deck)         #将列表中的元素打乱,达到洗牌目的
TopCard=0                    #发第几张牌
```

在庄家游戏过程中,为简化起见,仅仅判断庄家(电脑机器人)牌的点数是否超过 18,若不超过 18 点,则庄家继续要牌。dealerPlay()实现庄家选牌并判断庄家输赢。

```
while True:
    if (dealerCount < 18):
        Deck[TopCard].DrawCard(200 + 65 * idcard, 10);
        dealerCount += Deck[TopCard].count
        if (dealerCount > 21 and dealerAce >= 1):
            dealerCount -= 10
            dealerAce -= 1;
        if (Deck[TopCard].face == 0 and dealerCount<=11):
         #face==0则是A牌,且庄家点数小于11时,则A为11,A本身点数为1
            dealerCount += 10
        TopCard += 1;
    else:
        break
```

在玩家游戏过程中,通过单击"要牌"实现要牌过程。当玩家无须要牌时,可单击"停牌"按钮,此时游戏会判断玩家的输赢。

17.3 程序设计的步骤

1. 设计扑克牌类

扑克牌类继承 Button 组件，从而解决牌的显示问题。DrawCard(self,x,y)指定在位置(x,y)显示 Button（即扑克牌）。RemoveCard(self) 指定在位置(x=-100,y=-100)显示 Button（即扑克牌），即将已发过的扑克牌移到窗口外，达到隐藏牌面的目的。

```python
from tkinter import *
from tkinter.messagebox import *
import random
class Card(Button):                     #扑克牌类
    '''构造函数
    '''
    def __init__(self,x,y,face,suitType,master,bm):
        Button.__init__(self,master)
        self.X=x
        self.Y=y
        self.face=face
         #牌面大小，值为 0、1、…、12（分别代表 A,2,3,4,5,6,7,8,9,10,J,Q,K）
        self.suitType=suitType    #牌面花色，值为 0~3（代表梅花、方块、红桃、黑桃）
        #self.bind("<ButtonPress>",btn_MouseDown)
        #self.bind("<ButtonRelease>",btn_Realse)
        self.place(x=self.X*18,y=self.Y*20+150)
        if (face < 10):
            self.count = face + 1     #self.count是点数
        else:  #J,Q,K
            self.count = 10
        self.faceup = False              #牌面向下
        self.img=bm
        if self.faceup:                  #判断牌面是否向上
            self["image"]=bm             #显示牌面图形 bm
        else:
            self["image"]=back           #显示背面图形 back
    def DrawCard(self,x,y):              #在指定位置显示扑克牌
        self.place(x=x,y=y)
        self["image"]=self.img
    def RemoveCard(self):                #移到窗口外，达到隐藏牌面的目的
        self.place(x=-100,y=-100)
```

2. 主程序

在游戏界面中，添加三个命令按钮和两个标签。bt1 为"发牌"按钮、bt2 为"要牌"按钮、bt3 为"停牌"按钮。label1 记录玩家牌的点数，label2 记录庄家牌的点数。

```python
win = Tk()#创建窗口对象
win.title("21点扑克牌--夏敏捷")#设置窗口标题
win.geometry("995x550")
#52张扑克牌的正面图片
imgs= [PhotoImage(file='D:\\python\\image-1\\'+str(i)+'.gif')for i in range(1,53)]
#扑克牌背面图片
back=PhotoImage(file='D:\\python\\image-1\\0.gif')
Deck=[]
TopCard=0                   #发第几张牌
dealerAce = 0               #庄家A牌个数
playerAce = 0               #玩家A牌个数
dealerCount = 0             #庄家牌的点数
playerCount = 0             #玩家牌的点数
ipcard=0
idcard=0
bt1 = Button(win, text = '发牌', width = 60, height = 60)
bt1.place(x= 100,y=400, width = 60, height = 60)

bt2 = Button(win, text = '要牌', width = 60, height = 60)
bt2.place(x= 200,y=400, width = 60, height = 60)

bt3 = Button(win, text = '停牌', width = 60, height = 60)
bt3.place(x= 300,y=400, width = 60, height = 60)
bt1.focus_set()                                         #将焦点设置到bt1上
bt1.bind("<ButtonPress>", callback1)                    #发牌按钮事件
bt2.bind("<ButtonPress>", callback2)                    #要牌按钮事件
bt3.bind("<ButtonPress>", callback3)                    #停牌按钮事件
bt1["state"] = NORMAL
bt2["state"] = DISABLED
bt3["state"] = DISABLED
label1 = Label(win, text = '玩家', width = 60, height = 60)
    #玩家牌的点数提示信息标签
label1.place(x= 0,y=300, width = 60, height = 60)
label2 = Label(win, text = '电脑', width = 60, height = 60)
    #电脑机器人庄家牌的点数提示信息标签
label2.place(x= 0,y=50, width = 60, height = 60)
```

```
list=[i for i in range(0,53)]
for i in range(0,4) :#0~3 (代表梅花、方块、黑桃、红桃)
    for j in range(0,13):#0--12 (代表A,2,3,4,5,6,7,8,9,10,J,Q,K)
        card=Card((j+1)+13*i,0,j,i,win,imgs[i + 4 * j])
        Deck.append(card)
random.shuffle(Deck)   #将列表中的元素打乱,达到洗牌的目的
win.mainloop()
```

3. 发牌按钮事件代码

发牌意味重新开始一局游戏,因此需要把上局游戏中玩家和庄家的扑克牌移出窗口,并分别给玩家和庄家发两张牌,计算出玩家和庄家各自牌的点数。

```
def callback1(event):            #发牌按钮事件
    global TopCard,ipcard,idcard
    global dealerAce,playerAce,dealerCount,playerCount
    dealerAce = 0            #庄家A牌个数
    playerAce = 0            #玩家A牌个数
    dealerCount = 0          #庄家点数
    playerCount = 0          #玩家点数
    if(TopCard>0):
        for i in range(0,TopCard) :
            Deck[i].RemoveCard()       #将已发过的牌移到窗口外
    #绘制玩家第一张牌的牌面
    Deck[TopCard].DrawCard(200, 300)   #在坐标为(200,300)的屏幕处绘制牌面
    playerCount = playerCount + Deck[TopCard].count
    if (Deck[TopCard].face == 0):      #"A"牌
        playerCount += 10
        playerAce += 1
    TopCard += 1


    #绘制庄家第一张牌的牌面
    Deck[TopCard].DrawCard(200, 10)    #在坐标为(200,10)的屏幕处绘制牌面
    dealerCount += Deck[TopCard].count
    if (Deck[TopCard].face == 0):      #"A"牌
        dealerCount += 10
        dealerAce += 1
    TopCard += 1
    #*******************************
    #绘制玩家第二张牌的牌面
    Deck[TopCard].DrawCard(265, 300)
    playerCount += Deck[TopCard].count
```

```
        if (Deck[TopCard].face == 0 and playerAce == 0):
            playerCount += 10
            playerAce += 1
        TopCard += 1

        #画庄家第二张牌面
        Deck[TopCard].DrawCard(265, 10)
        dealerCount += Deck[TopCard].count
        if (Deck[TopCard].face == 0 and dealerAce == 0):
            dealerCount += 10
            dealerAce += 1
        TopCard += 1

        ipcard = 2                  #记录玩家已有牌的数量
        idcard = 2                  #记录庄家已有牌的数量
        if (TopCard >= 52):
            showinfo(title="提示",message="一副牌发完了!! ")
            return
        label1["text"] = "玩家"+str(playerCount)
        label2["text"] = "庄家"+str(dealerCount)
        bt1["state"] = DISABLED
        bt2["state"] = NORMAL
        bt3["state"] = NORMAL
```

4．要牌按钮事件代码

"要牌"是玩家根据自己牌的点数，决定是否继续发给玩家新牌。当发"A"牌时，点数加 10，且记录玩家"A"牌数量，最后计算出玩家牌的点数。如果超过 21 点，则提示玩家输了。

```
def callback2(event):#要牌
    global TopCard,ipcard
    global dealerAce,playerAce,dealerCount,playerCount
    Deck[TopCard].DrawCard(200 + 65 * ipcard, 300)
    playerCount += Deck[TopCard].count
    if (Deck[TopCard].face == 0):          # "A" 牌
        playerCount += 10
        playerAce += 1
    TopCard += 1
    if (TopCard >= 52):
        showinfo(title="提示",message="一副牌发完了!! ")
        return
```

```
            ipcard += 1
            label1["text"] = "玩家"+str(playerCount)
            if (playerCount > 21):
                if (playerAce >= 1):
                    playerCount -= 10
                    playerAce -= 1
                    label1["text"] = "玩家"+str(playerCount)
                else:
                    showinfo(title="提示",message="玩家 Player loss!")
                    bt1["state"] = NORMAL
                    bt2["state"] = DISABLED
                    bt3["state"] = DISABLED
```

5. 停牌按钮事件代码

"停牌"是玩家根据自己牌的点数，决定停止发给玩家新牌。这时轮到给庄家（电脑机器人）发牌，dealerPlay()处理庄家选牌过程。为简化选牌过程，仅仅判断庄家（电脑机器人）牌的点数是否超过 18，若不超过 18 则继续发牌。dealerPlay()实现庄家选牌，并判断庄家输赢。

```
def callback3(event):#停牌
    dealerPlay()        #庄家选牌
def dealerPlay():       #庄家选牌
    #实现庄家选牌
    global TopCard,idcard
    global dealerAce,playerAce,dealerCount,playerCount
    while True:
        if (dealerCount < 18):
            Deck[TopCard].DrawCard(200 + 65 * idcard, 10);
            dealerCount += Deck[TopCard].count
            if (dealerCount > 21 and dealerAce >= 1):
                dealerCount -= 10
                dealerAce -= 1;
            if (Deck[TopCard].face == 0 and dealerCount <= 11): # "A" 牌
                dealerCount += 10
                dealerAce += 1;
            TopCard += 1;
            if (TopCard >= 52):
                showinfo(title="提示",message="一副牌发完了!! ")
                return
            idcard += 1
        else:
```

```
                break
      label2["text"] = "庄家"+str(dealerCount)
      if (dealerCount <= 21):                    #庄家牌的点数未超过 21 点
            if (playerCount > dealerCount):  #玩家牌的点数超过庄家牌的点数
                showinfo(title="提示",message="玩家 Player win!");
            else:
                showinfo(title="提示",message="庄家 win!")
      else:                                      #庄家牌的点数超过 21 点,玩家赢
            showinfo(title="提示",message="玩家 Player win!")
      bt1["state"] = NORMAL
      bt2["state"] = DISABLED
      bt3["state"] = DISABLED
```

至此，就完成了 21 点游戏的设计。在上述编程过程中，我们用 Card 类描述扑克牌，对 Card 的牌面大小 Face（A，2，…，K）和花色 suitType（梅花、方块、黑桃、红桃）进行取值，并分别用数值 0~12 和 0~3 表示。并简化了游戏规则，只设置了两个玩家，也未对玩家属性（如财富、下注、所持牌、持牌点数等）进行描述，读者可以在编程中逐步地添加、完善。

第 18 章

华容道游戏

18.1 游戏介绍

"华容道"是一个比较古老的游戏,模仿三国时"赤壁之战"中的一段故事。游戏起始时曹操被围在华容道的最内层,游戏者需要移动其他角色,使曹操顺利地到达出口。游戏初始界面如图 18-1 所示。

图 18-1 游戏初始界面

游戏中,游戏者选择需要移动的角色,然后拖动鼠标,被选中的角色就会向鼠标拖动的方向移动。最后,当成功地将曹操移动至出口时,游戏结束。

18.2 程序设计的思路

1. 数据结构

"华容道"整体可以看成 5×4 的游戏棋盘表格(如图 18-2(a)所示),其中,张飞、关羽、马超、黄忠、赵云各占两个格子,兵占一个格子,曹操占四个格子。为了计算的方便，将人物方块设计成继承 Button 的 Block 类，内部存储所占的格子。如初始时，带有曹操头像的 Button 控件位于（1，0）（2，0）（1，1）（2，1）四个红色格子中（如图 18-2（b）所示）。在游戏过程中，移动人物方块时判断是否与别的方块有交叉（格子重叠），无交叉时才能移动。游戏胜利的条件就是将四个红色格子中曹操头像的 Button 控件移到下方出口（如图 18-3 所示），也就是曹操头像的 Button 控件位置处于（1,3）、（2,3）、（1,4）、（2,4）时，游戏结束。

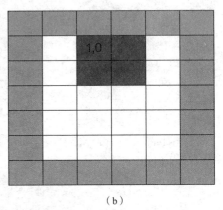

（a）　　　　　　　　　　　　　　（b）

图 18-2　存储结构示意图

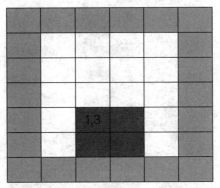

图 18-3　游戏结束时示意图

2. 内部逻辑

程序代码的主要任务是根据用户的鼠标拖动实现头像 Button 控件（组件）的移动。在拖动控件的过程中，首先要判断用户的拖动方向，此外，还要判断此 Button 控件能否拖动到用户希望的位置。如果能拖动到希望的位置，则将此控件的位置属性设置到目标位置。例如，当用户拖动带有曹操头像的 Button 时，首先要判断用户是向上、向下、向左还是向右拖动。当确定方向以后，还要判断用户希望移动到的位置能否放置此控件。

18.3　程序设计的步骤

华容道游戏中的方块有四种类型：正方形大块、正方形小块、长方形竖块和长方形横块，因此用四个数值分别表示这四种块。值 One 表示小正方形，TwoH 表示横长方形，TwoV 表示竖长方形，Four 表示大正方形。

```
from tkinter import *
from tkinter.messagebox import *
#One 表示小正方形，TwoH 表示横长方形，TwoV 表示竖长方形，Four 表示大正方形
One=1
TwoH=2
TwoV=3
Four=4
```

1. 设计点类 Point

点类 Point 的设计比较简单，它主要存储方块所在的棋盘坐标（x,y）。

```
class Point:        #点类
    def __init__(self,x,y):
        self.x=x
        self.y=y
```

2. 建立一个 Block 类表示每一个方块

每一个方块实际就是一个按钮，所以继承 Button 类。每一个方块的基本数据，除了方块的类型以外，还有其左上角的坐标（坐标的概念参见图 18-2 的存储结构示意图），一旦确定方块类型和左上角的坐标后，就可以确定一个块了。左上角坐标用一个 Point 类对象 Location 表示。

Block 类的 GetPoints()方法返回一个该方块所占据的所有坐标位置的列表（集合）。通过方块类型和左上角的坐标就可以确定一个方块所占据的所有坐标位置。

Block 类的 IsValid()方法可以判定这个方块是否在游戏区域内，如果有任何部分出界，就返回 false。同样地，还可以通过方块类型和左上角坐标判定。

Block 类的 Intersects(block)方法可以判定一个方块是否与另外一个方块 block 有交叉部分，如果有交叉部分则返回 True。通过获取两个块各自所占据的点，就可以判定是否有交集。

```
#---------------------Block 类
class Block(Button):     #块类
    '''
        构造函数创建一个块，一旦确定方块类型和左上角的坐标后，就可以确定一个块了
        <param name="p">左上角棋盘位置</param>
        <param name="blockType">方块类型</param>
        <param name="r">角色名</param>
        <param name="bm">角色图象</param>
    '''
    def __init__(self,p,blockType,master,r,bm):
        Button.__init__(self,master)
```

```
            self.Location=p      #方块左上角棋盘位置
            self.BType=blockType  #方块类型
            self["text"]=r
            self["image"]=bm
            self.bind("<ButtonPress>",btn_MouseDown);
            self.bind("<ButtonRelease>",btn_Realse);
            self.place(x=self.Location.X*80,y=self.Location.Y*80)
    '''
      GetPoints()方法获取块中所有点
      GetPoints()方法返回一个该方块所占据的所有坐标位置的列表（集合）
      通过方块类型和左上角的坐标就可以确定一个方块所占据的所有坐标位置
    '''
    def  GetPoints(self):
      pList = []
      if self.BType==One :
            pList.append(self.Location)
      elif  self.BType == TwoH :
            pList.append(self.Location);
            pList.append(Point(self.Location.X + 1, self.Location.Y))
      elif  self.BType == TwoV :
            pList.append(self.Location)
            pList.append( Point(self.Location.X, self.Location.Y + 1))
      elif  self.BType == Four :
            pList.append(self.Location)
            pList.append( Point(self.Location.X + 1, self.Location.Y))
            pList.append( Point(self.Location.X, self.Location.Y + 1))
            pList.append( Point(self.Location.X + 1, self.Location.Y + 1))
      return pList;


    '''
        块中是否包含某个点
    <param name="point">点</param>
    <returns>是否包含</returns>
    '''
    def Contains(self,point):
      pList=self.GetPoints()
      for i in range(len(pList)):
            if pList[i].x==point.x and pList[i].y==point.y :
                return True
      return False
```

```
'''
    是否与另一个块交叉
<param name="block">另一个块</param>
'''
def Intersects(self,block):
    myPoints = self.GetPoints()          #List<Point>
    otherPoints = block.GetPoints()      #List<Point>
    for i in range(len(otherPoints)):
    #foreach (Point p in otherPoints)
        p=otherPoints[i]
        for j in range(len(myPoints)):   #if p in myPoints:
            if p.X==myPoints[j].X and p.Y==myPoints[j].Y:
                return True
    return False

def IsValid(self, width, height):#块是否在界限内
    points = self.GetPoints()
    for i in range(len(points)):
        p=points[i]
        if (p.X < 0 or p.X >= width or p.Y < 0 or p.Y >= height):
            return False;
    return True;
```

3. 游戏控制类 Game

Game 类首先包含场地的宽度和高度，在华容道中宽度为 4 格，高度为 5 格：

```
#在华容道中宽度为 4 格，高度为 5 格
Width = 4
Height = 5
```

Game 类中包含一个块的列表，表示游戏中所有的方块：

```
#Game 类中包含一个块的列表，表示游戏中所有的方块:
Blocks =[]
```

Game 类中还有表示结束点（即要移出的方块左上角坐标最终要到达的位置）的属性：

```
private Point finishPoint = new Point(1, 3);
```

Game 类的 AddBlock(self,block)方法用于向列表中添加方块，可用于编辑游戏。使用 AddBlock 方法添加一个方块，要判断新添加的方块是否已经在列表中，是否在界内，以及是否和任何已在列表中的方块有交叉部分。只有符合上述所有条件，才允许添加。

```
class Game( ):     #游戏控制类
    #在华容道中，场地的宽度为 4 格,高度为 5 格
    Width = 4
```

```
            Height = 5
            WinFlag=False    #是否胜利
            #Game 类中包含一个块的列表，表示游戏中所有的方块
            Blocks =[]
            #表示结束点（即要移出的方块左上角坐标最终要到达的位置）的属性
            finishPoint =Point(1, 3)
            #Game 类的 GetBlockByPos 方法用于获取 p 位置方块
            def GetBlockByPos(self, p ):
                for i in range(len(self.Blocks)):
                    if (self.Blocks[i].Location.X==p.X and self.Blocks[i].
Location.Y==p.Y):
                        return self.Blocks[i]
                return False
            #Game 类的 AddBlock 方法用于向列表中添加方块，可用于编辑游戏
            def AddBlock(self,block):
                if block in self.Blocks:
                    return False
                if not block.IsValid(self.Width,self.Height):
                    return False
                for i in range(len(self.Blocks)):
                    if (self.Blocks[i].Intersects(block)):
                        return False
                self.Blocks.append(block)
                return True
```

Game 类中最重要的是移动方块的方法 MoveBlock(self,block, direction)。根据这段代码可以看出，MoveBlock 所做的是将要移动的方块先朝指定方向移动，然后判断该方块是否出界，是否与其他方块有交叉，如果是，则再将其移回原位，否则保留移动后的状态。

```
            def MoveBlock(self,block, direction):
                if  block not in self.Blocks:
                    print("非此游戏中的块！")
                    return
                oldx = block.Location.X        #记录原来位置
                oldy = block.Location.Y
                #试移动
                if direction=="Up" :
                    block.Location.Y -=1
                elif  direction=="Down":
                    block.Location.Y +=1
                elif  direction=="Left":
                    block.Location.X -=1
```

```
            elif  direction=="Right":
                block.Location.X +=1
        #判断是否需要回滚
        moveOK = True;                                      #可以移动
        if ( not block.IsValid(self.Width,self.Height)):    #是否越界
            moveOK = False                                  #不能移动
        else:
                for i in range(len(self.Blocks)):           #遍历所有方块
                    if (block is not self.Blocks[i] and block.
Intersects(self.Blocks[i])):#碰到其他方块
                        moveOK = False                      #不能移动
                        break
        if not moveOK:                    #如果不能移动,则恢复到原来位置
            print("不能移动!")
            print(block.Location.X,block.Location.Y)
            block.Location = Point(oldx,oldy)               #恢复到原来位置
            print(block.Location.X,block.Location.Y)
        if moveOK==True :     #若能移动,则判断是否成功
            print (block["text"],block.Location.X,block.Location.Y)
            #"曹操"方块到目标位置(1,3)处
            if block["text"]=="曹操" and block.Location.X==1 and block.
Location.Y==3:
                  self.WinFlag=True  #胜利标志self.WinFlag为真
        return moveOK
```

GameWin(self)根据标志 self.WinFlag 判断是否成功。

```
    def  GameWin(self):
        if self.WinFlag==True:
            return True
        else:
            return False
```

4．创建游戏界面的主程序

在窗口上加入 9 个继承 Button 的按钮控件。按照图 18-1 设置它们的属性。调整含头像的按钮控件到游戏界面中的初始位置。由于关羽是横向占两个格子，另四位将军（张飞、马超、黄忠、赵云）是竖向占两个格子，所以关羽的 blockType 为 TwoH，另四位将军的 blockType 为 TwoV，而曹操的 blockType 为 Four，兵的 blockType 为 One。

```
win = Tk()                    #创建窗口对象
win.title("华容道游戏")        #设置窗口标题
win.geometry("320x400")
```

```
game=Game()
bm = [PhotoImage(file = 'bmp\\曹操.png'),
      PhotoImage(file = 'bmp\\关羽.png'),
      PhotoImage(file = 'bmp\\黄忠.png'),
      PhotoImage(file = 'bmp\\马超.png'),
      PhotoImage(file = 'bmp\\张飞.png'),
      PhotoImage(file = 'bmp\\赵云.png'),
      PhotoImage(file = 'bmp\\兵.png')]
b0=Block(Point(1,0),Four ,win,"曹操",bm[0])
b1=Block(Point(1,2),TwoH ,win,"关羽",bm[1])
b2=Block(Point(3,2),TwoV ,win,"黄忠",bm[2])
b3=Block(Point(0,0),TwoV ,win,"马超",bm[3])
b4=Block(Point(0,2),TwoV ,win,"张飞",bm[4])
b5=Block(Poaint(3,0),TwoV ,win,"赵云",bm[5])
b6=Block(Point(0,4),One ,win,"兵",bm[6])
b7=Block(Point(1,3),One ,win,"兵",bm[6])
b8=Block(Point(2,3),One ,win,"兵",bm[6])
b9=Block(Point(3,4),One,win,"兵",bm[6])
game.AddBlock(b0);
game.AddBlock(b1);
game.AddBlock(b2);
game.AddBlock(b3);
game.AddBlock(b4);
game.AddBlock(b5);
game.AddBlock(b6);
game.AddBlock(b7);
game.AddBlock(b8);
game.AddBlock(b9);
win.mainloop();
```

5. 游戏事件处理

```
from tkinter import *
from tkinter.messagebox import *
BlockSize = 80              #游戏中块的显示大小
mouseDownPoint=Point(0,0)   #鼠标按下的位置
mouseDown=False             #标记鼠标是否按下
```

btn_MouseDown(event)鼠标按下事件处理函数如下。

```
def btn_MouseDown(event):
    global mouseDownPoint,mouseDown
    mouseDownPoint = Point(event.x,event.y)   #鼠标按下的像素坐标
```

```
mouseDown = True
```

在 btn_Realse(event)鼠标松开事件处理函数中，若鼠标拖动的水平和垂直方向偏移量超过格子大小 1/3，则朝此方向移动。

```
def btn_Realse(event):
    global mouseDownPoint,mouseDown
    print(event.x,event.y)     #(event.x,event.y)鼠标松开时的像素坐标
    if  not mouseDown:
        return
    moveH = event.x - mouseDownPoint.X  #水平方向偏移量
    moveV = event.y - mouseDownPoint.Y  #垂直方向偏移量
    x=int(event.widget.place_info()["x"])//80
    y=int(event.widget.place_info()["y"])//80
    block=game.GetBlockByPos(Point(x,y)) #获取Point(x,y)棋盘坐标处的方块
    if (moveH >= BlockSize * 1 / 3):
        game.MoveBlock(block, "Right")  #右移方块
    elif(moveH <= -BlockSize * 1 / 3):
        game.MoveBlock(block, "Left")   #左移方块
    elif(moveV >= BlockSize * 1 / 3):
        game.MoveBlock(block, "Down")   #下移方块
    elif(moveV <= -BlockSize * 1 / 3):
        game.MoveBlock(block, "Up")     #上移方块
    else:
        return
    event.widget.place(x=block.Location.X*80,y=block.Location.Y*80)
    #单击的方块移动到目标处
    if (game.GameWin()):
        print("游戏胜利！")
        msgbox.showinfo("Info", "游戏胜利！")
    mouseDown = False
```

至此，就完成了华容道游戏的设计。

提高篇

第 19 章

基于 Pygame 游戏设计

Pygame 最初由 Pete Shinners 开发，它是一个跨平台的 Python 模块，专为电子游戏设计，包含图像、声音和网络支持功能，这些功能使开发者可以很容易地用 Python 写一个游戏。Pygame 能把游戏设计者从烦琐的机器语言（如 C 语言）的语法规则的束缚中解放出来，专注于游戏逻辑的实现。

由于 Pygame 的易用性好，且可跨平台使用，因此其在游戏开发中十分受欢迎。并且，Pygame 是开放源代码的软件，也促使一大批游戏开发者为完善和增强它而努力。

19.1 Pygame 基础知识

19.1.1 安装 Pygame 库

在开发 Pygame 程序之前，需要安装 Pygame 库。用户可以通过 Pygame 的官方网站下载源文件，安装指导也可以在相应页面找到。

成功安装 Pygame 后，就可以在 IDLE 交互模式中输入以下语句检验是否安装成功：

```
>>> import pygame
>>> print(pygame.ver)
1.9.2a0
```

1.9.2 是 Pygame 的最新版本（截至 2018 年 6 月），读者也可以使用其他更新的版本。

19.1.2 Pygame 的模块

Pygame 有大量可以被独立使用的模块。对于计算机的常用设备，都有相应的模块来进行控制，例如，pygame.display 是显示模块，pygame.keyboard 是键盘模块，pygame.mouse 是鼠标模块，同时，Pygame 还具有一些用于实现其他特定功能的模块，如表 19-1 所示。

表 19-1　　　　　　　　　　Pygame 软件包中的模块

模块名	功能
pygame.cdrom	访问光驱
pygame.cursors	加载光标

续表

模块名	功能
pygame.display	访问显示设备
pygame.draw	绘制形状、线和点
pygame.event	管理事件
pygame.font	使用字体
pygame.image	加载和存储图片
pygame.joystick	使用游戏手柄或者类似的道具
pygame.key	读取键盘按键
pygame.mixer	声音控制
pygame.mouse	鼠标控制
pygame.movie	播放视频
pygame.music	播放音频
pygame.overlay	访问高级视频叠加
pygame.rect	管理矩形区域
pygame.sndarray	操作声音数据
pygame.sprite	操作移动图像
pygame.surface	管理图像和屏幕
pygame.surfarray	管理点阵图像数据
pygame.time	管理时间和帧信息
pygame.transform	缩放和移动图像

建立 Pygame 项目与建立其他 Python 项目的方法是一样的。在 IDLE 或文本编辑器中新建一个空文档，需要告诉 Python 该程序用到了 Pygame 模块。

为了实现此目的，我们需要使用一个 import 指令，该指令会告诉 Python 如何载入外部模块。例如，可输入如下两行代码在新项目中导入必要的模块：

```
import pygame, sys, time, random
from pygame.locals import *
```

第一行导入 Pygame 的主要模块，包括 sys 模块、time 模块和 random 模块。

第二行告诉 Python 载入 pygame.locals 的所有指令使它们成为原生指令。这样，使用这些指令时就不需要使用全名调用。

由于硬件和游戏的兼容性或请求的驱动没有安装的问题，有些模块可能在某些平台上不存在，可以用 None 来测试一下，如测试字体是否载入成功：

```
if pygame.font is None:
```

```
    print ("The font module is not available!")
    pygame.quit()                    #如果没有，则退出 Pygame 的应用环境
```
下面对常用模块进行简要说明。

1. pygame.surface

模块中有一个 surface( )函数，surface( )函数的一般格式为：

```
pygame.surface((width, height), flags=0, depth=0, masks=none)
```
它用于返回一个新的 surface 对象。这里的 surface 对象是一个有确定大小尺寸的空图像，可以用于进行图像绘制与移动。

2. pygame.locals

pygame.locals 模块定义了 Pygame 环境中用到的各种常量，而且包括事件类型、按键和视频模式等。在导入所有内容（from pygame.locals import *）时用起来是很安全的。

如果知道需要的内容，也可以导入具体的内容（如 from pygame.locals import FULLSCREEN）。

3. pygame.display

pygame.display 模块包括处理 Pygame 显示方式的函数，其中包括普通窗口和全屏模式。

编写游戏程序通常需要以下函数。

（1）flip / update 更新显示。

flip：更新显示。一般说来，修改当前屏幕显示需要两步，首先需要对 get_surface 函数返回的 surface 对象进行修改，然后调用 pygame.display.flip( )更新显示以反映所做的修改。

update：在只需更新部分屏幕显示时使用 update()函数，而不是 flip()函数。

（2）set_mode 建立游戏窗口，返回 surface 对象。它包含三个参数，第一个参数是元组，指定窗口的尺寸；第二个参数是标志位，具体含义如表 19-2 所示，例如，FULLSCREEN 表示全屏，默认值为不对窗口进行设置，读者可根据需要选用；第三个参数为色深，指定窗口的色彩位数。

表 19-2　　　　　　　　　　set_mode 的窗口标志位参数取值

窗口标志位	功能
FULLSCREEN	创建一个全屏窗口
DOUBLEBUF	创建一个"双缓冲"窗口，建议在 HWSURFACE 或者 OPENGL 时使用
HWSURFACE	创建一个硬件加速的窗口，必须与 FULLSCREEN 同时使用
OPENGL	创建一个 OPENGL 渲染的窗口
RESIZABLE	创建一个可以改变大小的窗口
NOFRAME	创建一个没有边框的窗口

（3）set_caption 设定游戏程序标题。当游戏以窗口模式（对应于全屏）运行时尤其有效，因为该标题会作为窗口的标题。

（4）get_surface 返回一个可用来绘图的 surface 对象。

4. pygame.font

字体 pygame.font 模块用于表现不同字体，可以用于文本中。

5. pygame.sprite

pygame.sprite 模块有两个非常重要的类：sprite 精灵类和 group 精灵组。

sprite 精灵类是所有可视游戏的基类。为了实现游戏对象，需要先子类化 sprite，覆盖它的构造函数以设定 imge 和 rect 属性（决定 sprite 的外观和放置的位置），再覆盖 update()方法。在 sprite 需要更新的时候可以调用 update()方法。

group 精灵组的实例用作精灵 sprite 对象的容器。在一些简单的游戏中，只要创建名为 sprites、allsprite 或其他类似的组，然后将所有 sprite 精灵对象添加到上面即可。group 精灵组对象的 update()方法被调用时，就会自动调用所有 sprite 精灵对象的 update()方法。group 精灵组对象的 clear()方法可用于清理它包含的所有 sprite 对象（使用回调函数实现清理），group 精灵组对象 draw()方法可用于绘制所有的 sprite 对象。

6. pygame.mouse

pygame.mouse 模块可用来管理鼠标。其中：

pygame.mouse.set_visible(false / true)用于隐藏/显示鼠标光标；

pygame.mouse.get_pos( )用于获取鼠标位置。

7. pygame.event

pygame.event 模块会追踪鼠标单击、鼠标移动、按键按下和释放等事件。其中，pygame.event.get ()可以获取最近事件列表。

8. pygame.image

该模块用于处理保存的 GIF、PNG 或者 JPEG 格式的图形，可用 load()函数来读取图像文件。

19.2　Pygame 的使用

本节主要讲解用 Pygame 开发游戏的逻辑、鼠标事件的处理、键盘事件的处理、字体的使用和声音的播放等基础知识。最后以一个"移动的坦克"例子来综合应用这些基础知识。

19.2.1　Pygame 开发游戏的主要流程

Pygame 开发游戏的基础是创建游戏窗口，核心是处理事件、更新游戏状态和在屏幕上绘图。游戏状态可理解为程序中的所有变量值的列表。在某些游戏中，游戏状态包括存放人物健康状态和位置的变量、物体或图形位置的变化，这些值可以在屏幕上显示。

物体或图形位置的变化只有通过在屏幕上绘图才能观察到。

可以简单地抽象出使用 Pygame 开发游戏的主要流程，如图 19-1 所示。

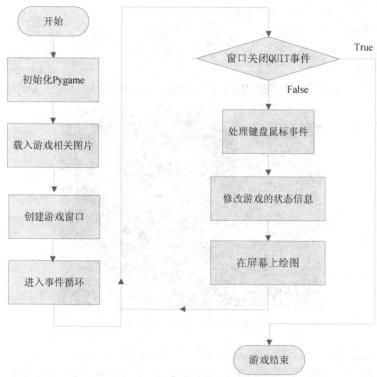

图 19-1　使用 Pygame 开发游戏的主要流程

读者可通过下面的一个具体例子了解使用 Pygame 开发游戏的主要流程。

【例 19-1】使用 Pygame 开发一个显示'Hello World!'标题的游戏窗口。

```
import pygame                              #导入 Pygame 模块
from pygame.locals import *
import sys
def hello_world():
    pygame.init()      #任何 Pygame 程序均需要执行此句进行模块初始化
    #设置窗口的模式，(680,480)表示窗口的宽度和高度
    #此函数返回一个 surface 对象，本程序不使用它，故未保存到对象变量中
    pygame.display.set_mode((680, 480))
    pygame.display.set_caption('Hello World!')      #设置窗口标题


    #无限循环，直到接收到窗口关闭事件
    while True:
        #处理事件
```

```
        for event in pygame.event.get():
            if event.type == QUIT:          #接收到窗口关闭事件
                pygame.quit()                #退出
                sys.exit()
        #将surface对象绘制在屏幕上
        pygame.display.update()
if __name__ == "__main__":
    hello_world()
```

程序运行后,仅仅出现黑色的游戏窗口,标题是'Hello World!',如图 19-2 所示。

图 19-2　Pygame 开发的游戏窗口

导入 Pygame 模块后,任何 Pygame 游戏程序均需要调用 pygame.init()函数进行模块初始化。该函数必须在进入游戏的无限循环之前被调用,它会自动初始化其他所有模块(如 pygame.font 和 pygame.image),通过它载入驱动和硬件请求,游戏程序才可以使用计算机上的所有设备,而且会花费较长的时间。如果只使用少量模块,则应该分别初始化这些模块以节省时间,如 pygame.sound.init()仅仅初始化声音模块。

代码中有一个无限循环模块,这是因为每个 Pygame 程序都需要使用它,无限循环模块可以完成以下工作:

(1)处理事件,如鼠标、键盘、关闭窗口等事件;

(2)更新游戏状态,如坦克位置变化、数量变化等;

(3)在屏幕上绘图,如绘制新的敌方坦克等。

不断重复上面的三个步骤就可以实现游戏逻辑。

本例代码中仅仅处理关闭窗口事件,也就是玩家关闭窗口时,调用 pygame.quit()退出游戏。

19.2.2　Pygame 的图像图形绘制

1. Pygame 的图像图形绘制

Pygame 支持多种存储图像的方式(也就是图片格式),如 JPEG、PNG 等,具体支持的格式如下：JPEG（一般后缀名为.jpg 或者.jpeg，数码相机、网上的图片基本都是这种格式。这是一种有损压缩方式，尽管会损坏图片质量，但可缩小文件尺寸，优点很多，但是不支持透明）、PNG（支持透明，无损压缩）、GIF（网上使用的很多，支持透明和动画，只是只能包含 256 种颜色，在软件和游戏中使用很少），以及 BMP、PCX、TGA、TIF 等。

Pygame 使用 surface 对象来加载绘制图像。Pygame 加载图片是通过 pygame.image.load()完成的，输入一个图片的文件名就会返回一个 surface 对象。尽管读入的图像格式各不相同，surface 对象隐藏了这些不同。用户可以对一个 surface 对象进行涂画、变形、复制等各种操作。事实上，游戏屏幕也只是一个 surface，pygame.display.set_mode()仅仅返回了一个屏幕 surface 对象。

对于任何一个 surface 对象，我们可以使用 get_width()、get_height()和 gei_size()函数来获取它的尺寸，使用 get_rect()获取它的区域形状。

【例 19-2】使用 Pygame 开发一个可显示坦克自由移动的游戏窗口。

```python
import pygame
from pygame.locals import *
import sys
def play_tank():
    pygame.init()
    window_size = (width, height) =(600, 400)   #设置窗口大小
    speed = [1, 1]                    #坦克运行偏移量[水平，垂直]，值越大，移动越快
    color_black = (255, 255, 255)              #窗口背景色RGB值（白色）
    screen = pygame.display.set_mode(window_size) #设置窗口模式
    pygame.display.set_caption('自由移动的坦克')     #设置窗口标题
    tank_image = pygame.image.load('tankU.bmp')
        #加载坦克图片，返回一个surface对象
    tank_rect = tank_image.get_rect()               #获取坦克图片的区域形状
    while True:                                #无限循环
        for event in pygame.event.get():
            if event.type == pygame.QUIT:          #退出事件处理
                pygame.quit()
                sys.exit()

        #使坦克移动，速度由speed变量控制
        tank_rect = tank_rect.move(speed)
        #当坦克移动出窗口时，重新设置偏移量
        if (tank_rect.left < 0) or (tank_rect.right > width):#水平方向
            speed[0] =- speed[0]                   #水平方向反向
        if (tank_rect.top < 0) or (tank_rect.bottom > height):#垂直方向
            speed[1] =- speed[1]                   #垂直方向反向
        screen.fill(color_black)                   #填充窗口背景
```

```
        screen.blit(tank_image, tank_rect)
        #在窗口surface指定区域tank_rect上绘制坦克
        pygame.display.update()                    #更新窗口显示内容

if __name__ == '__main__':
    play_tank()
```

程序运行后，见到白色背景的游戏窗口，标题是"自由移动的坦克"，如图 19-3 所示。

图 19-3 自由移动的坦克游戏窗口

游戏中通过修改坦克图像（surface 对象）区域的 Left 属性（可以认为是 x 坐标）和 surface 对象的 Top 属性（可以认为是 y 坐标）改变坦克位置，从而显示出坦克自由移动的效果。在窗口（窗口也是 surface 对象）使用 blit 函数绘制坦克图像，最后需要注意更新窗口显示内容。

设置 fpsClock 变量的值即可控制游戏速度。如下所示：

```
fpsClock = pygame.time.Clock()
```

在无限循环中写入 fpsClock.tick(50)，就可以按指定帧频 50Hz 更新游戏画面（即每秒钟刷新 50 次屏幕）。

2. Pygame 的图形绘制

用于在屏幕上绘制各种图形的是 pygame.draw 模块中的一些函数，事实上 Pygame 可以不加载任何图片，而直接使用图形来制作一个游戏。

pygame.draw 中函数的第一个参数总是一个 surface，然后是颜色，最后是一系列的坐标等。计算机里的坐标，(0，0)代表左上角，水平向右为 x 正方向，垂直向下为 y 正方向。函数返回值是一个 Rect 对象，包含了绘制的区域，这样就可以很方便地更新需要更新的部分。pygame.draw 中的函数如表 19-3 所示。

表 19-3　　　　　　　　　　　pygame.draw 中的函数

函数	作用
rect	绘制矩形
polygon	绘制多边形（三个及三个以上的边）
circle	绘制圆
ellipse	绘制椭圆
arc	绘制圆弧
line	绘制线
lines	绘制一系列的线
aaline	绘制一根平滑的线
aalines	绘制一系列平滑的线

下面举例来详细说明 pygame.draw 中各个函数的使用方法。

（1）pygame.draw.rect

格式：pygame.draw.rect(Surface, color, Rect, width=0)

pygame.draw.rect 在 surface 上绘制一个矩形，除了 surface 和 color，该函数还接收一个矩形的坐标和线宽参数，如果线宽是 0 或省略，则填充。

（2）pygame.draw.polygon

格式：pygame.draw.polygon(Surface, color, pointlist, width=0)

polygon 就是多边形，该函数的用法类似于 pygame.draw.rect，第一、第二、第四个参数都是相同的，但 pygame.draw.polygon 会接收一系列坐标的列表，分别代表各个顶点坐标。

（3）pygame.draw.circle

格式：pygame.draw.circle(Surface, color, pos, radius, width=0)

该函数用于接收一个圆心坐标和半径参数，再根据这些参数绘制一个圆。

（4）pygame.draw.ellipse

格式：pygame.draw.ellipse(Surface, color, Rect, width=0)

pygame.draw.ellipse 用于绘制椭圆，该函数的第三个参数就是这个椭圆的外接矩形。

（5）pygame.draw.arc

格式：pygame.draw.arc(Surface, color, Rect, start_angle, stop_angle, width=1)

该函数用于绘制一段弧（arc），arc 是椭圆的一部分，所以它的参数也就比椭圆多一点。但它是不封闭的，因此没有 fill 方法。start_angle 和 stop_angle 分别为开始和结束的角度。

（6）pygame.draw.line

格式：pygame.draw.line(Surface, color, start_pos, end_pos, width=1)

该函数用于绘制一条线段，start_pos、end_pos 分别是线段起点、终点坐标。

（7）pygame.draw.lines

格式：pygame.draw.lines(Surface, color, closed, pointlist, width=1)

在该函数中，closed 是一个布尔变量，指明是否需要多绘制一条线来使这些线条闭合（如此就与 polygon 相同），pointlist 是一个顶点坐标的数组。

19.2.3　Pygame 的键盘和鼠标事件的处理

事件（event）就是程序上发生的事，如用户敲击键盘上某一个键或单击、移动鼠标。而对于这些事件，游戏程序需要做出反应。在例 19-2 程序中，程序会一直运行下去，直到用户关闭窗口，产生一个 QUIT 事件，Pygame 会接收用户的各种操作（如按键盘、移动鼠标等）产生事件。事件随时可能发生，而且量也可能会很大，Pygame 的做法是把一系列的事件存放一个队列中，逐个进行处理。

在例 19-2 的程序中，使用了 pygame.event.get()来处理所有的事件，如果我们使用 pygame.event.wait()，Pygame 就会等到发生一个事件才继续下去，在一般游戏中不太实用，因为游戏往往是动态运行的。Pygame 常用事件如表 19-4 所示。

表 19-4　　　　　　　　　　　　　Pygame 常用事件

事件	产生途径	参数
QUIT	用户按下关闭按钮	none
ATIVEEVENT	Pygame 被激活或者隐藏	gain, state
KEYDOWN	键盘被按下	unicode, key, mod
KEYUP	键盘被放开	key, mod
MOUSEMOTION	鼠标移动	pos, rel, buttons
MOUSEBUTTONDOWN	鼠标按下	pos, button
MOUSEBUTTONUP	鼠标放开	pos, button

1. Pygame 的键盘事件的处理

用 pygame.event.get()获取所有的事件，当 event.type == KEYDOWN 时，即为键盘事件，然后再判断按键 event.key 的种类（即 K_a，K_b，K_LEFT 这种形式）。也可以用 pygame.key.get_pressed()来获得所有按下的键值，它会返回一个元组。这个元组的索引就是键值，对应的就是是否按下此键。

```
pressed_keys = pygame.key.get_pressed()
if pressed_keys[K_SPACE]:
    #空格键被按下
    Fire()#发射子弹
```

key 模块下有很多函数，包括：

（1）key.get_focused——返回当前的 Pygame 窗口是否激活；

（2）key.get_pressed——获得所有按下的键值；

（3）key.get_mods——按下的组合键（Alt, Ctrl, Shift）；

（4）key.set_mods——模拟按下组合键的效果（KMOD_ALT, KMOD_CTRL, KMOD_SHIFT）。

【例 19-3】 使用 Pygame 开发一个用户控制坦克移动的游戏。在【例 19-2】的基础上增加通过方向键控制坦克运动，并为游戏增加了背景图片。程序运行效果如图 19-4 所示。

```python
import os
import sys
import pygame
from pygame.locals import *
def control_tank(event):                    #控制坦克运动的函数
    speed = [x, y] = [0, 0]                 #相对坐标
    speed_offset = 1                        #速度
    #当方向键按下时，进行位置计算
    if event.type == pygame.KEYDOWN:
        if event.key == pygame.K_LEFT:
            speed[0] -= speed_offset
        if event.key == pygame.K_RIGHT:
            speed[0] = speed_offset
        if event.key == pygame.K_UP:
            speed[1] -= speed_offset
        if event.key == pygame.K_DOWN:
            speed[1] = speed_offset
    #当方向键释放时，相对偏移为 0，即不移动
    if event.type == pygame.KEYUP
        if event.type in [pygame.K_UP, pygame.K_LEFT, pygame.K_RIGHT, pygame.K_DOWN] :
            speed = [0, 0]
    return speed

def play_tank():
    pygame.init()
    window_size = Rect(0, 0, 600, 400)       #窗口大小
    speed = [1, 1]                  #坦克运行偏移量[水平，垂直]，值越大，移动越快
    color_black = (255, 255, 255)            #窗口背景色RGB值(白色)
    screen = pygame.display.set_mode(window_size.size)    #设置窗口模式
    pygame.display.set_caption('用户方向键控制坦克移动')   #设置窗口标题
    tank_image = pygame.image.load('tankU.bmp')           #加载坦克图片
    #加载窗口背景图片
    back_image = pygame.image.load('back_image.jpg')
    tank_rect = tank_image.get_rect()        #获取坦克图片的区域形状

    while True:
        #退出事件处理
        for event in pygame.event.get():#pygame.event.get()获取事件序列
```

```
            if event.type == pygame.QUIT:
                pygame.quit()
                sys.exit()

        #使坦克移动,速度由 speed 变量控制
        cur_speed = control_tank(event)
        #Rect 的 clamp 方法使移动范围限制在窗口内
        tank_rect = tank_rect.move(cur_speed).clamp(window_size)
        screen.blit(back_image, (0, 0))        #设置窗口背景图片
        screen.blit(tank_image, tank_rect)     #在窗口 Surface 上绘制坦克
        pygame.display.update()                #更新窗口显示内容
if __name__ == '__main__':
    play_tank()
```

图 19-4　方向键控制坦克运动的游戏窗口

当用户按下方向键时,计算出相对位置 cur_speed 后,使用 tank_rect.move(cur_speed) 函数即可向指定方向移动坦克。释放方向键时坦克停止移动。

2. Pygame 的鼠标事件的处理

pygame.mouse 的函数如下。

(1) pygame.mouse.get_pressed——返回按键按下情况,返回的是一元组,分别为(左键,中键,右键),如按下则为 True。

(2) pygame.mouse.get_rel——返回相对偏移量(x 方向偏移量, y 方向偏移量)的一元组。

(3) pygame.mouse.get_pos——返回当前鼠标位置(x, y)。例如: x, y = pygame.mouse.get_pos()可获得鼠标位置。

(4) pygame.mouse.set_pos——设置鼠标位置。

(5) pygame.mouse.set_visible——设置鼠标光标是否可见。

(6) pygame.mouse.get_focused——如果鼠标在 Pygame 窗口内有效,返回 True。

(7) pygame.mouse.set_cursor——设置鼠标的默认光标式样。

（8）pygame.mouse.get_cursor——返回鼠标的光标式样。

【例19-4】 演示鼠标事件处理的程序。程序运行效果如图19-5所示。

```python
import pygame
from pygame.locals import *
from sys import exit
from random import *
from math import pi
pygame.init()
screen = pygame.display.set_mode((640, 480), 0, 32)
points = []
while True:
    for event in pygame.event.get():
        if event.type == QUIT:
            pygame.quit()
            exit()
        if event.type == KEYDOWN:
            #按任意键可以清屏并把点回复到原始状态
            points = []
            screen.fill((255,255,255))          #白色填充窗口背景
        if event.type == MOUSEBUTTONDOWN:       #鼠标按下
            screen.fill((255,255,255))
            #绘制随机矩形
            rc = (255, 0, 0)      #红色
            rp = (randint(0,639), randint(0,479))
            rs = (639-randint(rp[0], 639), 479-randint(rp[1], 479))
            pygame.draw.rect(screen, rc, Rect(rp, rs))
            #绘制随机圆形
            rc = (0,255, 0)       #绿色
            rp = (randint(0,639), randint(0,479))
            rr = randint(1, 200)
            pygame.draw.circle(screen, rc, rp, rr)
            #获得当前鼠标点击位置
            x, y = pygame.mouse.get_pos()
            points.append((x, y))
            #根据点击位置绘制弧线
            angle = (x/639.)*pi*2.
            pygame.draw.arc(screen, (0,0,0), (0,0,639,479), 0, angle, 3)
            #根据点击位置绘制椭圆
            pygame.draw.ellipse(screen, (0, 255, 0), (0, 0, x, y))
            #从左上和右下绘制两根线连接到点击位置
```

```
                pygame.draw.line(screen, (0, 0, 255), (0, 0), (x, y))
                pygame.draw.line(screen, (255, 0, 0), (640, 480), (x, y))
                #绘制点击轨迹图
                if len(points) > 1:
                    pygame.draw.lines(screen, (155, 155, 0), False, points, 2)
                #与轨迹图基本相同，只不过是闭合的，因为会覆盖，所以这里注释了
                if len(points) >= 3:
                    pygame.draw.polygon(screen, (0, 155, 155), points, 2)
                #把每个点画得明显一点
                for p in points:
                    pygame.draw.circle(screen, (155, 155, 155), p, 3)
        pygame.display.update()
```

运行这个程序，在窗口上面单击鼠标就会有图形显示出来，按任意键可以重新开始。

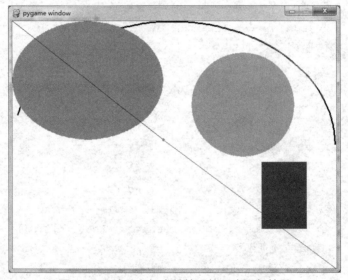

图 19-5　演示鼠标事件处理的程序运行效果

19.2.4　Pygame 的字体使用

Pygame 可以直接调用系统字体，也可以调用 TTF 字体。为了调用字体，首先应该创建一个 Font 对象，对于系统自带的字体，调用方式如下：

```
font1 = pygame.font.SysFont('arial', 16)
```

上述函数中的第一个参数是字体名，第二个参数是字号。在正常情况下，系统里都会有 Arial 字体，如果没有，则会使用默认字体，默认字体与使用的系统有关。

可以使用 pygame.font.get_fonts() 来获得当前系统所有可用字体：

```
>>> pygame.font.get_fonts()
'gisha', 'fzshuti', 'simsunnsimsun', 'estrangeloedessa', 'symboltigerexpert',
```

'juiceitc', 'onyx', 'tiger', 'webdings', 'franklingothicmediumcond', 'edwardianscriptitc'

还有一种调用方法是使用自己的 TTF 字体：

```
my_font = pygame.font.Font("my_font.ttf", 16)
```

这种方法的优点是可以把字体文件和游戏一起打包分发，避免因为玩家的计算机上没有这个字体而导致无法显示的问题。一旦有了 Font 对象，用户就可以用 render 方法来设置文字内容，然后通过 blit 方法将其写到屏幕上；

```
text = font1.render("坦克大战",True,(0,0,0),(255,255,255))
```

render 方法的第一个参数是写入的文字内容；第二个参数是布尔值，说明是否开启抗锯齿；第三个参数是字体本身的颜色；第四个参数是背景的颜色。如果无须设置背景色（即让背景透明），则可以不加第四个参数。

例如，定义一个文字处理函数 show_text()，其中，参数 surface_handle：surface 句柄，pos：文字显示位置，color：文字颜色，font_bold：是否加粗，font_size：字体大小，font_italic：是否为斜体。

```
def show_text(surface_handle, pos, text, color, font_bold = False,
font_size = 13, font_italic = False):
    #cur_font = pygame.font.SysFont("宋体", font_size)#获取系统字体
    cur_font = pygame.font.Font('simfang.ttf', 30)
    #获取字体，并设置文字大小
    cur_font.set_bold(font_bold)                    #设置是否加粗
    cur_font.set_italic(font_italic)                #设置是否为斜体
    text_fmt = cur_font.render(text, 1, color)      #设置文字内容
    surface_handle.blit(text_fmt, pos)              #绘制文字
```

在更新窗口内容 pygame.display.update() 之前加入如下代码：

```
text_pos = u "坦克大战"
show_text(screen, (20, 220), text_pos, (255, 0, 0), True)
text_pos = u"坦克位置:(%d,%d)" % (tank_rect.left, tank_rect.top)
show_text(screen, (20, 420), text_pos, (0, 255, 255), True)
```

则会在屏幕(20，220)处显示红色"坦克大战"文字，同时在(20，420)处显示当前坦克所处位置坐标。移动坦克，位置坐标文字同时会改变。

19.2.5 Pygame 的声音播放

1. Sound 对象

在初始化声音设备后，就可以读取一个音乐文件到 Sound 对象中了。pygame.mixer.Sound() 可以接收一个文件名，或者也可以是一个文件对象，不过这个文件的格式必须是 WAV 或者 OGG。

```
hello_sound = Pygame.mixer.Sound("hello.ogg")    #建立 Sound 对象
hello_sound.play()           #声音播放一次
```

一旦这个 Sound 对象出现，就可以使用 play()来播放它。play(loop, maxtime)可以接收两个参数，loop 是指重复的次数（取 1 就是两次，是重复的次数而不是播放的次数），-1 意味着无限循环；maxtime 是指多少毫秒后结束。

当不使用任何参数调用时，意味着把这个声音播放一次。一旦 play()方法调用成功，就会返回一个 Channel 对象，否则返回一个 None。

2. music 对象

Pygame 另外提供了一个 pygame.mixer.music 类来控制背景音乐的播放。pygame.mixer.music 用来播放格式为 MP3 和 OGG 音乐文件，但并不是所有的系统都支持 MP3 的播放（Linux 默认就不支持 MP3 播放）。我们使用 pygame.mixer.music.load()来加载一个文件，然后使用 pygame.mixer.music.play()来播放，若要停止播放时则可使用 stop()方法，当然也可使用类似于录像机上的 pause()和 unpause()方法。

```
#加载背景音乐
pygame.mixer.music.load("hello.mp3")
pygame.mixer.music.set_volume(music_volume/100.0)
#循环播放，从音乐第 30 秒开始
pygame.mixer.music.play(-1, 30.0)
```

在游戏退出事件中加入停止音乐播放代码：

```
#停止音乐播放
pygame.mixer.music.stop()
```

它提供了丰富的函数方法，包括如下几个。

（1）pygame.mixer.music.load 加载音乐文件

格式：pygame.mixer.music.load(filename)

（2）pygame.mixer.music.play 播放音乐

格式：pygame.mixer.music.play(loops=0, start=0.0)。

其中，loops 表示循环次数（如设置为-1，则表示不停地循环播放；如 loops = 5，则播放 5+1=6 次）；start 参数表示从音乐文件的哪个位置开始播放，设置为 0 则表示从起始位置开始完整播放。

（3）pygame.mixer.music.rewind 重新播放

格式：pygame.mixer.music.rewind()。

（4）pygame.mixer.music.stop 停止播放

格式：pygame.mixer.music.stop()。

（5）pygame.mixer.music.pause()暂停播放

格式：pygame.mixer.music.pause()。

可通过 pygame.mixer.music.unpause 恢复播放。

（6）pygame.mixer.music.set_volume()设置音量

格式：pygame.mixer.music.set_volume(value)，其中 value 取值范围为 0～1.0。

（7）pygame.mixer.music.get_pos()获取当前播放时长

格式：pygame.mixer.music.get_pos(): return time。

19.2.6 Pygame 的精灵使用

pygame.sprite.Sprite 是 Pygame 中用来实现精灵的一个类，使用时并不需要对它实例化，只需要继承它，然后按需写出自己的类即可，因此十分简单、实用。

1. 精灵

精灵可以认为是一个个小图片（帧）序列（如人物行走），它可在屏幕上移动，并且可以与其他图形对象交互。精灵图像可以是使用 Pygame 绘制形状函数绘制的形状，也可以是图像文件。图 19-6 是由 16 帧图片组成的人物行走序列。

图 19-6　人物行走序列

2. Sprite 类的成员

pygame.sprite.Sprite 用于实现精灵类，Sprite 的数据成员和函数方法主要包括如下几个。

（1）self.image

self.image 负责显示图形。例如，self.image=pygame.Surface([x,y])说明该精灵是一个（x,y）大小的矩形，self.image=pygame.image.load(filename)说明该精灵显示 filename 这个图片文件。

self.image.fill([color])，负责对 self.image 着色，如：

```
self.image=pygame.Surface([x,y])
self.image.fill([255,0,0])              #对（x,y）大小的矩形填充红色
```

（2）self.rect

负责确定显示的位置。一般来说，先用 self.rect=self.image.get_rect()获取 image 矩形大小，然后使用 self.rect 设定显示的位置，一般用 self.rect.topleft 确定左上角显示位置，当然也可以用 topright、bottomrigh、bottomleft 来分别确定其他几个角的显示位置。

另外，self.rect.top、self.rect.bottom、self.rect.right、self.rect.left 分别表示在上、下、左、右方显示图形。

（3）self.update()负责使精灵行为生效。
（4）Sprite.add()用于添加精灵到 group 中。
（5）Sprite.remove()从精灵组 group 中删除某个精灵。
（6）Sprite.kill()从精灵组 group 中删除全部精灵。
（7）Sprite.alive()判断某个精灵是否属于精灵组 group。

3. 建立精灵

所有精灵在建立时都是从 pygame.sprite.Sprite 中继承的。建立精灵时要设计相应的精灵类。

【例 19-5】建立 Tank 精灵。

```python
import pygame,sys
pygame.init()
class Tank(pygame.sprite.Sprite):
    def __init__(self,filename,initial_position):
        pygame.sprite.Sprite.__init__(self)
        self.image=pygame.image.load(filename)
        self.rect=self.image.get_rect()         #获取self.image 大小
        #self.rect.topleft=initial_position     #确定左上角显示位置
        self.rect.bottomright=initial_position
        #坦克右下角的显示位置是[150,100]

screen=pygame.display.set_mode([640,480])
screen.fill([255,255,255])
fi='tankU.jpg'
b=Tank(fi,[150,100])
while True:
    for event in pygame.event.get():
        if event.type==pygame.QUIT:
            sys.exit()
    screen.blit(b.image,b.rect)
    pygame.display.update()
```

【例 19-6】使用图 19-6 所示的精灵图片序列建立动画效果的人物行走精灵。

在游戏动画中，人物行走是基本动画，在精灵中不断切换人物行走图片，从而能够实现行走的动画效果。

```python
import pygame
from pygame.locals import *
class MySprite(pygame.sprite.Sprite):
    def __init__(self, target):
        pygame.sprite.Sprite.__init__(self)
        self.target_surface = target
```

```python
            self.image = None
            self.master_image = None
            self.rect = None
            self.topleft = 0,0
            self.frame = 0
            self.old_frame = -1
            self.frame_width = 1
            self.frame_height = 1
            self.first_frame = 0      #第一帧序号
            self.last_frame = 0       #最后一帧序号
            self.columns = 1          #列数
            self.last_time = 0
```

在加载一个精灵图序列时,需要告知程序一帧图片的大小(传入帧的宽度和高度,文件名,列数)。

```python
        def load(self, filename, width, height, columns):
            self.master_image = pygame.image.load(filename).convert_alpha()
            self.frame_width = width
            self.frame_height = height
            self.rect = 0,0,width,height
            self.columns = columns
            rect = self.master_image.get_rect()
            self.last_frame = (rect.width // width) * (rect.height // height) - 1
```

一个循环动画的工作流程为:从第一帧不断地开始加载直到最后一帧,然后再折返回第一帧,并不断重复这个操作。

若想让它根据设定的时间间隔一张一张地播放,则可加入定时的代码。将帧速率 ticks 传递给 Sprite 的 update 函数,这样就可以让动画按照设定的帧速率播放。

```python
        def update(self, current_time, rate=60):
            if current_time > self.last_time + rate:   #如果时间超过上次时间+60毫秒
                self.frame += 1                         #帧号加1,表示显示下一帧图像
                if self.frame > self.last_frame:        #帧号超过最后一帧
                    self.frame = self.first_frame       #回到第一帧
                self.last_time = current_time
            if self.frame != self.old_frame:
                #首先需要计算单个帧左上角的x,y位置值
                frame_x = (self.frame % self.columns) * self.frame_width
                frame_y = (self.frame // self.columns) * self.frame_height
                #然后将计算好的x,y值传递给位置rect属性
                rect = ( frame_x, frame_y, self.frame_width, self.frame_height )        #要显示的区域
```

```
                self.image = self.master_image.subsurface(rect)
                #截取要显示区域图像
                self.old_frame = self.frame
pygame.init()
screen = pygame.display.set_mode((800,600),0,32)
pygame.display.set_caption("精灵类测试")
font = pygame.font.Font(None, 18)
#启动一个定时器，然后调用 tick(num) 函数让游戏以 num 帧来运行
framerate = pygame.time.Clock()
cat = MySprite(screen)
cat.load("sprite2.png", 92, 95, 4)   #精灵图片，每帧图片的大小为 92×95，共 4 列
group = pygame.sprite.Group()
group.add(cat)
while True:
    framerate.tick(10)                  #指定帧速率
    ticks = pygame.time.get_ticks()     #获取运行时间
    for event in pygame.event.get():
        if event.type == pygame.QUIT:
            pygame.quit()
            exit()
        key = pygame.key.get_pressed()
        if key[pygame.K_ESCAPE]:        #Esc 键
            exit()

    screen.fill((0,0,100))
    #cat.draw(screen)                   #没有此方法
    cat.update(ticks)
    screen.blit(cat.image,cat.rect)
    #group.update(ticks)
    #group.draw(screen)
    pygame.display.update()
```

运行后可见一个人物的行走动画。也可以使用精灵组的 update()和 draw()函数实现精灵动画。

```
group.update(ticks)
#将帧速率 ticks 传递给 sprite 的 update 函数，让动画按照帧速率来播放
group.draw(screen)
```

4. 建立精灵组

当程序中包含大量的实体时，操作这些实体将会十分烦琐。那么，是否存在一种容器可以将这些精灵集中在一起统一管理呢？答案就是精灵组。

Pygame 使用精灵组来管理精灵的绘制和更新，精灵组是一个简单的容器。

使用 pygame.sprite.Group()函数可以创建一个精灵组：

```
group = pygame.sprite.Group()
group.add(sprite_one)
```

精灵组也有 update()和 draw()函数：

```
group.update()
group.draw()
```

Pygame 还提供精灵与精灵之间的冲突检测，精灵与组之间的碰撞检测。这些碰撞检测技术将会在 19.5 节的设计《飞机大战》游戏中使用。

5. 精灵与精灵之间碰撞检测

（1）两个精灵之间的矩形冲突检测

在只有两个精灵时，可以使用 pygame.sprite.collide_rect()函数来进行一对一的矩形冲突检测。这个函数需要传递两个精灵，并且每个精灵都需要继承自 pygame.sprite.Sprite。举例如下：

```
spirte_1 = MySprite("sprite_1.png",200,200,1)
#MySprite 是在【例 19-6】中创建的精灵类
sprite_2 = MySprite("sprite_2.png",50,50,1)
result = pygame.sprite.collide_rect(sprite_1,sprite_2)
if result:
        print ("精灵发生了碰撞")
```

（2）两个精灵之间的圆形冲突检测

矩形冲突检测并不适用于所有形状的精灵，因此，Pygame 中还内置了圆形冲突检测功能。pygame.sprite.collide_circle()可用于实现两个精灵之间的圆形冲突检测，这个函数是基于每个精灵的半径值来进行检测的。我们可以指定精灵半径，或者让函数自己计算精灵半径。

```
result = pygame.sprite.collide_circle(sprite_1,sprite_2)
if result:
        print ("精灵发生了碰撞")
```

（3）两个精灵之间的像素遮罩检测

如果矩形检测和圆形检测都不能满足我们的需求，Pygame 还提供了一个更加精确的像素遮罩检测：

```
pygame.sprite.collide_mask()
```

这个函数接收两个精灵作为参数，返回值是一个 bool 变量。

```
if pygame.sprite.collide_mask(sprite_1,sprite_2):
        print ("精灵发生了碰撞")
```

（4）精灵和精灵组之间的矩形冲突检测

pygame.sprite.spritecollide(sprite,sprite_group,bool)可用于实现精灵和精灵组之间的矩形冲突检测。调用这个函数时，一个组中的所有精灵都会逐个地对另外一个单个精灵进行冲突检测，发生冲突的精灵会作为一个列表返回。

这个函数的第一个参数是单个精灵，第二个参数是精灵组，第三个参数是一个 bool

值，最后这个参数起了十分重要的作用。当第三个参数为 True 时，该函数会删除组中所有冲突的精灵；当它为 False 时，则不会删除冲突的精灵，代码如下：

```
list_collide = pygame.sprite.spritecollide(sprite,sprite_group,False);
```

另外，这个函数也有一个变体：pygame.sprite.spritecollideany()。这个函数在判断精灵组和单个精灵冲突时，会返回一个 bool 值。

（5）精灵组之间的矩形冲突检测

pygame.sprite.groupcollide()，利用这个函数可以检测两个精灵组之间的冲突，它返回一个字典（键–值对）。

在学习完几种常用的冲突检测函数后，可将其运用在 19.4 节的《飞机大战》游戏实例中。

19.3 基于 Pygame 设计贪吃蛇游戏

贪吃蛇游戏通过玩家控制蛇移动，不断吃到食物（红色草莓）后，蛇身增长，直到蛇身碰到边界游戏结束。运行效果如图 19-7 所示。

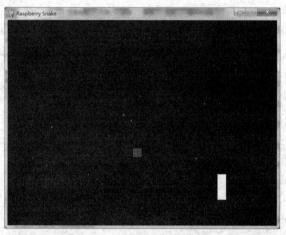

图 19-7 基于 Pygame 设计贪吃蛇游戏运行效果

```
import pygame, sys, time, random
from pygame.locals import *
```
输入下边两行代码来启用 Pygame，Pygame 在该程序中就处于可用状态：
```
pygame.init()
fpsClock = pygame.time.Clock()
```
上述代码中的第一行告诉 Pygame 进行初始化，第二行创建一个名为 fpsClock 的变量，该变量用来控制游戏的速度。然后，用下面两行代码新建一个 Pygame 显示层（游戏元素画布）。

```
playSurface = pygame.display.set_mode((640, 480))
pygame.display.set_caption('Raspberry Snake')
```
接下来，应该定义一些颜色。虽然这一步并不是必需的，但它会减少编写的代码量。下面的代码定义了程序中用到的颜色。

```
redColour = pygame.Color(255, 0, 0)
blackColour = pygame.Color(0, 0, 0)
whiteColour = pygame.Color(255, 255, 255)
greyColour = pygame.Color(150, 150, 150)
```

下面几行代码初始化了一些程序中用到的变量，这是很重要的一步，因为若游戏开始时这些变量为空，则 Python 将无法正常运行。

```
snakePosition = [100,100]           #蛇头位置
snakeSegments = [[100,100],[80,100],[60,100]]   #蛇身序列
raspberryPosition = [300,300]       #草莓位置
raspberrySpawned = 1                #是否吃到草莓，1为没有吃到，0是吃到。
direction = 'right'                 #运动方向，初始向右
changeDirection = direction
```

从上述代码中可以看到 3 个变量 snakePosition、snakeSegments 和 raspberry Position 被设置为用逗号分隔的列表。

用下面几行代码来定义函数 gameOver()：

```
def gameOver():
        gameOverFont = pygame.font.Font ('freesansbold.ttf', 72)
        gameOverSurf = gameOverFont.render ('Game Over', True, greyColour)
        gameOverRect = gameOverSurf.get_rect()
        gameOverRect.midtop = (320, 10)
        playSurface.blit(gameOverSurf, gameOverRect)
        pygame.display.flip()
        time.sleep(5)
        pygame.quit()
        sys.exit()
```

gameOver()函数用了一些 Pygame 命令来完成一个简单的任务：用大号字体将 Game Over 打印在屏幕上，停留 5 秒，然后退出 Pygame 和 Python 程序。在游戏开始之前就定义了结束函数，这看起来有点奇怪，但是所有的函数都应该在被调用前定义。Python 是不会自己执行 gameOver()函数的，直到我们调用该函数。

程序的开头部分已经完成，接下来进入主要部分。该程序运行在一个无限循环（一个永不退出的 while 循环）中，直到蛇撞到了墙或者自己才会导致游戏结束。用下面的代码开始主循环：

```
while True:
```

没有其他的比较条件，Python 会检测 True 是否为真。因为 True 一定为真，所示循环会一直进行，直到用户调用 gameOver()函数告诉 Python 退出该循环。

```
    for event in pygame.event.get():
        if event.type == QUIT:
            pygame.quit()
```

```
            sys.exit()
    elif event.type == KEYDOWN:
    elif event.type == KEYDOWN:
        if event.key == K_RIGHT or event.key == ord('d'):
            changeDirection = 'right'
        if event.key == K_LEFT or event.key == ord('a'):
            changeDirection = 'left'
        if event.key == K_UP or event.key == ord('w'):
            changeDirection = 'up'
        if event.key == K_DOWN or event.key == ord('s'):
            changeDirection = 'down'
        if event.key == K_ESCAPE:
            pygame.event.post(pygame.event.Event(QUIT))
```

for 循环用来检测（如按键）等 Pygame 事件。

第一个检测：if event.type == QUIT 的作用是，如果 Pygame 发出了 QUIT 信息（当用户按下 Esc 键），则执行下边缩进的代码。之后的两行类似于 gameOver 函数，通知 Pygame 和 Python 程序结束并退出。

第二个检测：elif 开头的行用来检测 Pygame 是否发出 KEYDOWN 事件，该事件在用户按下键盘时产生。

KEYDOWN 事件修改变量 changeDirection 的值，该变量用于控制蛇的运动方向。在本例中，提供了两种控制蛇的方法，用鼠标或者键盘的 W、D、A 和 S 键，来让蛇向上、右、下和左移动。游戏开始时，蛇会按照 changeDirection 预设的值向右移动，直到用户按下键盘改变其移动方向。

程序开始的初始化部分，有一个称为 direction 的变量。这个变量协同 changeDirection 检测用户发出的命令是否有效（蛇不应该立即向后运动，如果发生该情况，蛇会死亡，同时游戏结束）。为了防止这样的情况发生，将用户发出的请求（存在 changeDirection 里）和目前的移动方向（存在 direction 里）进行比较，如果方向相反，忽略该命令，蛇会继续按原方向运动。用下面几行代码来进行比较。

```
    if changeDirection == 'right' and not direction == 'left':
        direction = changeDirection
    if changeDirection == 'left' and not direction == 'right':
        direction = changeDirection
    if changeDirection == 'up' and not direction == 'down':
        direction = changeDirection
    if changeDirection == 'down' and not direction == 'up':
        direction = changeDirection
```

这样就保证了用户输入的合法性，蛇（屏幕上显示为一系列连续的块）就能够按照用户的输入进行移动。每次转弯时，蛇头会向转弯的方向移动一小节（每个小节为 20 像素）。

```
    if direction == 'right':
```

```
            snakePosition[0] += 20
    if direction == 'left':
            snakePosition[0] -= 20
    if direction == 'up':
            snakePosition[1] -= 20
    if direction == 'down':
            snakePosition[1] += 20
```

snakePosition 为蛇头新位置，程序开始处的另一个列表变量 snakeSegments 却并非如此。该列表存储蛇身体的位置（头部后边）。随着蛇吃掉"草莓"导致蛇身长度增加，游戏难度也会相应地提高（避免蛇头撞到身体的难度变大）。如果蛇头撞到身体，蛇会死亡，同时游戏结束。可用下边的代码实现蛇身长度的增加。

```
snakeSegments.insert(0,list(snakePosition))
```

此处使用 insert()方法向 snakeSegments 列表（存有蛇的当前的位置）中添加新项目。每当 Python 运行到这行语句时，蛇的身体将增加一节，同时将增加的这节放在蛇的头部。当然，只有当蛇吃到"草莓"时才增长，否则蛇会一直变长。输入下面几行代码：

```
if snakePosition[0] == raspberryPosition[0]
and snakePosition[1] == raspberryPosition[1]:
    raspberrySpawned = 0
else:
    snakeSegments.pop()
```

上述代码中的 if 语句检查蛇头部的 x 和 y 坐标是否等于"草莓"（玩家的目标点）的坐标。如果等于，该"草莓"就会被蛇吃掉，同时 raspberrySpawned 变量置为 0。else 语句告诉 Python 如果"草莓"没有被吃掉要做的事，即将 snakeSegments 列表中最早的项目"pop"出来。

pop 语句简单易用，它返回列表中末尾的项目并将其从列表中删除，使列表缩短一项。在 snakeSegments 列表里，它使 Python 删掉蛇身距离头部最远的一节。在玩家看来，蛇的整体在移动而不会增长。实际上，它在一端增加一个小节，在另一端删除一个小节。由于有 else 语句，pop 语句只有在没吃到"草莓"时执行。如果吃到了"草莓"，列表中最后一项不会被删掉，所以蛇身会增加一小节。

现在，玩家就可以通过操控蛇吃"草莓"来让蛇身变长了。但是，若游戏中只有一个"草莓"的话，就会显得十分单调，因此，我们设置如果蛇吃了一个"草莓"，则用下面的代码增加一个新的"草莓"到游戏界面中：

```
if raspberrySpawned == 0:
    x = random.randrange(1,32)
    y = random.randrange(1,24)
    raspberryPosition = [int(x*20),int(y*20)]
raspberrySpawned = 1
```

这部分代码通过判断变量 raspberrySpawned 是否为 0 来判断"草莓"是否被吃掉了，如果被吃掉，则使用程序开始引入的 random 模块获取一个随机的位置。然后将这个位置和蛇的每个小节的长度（20像素宽，20像素高）相乘来确定它在游戏界面中的位置。随机地放置"草莓"是很重要的，可防止用户预先知道下一个"草莓"出现的位置。最后，将 raspberrySpawned 变量置 1，以此保证每个时刻界面上只有一个"草莓"。

现在已经编写完让蛇移动和增加蛇身长度的必需代码，包括"草莓"的被吃和新建操作（游戏中称为"草莓"重生）。但是我们还没有在界面上画东西。输入下面的代码：

```
playSurface.fill(blackColour)
for position in snakeSegments:    #绘制蛇（一系列方块）
        pygame.draw.rect(playSurface,whiteColour,Rect(position[0],
position[1], 20, 20))
    pygame.draw.rect(playSurface,redColour,Rect(raspberryPosition[0],
raspberryPosition[1], 20, 20))       #"草莓"
    pygame.display.flip()
```

这些代码让 Pygame 填充背景色为黑色，蛇的头部和身体为白色，"草莓"为红色。最后一行的 pygame.display.flip()，能让 Pygame 更新界面（如果没有这条语句，用户将看不到任何东西。在界面上画完对象后，记得使用 pygame.display.flip()来让用户看到更新后的界面）。

至此，还没有编写蛇死亡的代码。如果游戏中的角色永远死不了，玩家会感觉游戏很无聊，所以用下边的代码来设置一些让蛇死亡的场景：

```
if snakePosition[0] > 620 or snakePosition[0] < 0:
    gameOver()
if snakePosition[1] > 460 or snakePosition[1] < 0:
    gameOver()
```

上述代码中的第一个 if 语句检查蛇是否已经走出了界面的上下边界，而第二个 if 语句检查蛇是否已经走出了左右边界。这两种情况都会让蛇死亡，触发前边定义的 gameOver()函数，打印游戏结束信息并退出游戏。如果蛇头撞到了自己的身体的任何部分，游戏也会结束，可用如下几行代码实现：

```
for snakeBody in snakeSegments[1:]:
        if snakePosition[0] == snakeBody[0] and
    snakePosition[1] == snakeBody[1]:
            gameOver()
```

这里的 for 语句遍历蛇的每一小节的位置（从列表的第二项开始到最后一项），同时与当前蛇头的位置进行比较。此处使用 snakeSegments[1:]来保证从列表第二项开始遍历。列表第一项为头部的位置，如果从第一项开始比较，那么，在游戏开始时蛇就死亡了。

最后，只需要设置 fpsClock 变量的值即可控制游戏速度。

```
fpsClock.tick(20)
```

使用 IDLE 的 Run Module 选项或者在终端中输入 python snake.py 来运行程序。
贪吃蛇游戏的完整源代码如下：

```
import pygame, sys, time, random
from pygame.locals import *
pygame.init()
```

```python
fpsClock = pygame.time.Clock()
playSurface = pygame.display.set_mode((640, 480))
pygame.display.set_caption('Raspberry Snake')
#定义一些颜色
redColour = pygame.Color(255, 0, 0)
blackColour = pygame.Color(0, 0, 0)
whiteColour = pygame.Color(255, 255, 255)
greyColour = pygame.Color(150, 150, 150)
#初始化一些程序中用到的变量
snakePosition = [100,100]
snakeSegments = [[100,100],[80,100],[60,100]]
raspberryPosition = [300,300]      #"草莓"位置
raspberrySpawned = 1               #是否吃到"草莓",1为没有吃到,0为吃到
direction = 'right'                #运动方向
changeDirection = direction
def gameOver():
    gameOverFont = pygame.font.Font('simfang.ttf', 72)
    gameOverSurf = gameOverFont.render('Game Over', True, greyColour)
    gameOverRect = gameOverSurf.get_rect()
    gameOverRect.midtop = (320, 10)
    playSurface.blit(gameOverSurf, gameOverRect)
    pygame.display.flip()
    time.sleep(5)
    pygame.quit()
    sys.exit()
while True:
    for event in pygame.event.get():
        if event.type == QUIT:
            pygame.quit()
            sys.exit()
        elif event.type == KEYDOWN:
            if event.key == K_RIGHT or event.key == ord('d'):
                changeDirection = 'right'
            if event.key == K_LEFT or event.key == ord('a'):
                changeDirection = 'left'
            if event.key == K_UP or event.key == ord('w'):
                changeDirection = 'up'
            if event.key == K_DOWN or event.key == ord('s'):
                changeDirection = 'down'
            if event.key == K_ESCAPE:
```

```python
                        pygame.event.post(pygame.event.Event(QUIT))
        if changeDirection == 'right' and not direction == 'left':
            direction = changeDirection
        if changeDirection == 'left' and not direction == 'right':
            direction = changeDirection
        if changeDirection == 'up' and not  direction == 'down':
            direction = changeDirection
        if changeDirection == 'down' and not direction == 'up':
            direction = changeDirection
        if direction == 'right':
            snakePosition[0] += 20
        if direction == 'left':
            snakePosition[0] -= 20
        if direction == 'up':
            snakePosition[1] -= 20
        if direction == 'down':
            snakePosition[1] += 20
    #将蛇的身体增加一节，同时将这节放在蛇的头部
    snakeSegments.insert(0,list(snakePosition))
    #检查蛇头部的 X 和 Y 坐标是否等于"草莓"（玩家的目标点）的坐标
    if snakePosition[0] == raspberryPosition[0] and snakePosition[1] == raspberryPosition[1]:
            raspberrySpawned = 0
    else:
            snakeSegments.pop()
    #增加一个新的"草莓"到游戏界面中:
    if raspberrySpawned == 0:
         x = random.randrange(1,32)
         y = random.randrange(1,24)
         raspberryPosition = [int(x*20),int(y*20)]
    raspberrySpawned = 1
    playSurface.fill(blackColour)
    for position in snakeSegments:  #绘制蛇（一系列连续的方块）
         pygame.draw.rect(playSurface,whiteColour,Rect(position[0],position[1], 20, 20))
        #绘制"草莓"
    pygame.draw.rect(playSurface,redColour,Rect(raspberryPosition[0],raspberryPosition[1], 20, 20))
    pygame.display.flip()
    if snakePosition[0] > 620 or snakePosition[0] < 0:
```

```
            gameOver()
        if snakePosition[1] > 460 or snakePosition[1] < 0:
            gameOver()
        for snakeBody in snakeSegments[1:]:
            if snakePosition[0] == snakeBody[0] and snakePosition[1] == snakeBody[1]:
                gameOver()
        fpsClock.tick(10)
```

19.4 基于 Pygame 设计飞机大战游戏

相信玩过微信打飞机小游戏的朋友都熟悉飞机大战的游戏规则，这里将游戏做了简化。飞机的速度固定，子弹的速度固定，基本操作是玩家通过键盘控制飞机的移动。敌机随机从屏幕上方出现并匀速落到下方，玩家飞机发出子弹，子弹碰到敌机则会将其击毁。如果目标飞机碰到玩家飞机，则游戏结束并显示分数。飞机大战游戏运行效果如图 19-8 所示。

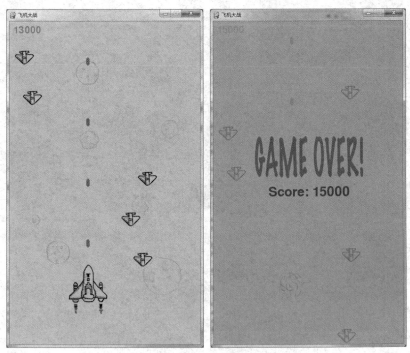

图 19-8　飞机大战游戏运行效果

19.4.1　游戏角色

本游戏中所需的角色包括玩家飞机、敌机及子弹。用户可以通过键盘移动玩家飞机在屏幕上的位置来打击不同位置的敌机。因此，设计玩家类 Player、敌机类 Enemy 和子弹类 Bullet，这三个类对应三种游戏角色，三个类的介绍如下。

（1）对于玩家类 Player，需要的操作有射击和移动两种，移动又分为上下左右四种情况。

（2）对于敌机类 Enemy，则比较简单，只需要移动即可，从屏幕上方出现并移动到屏幕下方。

（3）对于子弹类 Bullet，与飞机相同，仅需以一定速度移动即可。

玩家、子弹、敌机都可以写成一个类，继承 Pygame 的 Sprite 类，实现一些动画效果，以及检测碰撞。

```python
import pygame
from sys import exit
from pygame.locals import *
#from gameRole import *
import random

SCREEN_WIDTH = 480
SCREEN_HEIGHT = 800
TYPE_SMALL = 1
TYPE_MIDDLE = 2
TYPE_BIG = 3

#子弹类
class Bullet(pygame.sprite.Sprite):              #继承Sprite精灵类
    def __init__(self, bullet_img, init_pos):
        pygame.sprite.Sprite.__init__(self)
        self.image = bullet_img
        self.rect = self.image.get_rect()
        self.rect.midbottom = init_pos
        self.speed = 10
    def move(self):
        self.rect.top -= self.speed

#玩家类
class Player(pygame.sprite.Sprite):              #继承Sprite精灵类
    def __init__(self, plane_img, player_rect, init_pos):
        pygame.sprite.Sprite.__init__(self)
        self.image = []                          #用来存储玩家对象精灵图片的列表
        for i in range(len(player_rect)):
            self.image.append(plane_img.subsurface(player_rect[i]).convert_alpha())
```

```python
            self.rect = player_rect[0]              #初始化图片所在的矩形
            self.rect.topleft = init_pos             #初始化矩形的左上角坐标
            self.speed = 8           #初始化玩家速度，这里是一个确定的值
            self.bullets = pygame.sprite.Group() #玩家飞机所发射的子弹的集合
            self.img_index = 0                       #玩家精灵图片索引
            self.is_hit = False                      #玩家是否被击中

        def shoot(self, bullet_img):
            bullet = Bullet(bullet_img, self.rect.midtop)
            self.bullets.add(bullet)
        def moveUp(self):
            if self.rect.top <= 0:
                self.rect.top = 0
            else:
                self.rect.top -= self.speed
        def moveDown(self):
            if self.rect.top >= SCREEN_HEIGHT - self.rect.height:
                self.rect.top = SCREEN_HEIGHT - self.rect.height
            else:
                self.rect.top += self.speed
        def moveLeft(self):
            if self.rect.left <= 0:
                self.rect.left = 0
            else:
                self.rect.left -= self.speed
        def moveRight(self):
            if self.rect.left >= SCREEN_WIDTH - self.rect.width:
                self.rect.left = SCREEN_WIDTH - self.rect.width
            else:
                self.rect.left += self.speed

#敌机类
class Enemy(pygame.sprite.Sprite):                 #继承Sprite精灵类
    def __init__(self, enemy_img, enemy_down_imgs, init_pos):
        pygame.sprite.Sprite.__init__(self)
        self.image = enemy_img
        self.rect = self.image.get_rect()
        self.rect.topleft = init_pos
        self.down_imgs = enemy_down_imgs
```

```
            self.speed = 2
            self.down_index = 0

        def move(self):
            self.rect.top += self.speed
```

至此，就完成了游戏中的三个角色的设计。

19.4.2 游戏界面显示

在游戏画面中还需要使用一些飞机、子弹的图像，这里使用 shoot.png 文件（见图 19-9）存储所有的飞机、子弹、爆炸等图像，在程序中需要分割出来进行显示。当然，还可以使用图像处理软件将其分解成一个个的独立文件，这样一来，后续的处理会简单些。

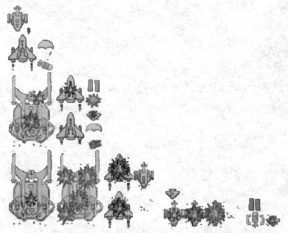

图 19-9　飞机大战游戏的图像文件 shoot.png

所有的飞机图片都集中在 shoot.png 这一张图片中。在游戏中显示的元素（包括飞机、子弹等）在 Pygame 中都是一个 surface 对象，这时可以利用 Pygame 提供的 subsurface()方法，首先载入一张大图，然后调用 subsurface()方法选取其中的一小部分生成一个新的 surface 对象。

```
#载入飞机图片
plane_img = pygame.image.load('resources/image/shoot.png')
#选择飞机在大图片中的位置，并生成subsurface，然后初始化飞机开始的位置
player_rect = pygame.Rect(0, 99, 102, 126)
player1 = plane_img.subsurface(player_rect)  #获取飞机图片
player_pos = [200, 600]
screen.blit(player1, player_pos)  #绘制飞机
```

首先，初始化游戏时根据设置好的大小生成游戏窗口；然后，载入游戏音乐、背景图片 background.png、游戏结束画面 gameover.png，以及飞机、子弹图像 shoot.png；接着，设置相关参数；最后，定义存储敌人的飞机精灵组 enemies1 和用来渲染击毁精灵动

画的爆炸飞机精灵组 enemies_down。

```
#初始化游戏
pygame.init()
screen = pygame.display.set_mode((SCREEN_WIDTH, SCREEN_HEIGHT))
pygame.display.set_caption('飞机大战')

#载入游戏音乐
bullet_sound = pygame.mixer.Sound('resources/sound/bullet.wav')
enemy1_down_sound = pygame.mixer.Sound('resources/sound/enemy1_down.wav')
game_over_sound = pygame.mixer.Sound('resources/sound/game_over.wav')
bullet_sound.set_volume(0.3)
enemy1_down_sound.set_volume(0.3)
game_over_sound.set_volume(0.3)
pygame.mixer.music.load('resources/sound/game_music.wav')
pygame.mixer.music.play(-1, 0.0)
pygame.mixer.music.set_volume(0.25)

background = pygame.image.load('resources/image/background.png').convert()   #载入背景图
game_over = pygame.image.load('resources/image/gameover.png')
#载入游戏结束图 gameover.png
filename = 'resources/image/shoot.png'
plane_img = pygame.image.load(filename)   #载入飞机和子弹图 shoot.png

#设置玩家相关参数
player_rect = []
player_rect.append(pygame.Rect(0, 99, 102, 126))      #玩家精灵图片区域
player_rect.append(pygame.Rect(165, 360, 102, 126))
player_rect.append(pygame.Rect(165, 234, 102, 126))   #玩家爆炸精灵图片区域
player_rect.append(pygame.Rect(330, 624, 102, 126))
player_rect.append(pygame.Rect(330, 498, 102, 126))
player_rect.append(pygame.Rect(432, 624, 102, 126))
player_pos = [200, 600]
player = Player(plane_img, player_rect, player_pos)

#定义子弹对象使用的 surface 相关参数
bullet_rect = pygame.Rect(1004, 987, 9, 21)
bullet_img = plane_img.subsurface(bullet_rect)
```

```
#定义敌机对象使用的surface相关参数
enemy1_rect = pygame.Rect(534, 612, 57, 43)
enemy1_img = plane_img.subsurface(enemy1_rect)
enemy1_down_imgs = []
enemy1_down_imgs.append(plane_img.subsurface(pygame.Rect(267, 347, 57, 43)))
enemy1_down_imgs.append(plane_img.subsurface(pygame.Rect(873, 697, 57, 43)))
enemy1_down_imgs.append(plane_img.subsurface(pygame.Rect(267, 296, 57, 43)))
enemy1_down_imgs.append(plane_img.subsurface(pygame.Rect(930, 697, 57, 43)))

enemies1 = pygame.sprite.Group()          #存储敌机
enemies_down = pygame.sprite.Group()      #存储被击毁的飞机，用来渲染击毁精灵动画

shoot_frequency = 0
enemy_frequency = 0

player_down_index = 16
score = 0
clock = pygame.time.Clock()
running = True
```

19.4.3 游戏逻辑的实现

下面进入游戏主循环。在主循环中，主要需要实现以下功能。

（1）处理键盘输入的事件（上下左右按键操作），增加游戏操作交互（玩家飞机的上下左右移动）。

```
    key_pressed = pygame.key.get_pressed()
    #若玩家被击中，则无效
    if not player.is_hit:
        if key_pressed[K_w] or key_pressed[K_UP]:
            #处理键盘事件（向上移动飞机的位置）
            player.moveUp()
        if key_pressed[K_s] or key_pressed[K_DOWN]:
            #处理键盘事件（向下移动飞机的位置）
            player.moveDown()
        if key_pressed[K_a] or key_pressed[K_LEFT]:
            #处理键盘事件（向左移动飞机的位置）
```

```
            player.moveLeft()
        if key_pressed[K_d] or key_pressed[K_RIGHT]:
        #处理键盘事件(向右移动飞机的位置)
            player.moveRight()
```
（2）处理子弹。

这里指控制发射子弹的频率，并发射子弹。移动已发射过的子弹，若超出窗口范围则删除。

```
    #控制发射子弹的频率,并发射子弹
    if not player.is_hit:    #1.首先判断玩家飞机没有被击中
        if shoot_frequency % 15 == 0:
            bullet_sound.play()
            player.shoot(bullet_img)
        shoot_frequency += 1
        if shoot_frequency >= 15:
            shoot_frequency = 0
    #移动已发射过的子弹,若超出窗口范围则删除
    for bullet in player.bullets:
        bullet.move()                         #2.以固定速度移动子弹
        if bullet.rect.bottom < 0:            #3.子弹移动出屏幕后，删除子弹
            player.bullets.remove(bullet) #删除子弹
```

（3）敌机处理。

敌机需要在界面上方随机产生，并以一定速度向下移动。详细步骤如下。

① 生成敌机，需要控制生成的频率。

② 移动敌机。

③ 处理敌机与玩家飞机的碰撞效果。

④ 移动出屏幕后删除敌机。

⑤ 处理敌机被子弹击中的效果。

（4）得分显示。

在游戏界面固定位置显示消灭了多少目标敌机。

```
score_font = pygame.font.Font(None, 36)
score_text = score_font.render(str(score), True, (128, 128, 128))text_rect = score_text.get_rect()
text_rect.topleft = [10, 10]
screen.blit(score_text, text_rect)
```

游戏主循环完整代码如下：

```
while running:
    clock.tick(60)     #控制游戏最大帧率为60
    #控制发射子弹频率,并发射子弹
    if not player.is_hit:
        if shoot_frequency % 15 == 0:
```

```python
            bullet_sound.play()
            player.shoot(bullet_img)
        shoot_frequency += 1
        if shoot_frequency >= 15:
            shoot_frequency = 0
    #移动子弹,若超出窗口范围则删除
    for bullet in player.bullets:
        bullet.move()
        if bullet.rect.bottom < 0:
            player.bullets.remove(bullet)

    #生成敌机
    if enemy_frequency % 50 == 0:              #1.生成敌机,需要控制生成的频率
        enemy1_pos = [random.randint(0, SCREEN_WIDTH - enemy1_rect.width), 0]
        enemy1 = Enemy(enemy1_img, enemy1_down_imgs, enemy1_pos)
        enemies1.add(enemy1)
    enemy_frequency += 1
    if enemy_frequency >= 100:
        enemy_frequency = 0

    #移动敌机,若超出窗口范围则删除
    for enemy in enemies1:
        enemy.move()                           #2.移动敌机
        #判断玩家是否被击中
        if pygame.sprite.collide_circle(enemy, player):
        #3.处理敌机与玩家飞机碰撞的效果
            enemies_down.add(enemy)
            enemies1.remove(enemy)
            player.is_hit = True
            game_over_sound.play()
            break
        if enemy.rect.top > SCREEN_HEIGHT:      #4.移动出屏幕后删除飞机
            enemies1.remove(enemy)
    #5.处理敌机被子弹击中的效果
    #将被击中的敌机对象添加到击毁敌机Group中,用来渲染击毁动画
    enemies1_down = pygame.sprite.groupcollide(enemies1, player.bullets, 1, 1)
    for enemy_down in enemies1_down:
        enemies_down.add(enemy_down)
```

```python
#绘制背景
screen.fill(0)
screen.blit(background, (0, 0))

#绘制玩家飞机
if not player.is_hit:
    screen.blit(player.image[player.img_index], player.rect)
    #更换图片索引使飞机具有动画效果
    player.img_index = shoot_frequency // 8
else:
    player.img_index = player_down_index // 8
    screen.blit(player.image[player.img_index], player.rect)
    player_down_index += 1
    if player_down_index > 47:
        running = False

#绘制击毁动画
for enemy_down in enemies_down:
    if enemy_down.down_index == 0:
        enemy1_down_sound.play()
    if enemy_down.down_index > 7:
        enemies_down.remove(enemy_down)
        score += 1000
        continue
    screen.blit(enemy_down.down_imgs[enemy_down.down_index // 2], enemy_down.rect)
    enemy_down.down_index += 1

#绘制子弹和敌机
player.bullets.draw(screen)
enemies1.draw(screen)

#绘制得分
score_font = pygame.font.Font(None, 36)
score_text = score_font.render(str(score), True, (128, 128, 128))
text_rect = score_text.get_rect()
text_rect.topleft = [10, 10]
screen.blit(score_text, text_rect)
```

```python
        #更新屏幕
        pygame.display.update()

        for event in pygame.event.get():
            if event.type == pygame.QUIT:
                pygame.quit()
                exit()

        #监听键盘事件
        key_pressed = pygame.key.get_pressed()
        #若玩家被击中，则无效
        if not player.is_hit:
            if key_pressed[K_w] or key_pressed[K_UP]:
                player.moveUp()
            if key_pressed[K_s] or key_pressed[K_DOWN]:
                player.moveDown()
            if key_pressed[K_a] or key_pressed[K_LEFT]:
                player.moveLeft()
            if key_pressed[K_d] or key_pressed[K_RIGHT]:
                player.moveRight()

font = pygame.font.Font(None, 48)
text = font.render('Score: '+ str(score), True, (255, 0, 0))
text_rect = text.get_rect()
text_rect.centerx = screen.get_rect().centerx
text_rect.centery = screen.get_rect().centery + 24
screen.blit(game_over, (0, 0))
screen.blit(text, text_rect)

while 1:
    for event in pygame.event.get():
        if event.type == pygame.QUIT:
            pygame.quit()
            exit()
    pygame.display.update()
```

至此，基本实现了玩家移动飞机并发射子弹、随机生成敌机、击中敌机并爆炸、玩家控制的飞机被击毁、背景音乐及音效、游戏结束并显示分数这几项功能，一个简单可玩的游戏就被成功地设计出来了。

19.5 基于 Pygame 设计黑白棋游戏

由于黑白棋的游戏介绍及其设计的思路已经在前面章节做了详细讲解，下面重点介绍基于 Pygame 的黑白棋游戏逻辑的实现。

1. 绘制棋盘

```python
import pygame, sys, random
from pygame.locals import *
BACKGROUNDCOLOR = (255, 255, 255)
FPS = 40
#初始化
pygame.init()
mainClock = pygame.time.Clock()
#加载图片
boardImage = pygame.image.load('board.png')
boardRect = boardImage.get_rect()
blackImage = pygame.image.load('black.png')
blackRect = blackImage.get_rect()
whiteImage = pygame.image.load('white.png')
whiteRect = whiteImage.get_rect()

#设置窗口
windowSurface = pygame.display.set_mode((boardRect.width, boardRect.height))
pygame.display.set_caption('黑白棋')
#游戏主循环
while True:
    for event in pygame.event.get():
        if event.type == QUIT:
            terminate()
        #鼠标事件完成玩家走棋（见下文）……
    #电脑机器人走棋（见下文）……
    windowSurface.fill(BACKGROUNDCOLOR)
    windowSurface.blit(boardImage, boardRect, boardRect)
    #重新绘制所有的棋子（见下文）……
    #游戏结束，显示双方棋子数量（见下文）……
    pygame.display.update()
    mainClock.tick(FPS)
```

2. 绘制棋子

（1）黑白棋的规则，开局时先放置黑白各两个棋子在棋盘中间。

（2）用一个 8×8 列表保存棋子。

```python
CELLWIDTH = 80
CELLHEIGHT = 80
PIECEWIDTH = 78
PIECEHEIGHT = 78
BOARDX = 40
BOARDY = 40
#重置棋盘
def resetBoard(board):
    for x in range(8):
        for y in range(8):
            board[x][y] = 'none'
    #Starting pieces:
    board[3][3] = 'black'
    board[3][4] = 'white'
    board[4][3] = 'white'
    board[4][4] = 'black'

#开局时建立新棋盘
def getNewBoard():
    board = []
    for i in range(8):
        board.append(['none'] * 8)
    return board
mainBoard = getNewBoard()
resetBoard(mainBoard)
for x in range(8):
        for y in range(8):
                rectDst = pygame.Rect(BOARDX+x*CELLWIDTH+2, BOARDY+y*CELLHEIGHT+2, PIECEWIDTH, PIECEHEIGHT)
                if mainBoard[x][y] == 'black':
                    windowSurface.blit(blackImage, rectDst, blackRect)
                    #绘制黑棋
                elif mainBoard[x][y] == 'white':
                    windowSurface.blit(whiteImage, rectDst,whiteRect)
                    #绘制白棋
```

3. 随机决定哪一方先走棋

```
#判断哪一方先走棋
def whoGoesFirst():
    if random.randint(0, 1) == 0:
        return 'computer'
    else:
        return 'player'

turn = whoGoesFirst()
if turn == 'player':
    playerTile = 'black'
    computerTile = 'white'
else:
    playerTile = 'white'
    computerTile = 'black'
```

4. 鼠标事件

（1）用鼠标操纵，完成玩家走棋。
（2）双方轮流走棋。

```
    for event in pygame.event.get():
        if event.type == QUIT:
            terminate()
        #玩家走棋
        if turn == 'player' and event.type == MOUSEBUTTONDOWN and event.button == 1:
            x, y = pygame.mouse.get_pos()
            col = int((x-BOARDX)/CELLWIDTH)
            row = int((y-BOARDY)/CELLHEIGHT)
            if makeMove(mainBoard, playerTile, col, row) == True:
                if getValidMoves(mainBoard, computerTile) != []:
                    turn = 'computer'           #轮到电脑机器人走棋
    #电脑机器人走棋
    if (gameOver == False and turn == 'computer'):
        x, y = getComputerMove(mainBoard, computerTile)
        makeMove(mainBoard, computerTile, x, y)
        savex, savey = x, y
        #玩家没有可行的走法了，则电脑机器人继续走棋，否则切换到玩家走棋
        if getValidMoves(mainBoard, playerTile) != []:
            turn = 'player'           #轮到玩家走棋
    windowSurface.fill(BACKGROUNDCOLOR)
```

```
windowSurface.blit(boardImage, boardRect, boardRect)
```

5. 游戏规则实现

（1）是否允许落子。
（2）落子后的翻转。

```
#是否为合法走法，如果合法，则返回需要翻转的棋子列表
def isValidMove(board, tile, xstart, ystart):
    #如果该位置已经有棋子或者出界了，返回 False
    if not isOnBoard(xstart, ystart) or board[xstart][ystart] != 'none':
        return False
    #临时将 tile 放到指定的位置
    board[xstart][ystart] = tile
    if tile == 'black':
        otherTile = 'white'
    else:
        otherTile = 'black'
    #要被翻转的棋子
    tilesToFlip = []
    for xdirection, ydirection in [ [0, 1], [1, 1], [1, 0], [1, -1], [0, -1], [-1, -1], [-1, 0], [-1, 1] ]:
        x, y = xstart, ystart
        x += xdirection
        y += ydirection
        if isOnBoard(x, y) and board[x][y] == otherTile:
            x += xdirection
            y += ydirection
            if not isOnBoard(x, y):
                continue
            #一直走到出界或不是对方棋子的位置
            while board[x][y] == otherTile:
                x += xdirection
                y += ydirection
                if not isOnBoard(x, y):
                    break
            #出界了，则没有棋子要翻转 OXXXXX
            if not isOnBoard(x, y):
                continue
            #是自己的棋子 OXXXXXXO
            if board[x][y] == tile:
                while True:
```

```python
                    x -= xdirection
                    y -= ydirection
                #回到起点则结束
                if x == xstart and y == ystart:
                    break
                #需要翻转的棋子
                tilesToFlip.append([x, y])
    #将前面临时放上的棋子去掉,即还原棋盘
    board[xstart][ystart] = 'none' #restore the empty space
    #没有要被翻转的棋子,则走法非法(翻转棋的规则)
    if len(tilesToFlip) == 0:    #If no tiles were flipped, this is not a valid move.
        return False
    return tilesToFlip


#是否出界
def isOnBoard(x, y):
    return x >= 0 and x <= 7 and y >= 0 and y <=7


#获取可落子的位置
def getValidMoves(board, tile):
    validMoves = []
    for x in range(8):
        for y in range(8):
            if isValidMove(board, tile, x, y) != False:
                validMoves.append([x, y])
    return validMoves
#将一个tile棋子放到(xstart, ystart)
def makeMove(board, tile, xstart, ystart):
    tilesToFlip = isValidMove(board, tile, xstart, ystart)
    if tilesToFlip == False:
        return False
    board[xstart][ystart] = tile
    for x, y in tilesToFlip:          #tilesToFlip是需要翻转的棋子列表
        board[x][y] = tile      #翻转棋子
```

6. 电脑机器人的 AI 走法

如果电脑机器人在所有落子的选择中,有四个边角,则可落子在边角,因为边角的棋子无法被翻转;如果没有边角,则选择可以翻转对手最多的位置落子。

```python
def getComputerMove(board, computerTile):
```

```python
    #获取所有合法走法
    possibleMoves = getValidMoves(board, computerTile)
    #打乱所有合法走法
    random.shuffle(possibleMoves)
    #[x, y]在角上，则优先走，因为角上的棋子不会被再次翻转
    for x, y in possibleMoves:
        if isOnCorner(x, y):
            return [x, y]
    bestScore = -1
    for x, y in possibleMoves:
        dupeBoard = getBoardCopy(board)
        makeMove(dupeBoard, computerTile, x, y)
        #按照分数选择走法，优先选择翻转后分数最多的走法
        score = getScoreOfBoard(dupeBoard)[computerTile]
        if score > bestScore:
            bestMove = [x, y]
            bestScore = score
    return bestMove
```

7. 游戏结束判断

```python
#游戏是否结束
def isGameOver(board):
    for x in range(8):
        for y in range(8):
            if board[x][y] == 'none':
                return False
    return True
```

8. 游戏结束，显示双方棋子数量

```python
#获取棋盘上黑白双方的棋子数
def getScoreOfBoard(board):
    xscore = 0
    oscore = 0
    for x in range(8):
        for y in range(8):
            if board[x][y] == 'black':
                xscore += 1
            if board[x][y] == 'white':
                oscore += 1
    return {'black':xscore, 'white':oscore}
```

在主程序中加入"游戏结束",并可显示双方棋子数量的功能。

```
    if isGameOver(mainBoard):           #游戏结束,显示双方棋子数量
        scorePlayer = getScoreOfBoard(mainBoard)[playerTile]
        scoreComputer = getScoreOfBoard(mainBoard)[computerTile]
        outputStr = gameoverStr + str(scorePlayer) + ":" + str(scoreComputer)
        text = basicFont.render(outputStr, True, BLACK, BLUE)
        textRect = text.get_rect()
        textRect.centerx = windowSurface.get_rect().centerx
        textRect.centery = windowSurface.get_rect().centery
        windowSurface.blit(text, textRect)
```

至此,就完成了基于 Pygame 的黑白棋游戏设计,游戏效果如图 19-10 所示。

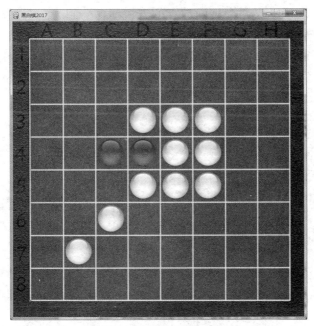

图 19-10　黑白棋运行效果

第 20 章

2048 游戏

20.1 游戏介绍

2048 游戏是一款有趣的数学休闲益智游戏。2048 游戏的规则十分简单：每次控制所有方块向同一个方向运动，两个相同数字的方块撞在一起之后合并成为它们的和，例如，2 和 2 可以合并成 4，4 和 4 合并成 8。每次操作之后会在空白的方格处随机生成一个 2 或者 4，若玩家最终得到一个 "2048" 的方块，则游戏胜利。如果 16 个格子全部填满并且相邻的格子都不相同也就是无法移动的话，那么游戏就会结束，图 20-1 所示为游戏失败时的情况。

图 20-1　2048 游戏失败界面

20.2 程序设计的思路

1. 生成 4×4 的矩阵

2048 游戏的方块界面可以认为是一个 4×4 的矩阵（二维列表），开始是 4×4 的零矩阵 v。以数字 0 代表空白方格。

```
v = [[0, 0, 0, 0],
     [0, 0, 0, 0],
     [0, 0, 0, 0],
     [0, 0, 0, 0]]
```

或者用列表推导式初始化生成一个 4×4 的二维列表，列表中的元素全为 0。

```
v =[[0 for i in range(4)] for i in range(4)]
```

2．初始化生成随机数

游戏每次开始的时候都会随机在上面的一个矩阵中生成两个随机数 2 或 4，那么要如何来实现在上面矩阵中的一个随机位置生成一个随机数 2 或 4 呢？当然是使用 random 模块，下面就介绍如何用 random 模块实现这一功能，代码如下：

```
for i in range(4):
    v[i] = [random.choice([0, 0, 0, 2, 2, 4]) for x in v[i]]
```

上述代码设置了出现数字 2 和数字 4 的比率为 2∶1，所以大多数时候出现的随机数为 2。

3．游戏逻辑部分实现

在游戏中每次向上下左右移动时，可以上下左右移动数字方块。移动的规则以向左为例，某一行（左移只需要考虑每一行）的数比如是[2,4,0,2]向左移动，移动后变成[2,4,2,0]，移动后不允许（每行或者每列，与移动方向有关）两个非 0 数字之间有 0 的存在。移动前相邻两个数相同则会合并，例如，[2,2,4,4]会合并成[4,8,0,0]。

这个游戏的全部操作都围绕着一个 4×4 的矩阵进行，每次从用户界面获取用户的操作（即移动方向），然后重新计算这个 4×4 矩阵的状态，最后刷新用户界面显示 4×4 矩阵的最新状态，不断地循环这个过程，直到出现 2048，游戏成功；或者若没有空白方块了（矩阵中的数字都不能移动），则游戏结束。

用户按键可以通过键盘事件获取，接下来计算 4×4 矩阵的状态。以向左移动为例，4×4 矩阵在接收到向左移动的键盘指令后，应该将每行的数字向左叠加，将一行的叠加操作定义为函数 handle(list, direction)，其第一个参数用来存储 4×4 矩阵中的某一行（列），第二个参数表示移动的方向（左右）。

当按左右移动方向键时，可以用如下的方法来计算矩阵：遍历矩阵的每行，并将每行的数字沿左或右进行叠加操作。

```
for row in matrix:
    handle(row, direction)
```

而按上下移动方向键时，由于矩阵是按行存储的，不能直接处理矩阵中的列，则可以采用上面的函数 handle()。对于矩阵中的每一列，先将其复制到一个列表中，然后调用 handle(list, direction)函数对该列表进行叠加处理，此时向上移动按向左移动处理，向下移动按向右移动处理，最后再将叠加后的新列表复制回原始矩阵中其所在的列。

handle(row, direction)函数的功能是沿指定方向叠加一行中的数字，举例如下：

移动方向	移动前	移动后
handle(x, 'left')	x = [2, 4, 0, 2]	x = [2,4,2,0]
handle(x, 'left')	x = [2, 2, 2, 2]	x = [4, 4, 0, 0]
handle(x, 'left')	x = [2, 4, 2, 2]	x = [2, 4, 4, 0]
handle(x, 'right')	x = [2, 4, 2, 2]	x = [0, 2, 4, 4]

4. 实现 handle(row, direction)函数

根据上面的介绍，实现 handle()函数是关键。仔细观察叠加的过程，该过程都是由如下两个子过程组成的。

（1）align(row, direction)，沿 direction 方向对齐列表 row 中的数字，例如：

```
x = [0, 4, 0, 2]
align(x, 'left') 后 x = [4, 2, 0, 0]
在 align(x, 'right') 后 x = [0, 0, 4, 2]
```

（2）addSame(row, direction)，查找相同且相邻的数字。如果找到，将其中一个翻倍，另一个置 0（如果 direction 是'left'，则将左侧翻倍，右侧置 0；如果 direction 为'right'，则将右侧翻倍，左侧置 0），并返回 True；否则，返回 False。

例如，有了上面两个函数后，函数 handle(row, direction)就可以很容易地实现了，代码如下：

```
handle(row, direction):
    align(row, direction)
    result = addSame(vList, direction)
    increment += result['score']
    align(vList, direction)
    return increment
```

5. 游戏分数记录和检查游戏是否结束

游戏结束的标志是矩阵中所有的数都不为 0，而且所有相邻的数都不能合并，我们就可以编写一个函数来判断游戏是否结束。至于分数记录，我们只需定义一个变量 score，然后每次有合并的时候，就加上一定的分数即可。如果 score≥2048，则玩家胜利。

20.3 程序设计的步骤

1. 初始化游戏

在游戏每次开始时，在矩阵中随机分布数字 0、2、4。

```
from tkinter import *
from tkinter import messagebox as msgbox
import random
v = [[0, 0, 0, 0],
     [0, 0, 0, 0],
     [0, 0, 0, 0],
     [0, 0, 0, 0]]
def init(v):    #随机分布矩阵值
    for i in range(4):
        v[i] = [random.choice([0, 0, 0, 2, 2, 4]) for x in v[i]]
```

2. 沿 direction 方向对齐列表 vList 中的数字

```python
def align(vList, direction):
    '''
    对齐非零的数字
    direction == 'left': 向左对齐，如[8,0,0,2]左对齐后成为[8,2,0,0]
    direction == 'right': 向右对齐，如[8,0,0,2]右对齐后成为[0,0,8,2]
    '''
    #移除列表中的 0 元素
    for i in range(vList.count(0)):
        vList.remove(0)
    #被移除的 0 元素
    zeros = [0 for x in range(4 - len(vList))]
    if direction == 'left':     #在右侧补 0 元素
        vList.extend(zeros)
    else:                        #在左侧补 0 元素
        vList[:0] = zeros
```

3. addSame(vList, direction)查找相同且相邻的数字后合并

在列表中查找相同且相邻的数字，然后相加，若找到符合条件的数字则返回 True，否则返回 False，同时还返回增加的分数。direction == 'left'：从左向右查找，找到相同且相邻的两个数字，左侧数字翻倍，右侧数字置 0；direction == 'right'：从右向左查找，找到相同且相邻的两个数字，右侧数字翻倍，左侧数字置 0。

```python
def addSame(vList, direction):   #将相同的元素相加，返回新增积分
    score = 0
    if direction == 'left':
        for i in [0, 1, 2]:
            if vList[i] == vList[i+1] != 0:
                vList[i] *= 2
                vList[i+1] = 0
                score += vList[i]
                return {'bool':True, 'score':score}
    else:
        for i in [3, 2, 1]:
            if vList[i] == vList[i-1] != 0:
                vList[i] *= 2
                vList[i-1] = 0
                score += vList[i]
                return {'bool':True, 'score':
```

```
score}
        return {'bool':False, 'score':score}
```

4. handle(vList, direction)处理一行（列）中的数据

handle(vList, direction)可用于处理一行（列）中的数据，得到最终的该行（列）的数字值，返回得分。vList 为列表结构，存储了一行（列）中的数据；direction 为移动方向，向上和向左都使用方向'left'，向右和向下都使用'right'。

```
def handle(vList, direction):
    '''
    处理一行（列）中的数据，得到最终的该行（列）的数字状态值，返回得分
    vList: 列表结构，存储了一行（列）中的数据
    direction: 移动方向,向上和向左都使用方向'left'，向右和向下都使用'right'
    '''
    increment = 0
    align(vList, direction)
    result = addSame(vList, direction)   #合并的得分
    increment += result['score']
    align(vList, direction)
    return increment
```

5. 根据移动方向重新计算矩阵状态值

operation(v,op) 中参数 v 是矩阵列表，op 是移动方向。根据移动方向重新计算矩阵值，并记录本次得分 totalScore，并在存在剩余的空白区域时，产生随机数 2 和 4。最后判断游戏是否结束，并返回游戏状态 gameOver 和本次得分 totalScore 的字典。

```
def operation(v,op):
    totalScore=0   #计算本次得分
    gameOver = False
    direction = 'left'
    print(op)
    if op=="Left":        #向左移动
            direction = 'left'
            for row in range(4):
                    totalScore += handle(v[row], direction)
    elif op=="Right":   #向右移动
            direction = 'right'
            for row in range(4):
                    totalScore += handle(v[row], direction)
    elif op=="Up":   #向上移动
            direction = 'left'
            for col in range(4):
```

```
                        #将矩阵中一列复制到一个列表中然后处理
                        vList = [v[row][col] for row in range(4)]
                        totalScore += handle(vList, direction)
                        #将处理后的列表中的数字覆盖原来矩阵中的值
                        for row in range(4):
                            v[row][col] = vList[row]
        elif op== "Down":  #向下移动
            direction = 'right'
            for col in range(4):
                #同上
                vList = [v[row][col] for row in range(4)]
                totalScore += handle(vList, direction)
                for row in range(4):
                    v[row][col] = vList[row]

    #以下是在空白区域随机产生新的数字
    N = 0
    for q in v:    #统计0的个数
        N += q.count(0)         #统计空白区域数目N
    #存在剩余的空白区域时，产生随机数2和4
    if N!= 0:
        addElement(N)
    #判断游戏是否真正结束
    if isOver():
        gameOver=True
    return {'gameOver':gameOver, 'score':totalScore}
```

addElement(N)按数字2和数字4出现的比率为3∶1来产生随机数2和4。

```
def addElement(N):
    #按数字2和数字4出现的比率为3∶1来产生随机数2和4
    num = random.choice([2, 2, 2, 4])
    #产生随机数k,上一步产生的2或4将被填到第k个空白区域
    k = random.randrange(1, N+1)
    n = 0
    for i in range(4):
        for j in range(4):
            if v[i][j] == 0:
                n += 1
                if n == k:
                    v[i][j] = num
                    break
```

isOver()判断游戏是否真正结束。若判断矩阵中 0 的个数不是零,则表示仍有空白块,所以返回 False(没结束);若矩阵中 0 的个数是零(没有空白块),再分别按行(列)进行判断是否有相同元素,如果有,则返回 False(游戏未结束)。

```
def isOver():
    N = 0
    for q in v:     #统计0的个数
        N += q.count(0)
    if N!=0:
        return False
    else:
        for row in range(4):    #按行判断是否有相同元素
            flag = isListOver(v[row])
            if flag==False:
                return False
        for col in range(4):    #按列判断是否有相同元素
            #将矩阵中的一列复制到一个列表中然后处理
            vList = [v[row][col] for row in range(4)]
            flag = isListOver(vList)
            iaf flag==False:
                return False
    return True
```

isListOver(vList)判断一个列表是否还可以合并(即是否存在相同元素),若有相同元素,则返回 False;若没有相同元素,则返回 True。

```
def isListOver(vList):
    for i in [0,1,2]:
        if vList[i]==vList[i+1] and vList[i+1]!=0:
            return False
    return True
```

6. 绘制游戏界面图片

由于二维列表中存储的是 2、4、8、16……所以需要将其转换成对应图像后按所在位置绘制。

```
def drawGameImage( ):
    global x,y
    for i in range(0,4):
        for j in range(0,4):
            #计算对应的图像索引号
            m=v[i][j]  #二维列表中存储的是2、4、8,需要将其转换成图像索引号
            #print('m',m)
            n=0
            while m > 1:
```

```
                    n = n + 1
                m=m/2
            #print('n',n)
            img1=imgs[n]      #从imgs列表获取对应图像
            cv.create_image((j*120+70,i*120+70),image=img1)
            #显示到Canvas上
            cv.pack()
```

7. 处理用户按键事件

获取用户的按键事件后,再计算矩阵值,重新绘制游戏界面,并判断游戏是否结束。

```
def callback(event) :#按键处理
    global score
    print ("按下键: ", event.char)
    KeyCode = event.keysym          #获取用户按下的方向键
    result = operation(v,KeyCode)   #根据移动方向重新计算矩阵值
    drawGameImage()                 #绘制游戏界面
    score += result['score']        #从字典中获取'score'键值
    root.title(" 得分: "+str(score))
    if result['gameOver'] == True: #游戏结束
        print('Game Over, You failed!')
        msgbox.showinfo('Game Over','Your total score:'+str(score))
    else:
        if score >= 2048:
            print('Game Over, You Win!!!')
            msgbox.showinfo('Game Over','You Win!!!')
```

8. 主程序

```
init(v)
score = 0       #记录得分
root = Tk()
root.title(" 2048--夏敏捷 ")
imgs= [PhotoImage(file=x) for x in ["0.png","2.png","4.png","8.png",
                        "16.png","32.png","64.png","128.png",
                        "256.png","512.png","1024.png","2048.
                        png","4096.png"]]
cv = Canvas(root, bg = 'green', width = 500, height = 500)
drawGameImage()
cv.bind("<KeyPress>", callback)
cv.pack()
cv.focus_set() #将焦点设置到cv上
root.mainloop()
```

至此,就完成了2048游戏的设计。

参考文献

[1] 刘浪. Python 基础教程[M]. 北京：人民邮电出版社，2015.
[2] 江红，余青松. Python 程序设计[M]. 北京：北京交通大学出版社，2014.
[3] 陈锐，李欣，夏敏捷. Visual C#经典游戏编程开发[M]. 北京：科学出版社. 2011.
[4] 郑秋生，夏敏捷. Java 游戏编程开发教程[M]. 北京：清华大学出版社. 2016.